離散モース理論

N.A.スコーヴィル 著
中川征樹 訳

丸 善 出 版

Discrete Morse Theory

by

Nicholas A. Scoville

序　文

本書は，離散モース理論の入門書であると同時に，トポロジーの様々なコンセプトを学ぶための一般的な入門書も兼ねている．数学の証明の書き方を学んだ程度の学部生が理解できるように題材を提示するよう努めた．離散モース理論について一章を割いている本はいくつかあり [**102, 132**]，また，「滑らかなモース理論」と「離散モース理論」の両方を一緒に扱っている [**99**] のような本もあるけれども，離散モース理論だけを取り扱った成書はないようである．離散モース理論はもっと高く評価されてよい：組合せ論 [**16, 41, 106, 108**]，確率論 [**57**]，そして生物学 [**136**] などの多方面へ応用されるツールとして役立っているのである．それ以上に，離散モース理論はそれ自体が魅力的で美しいものである．離散モース理論は，マーストン・モースの 1925 年の論文 [**124**] において開発され，ジョン・ミルナーの本 [**116**] を通して広く知られるようになった「滑らかな」モース理論の「離散版」である．フィールズ賞受賞者であるスティーヴン・スメールは「滑らかなモース理論」を「アメリカ数学の金字塔」とまで評している [**144**]．その美しさと有用性は離散版にも受け継がれ，「モースの不等式」を含む数多くの結果の離散的な類似物が得られている．離散モース理論は，トポロジーのみならず，組合せ論や線形代数学からの様々なアイディアを含んでいる．その上，集合論の基礎および数学的な証明の技法程度の予備知識があれば容易に理解できるものである．それゆえ，学部生によって書かれた離散モース理論の紹介がオンライン上には数多く見出される．例えば，シカゴ大学の「REU プロジェクト」の一環で書かれたアレックス・ゾーンのノート [**158**] やドミニク・ウェイラーの卒業論文 [**150**]，レイチェル・ザックスの卒業論文 [**156**] などを参照されたい．

別の観点から見ると，離散モース理論は，20 世紀初頭から半ばにかけての J. H. C. ホワイトヘッドの研究にその基礎があるとも言え，その研究において，ホワイトヘッドは「単純ホモトピー」と「ホモトピー型」の間の深い関係を明らかにしている．この研究を土台として，ロビン・フォーマンは，1998 年に発表した論文の中で，「離散モース理論」と名付けた理論を導入した [**65**]．彼の手になる非常に読みやすい論文 “A user's guide to discrete Morse theory” は，いまでもこの分野における定評ある解説である [**70**]．フォーマンはその後も続々と論文を発表し [**66, 68–71**]，離散モース理論をさらに発展させた．この分野は，フォーマンによる独創的で影響力のある研究以降，急速に成長し，成熟している：それは確かに一冊の本に纏めるに値するほど十分に確立された理論となっている．

本書はさらに，「トポロジー」の入門書，より正確には「トポロジー」との最初の出会いの役目を果たすものであり，他のトポロジーの入門書とは違った感触と味わいをもった入門書である——本書では，「点集合」からのアプローチや「曲面論」からのアプローチを避けている．本書では，離散モース理論を「単体複体」へ適用している．単体複体のみに限定すると，離散モース理論の一般性が完全には明らかにならないけれども（離散モース理論は正則な CW 複体上で定義できる），単体複体は数学に習熟した学生ならば誰でも容易に理解できるものである．「CW 複体」を理解するためには「点集合論」の知識が必要であるように，トポロジーとの出会いのために，単体複体は，本書では欠かせないものなのである．必要な予備知識は，「数学的帰納法」や「同値関係」などの数学的証明に関する講義，もしくはそれと同等な証明技法についての講義で扱われるもののみである．本書では「滑らかなモース理論」は扱っていない．「滑らかなモース理論」については，ミルナーの古典 [**116**]，あるいはより現代的に記述された [**129**] を見てほしい．「滑らかなモース理論」と「離散モース理論」の関係についての議論は [**27, 29, 99**] に見られる．

本書では，主に「ホモロジー」というレンズを通してトポロジーを見ることにしよう．離散モース理論の基本的な結果は（弱）モースの不等式である; これは，K を単体複体，$f : K \longrightarrow \mathbb{R}$ を離散モース関数，i 次元の臨界単体の個数を m_i, i 次ベッチ数を b_i とするとき，$b_i \leq m_i$ が成り立つというものである．この定理を証明するため，そして計算を実行するため，「$\mathbb{F}_2$-単体（複体の）ホモロジー」を利用しよう．必要な線形代数学の概念を理解するため，第 3 章においてこれらを簡単に説明することにする．第 1 章では，単体複体，縮約（操作），単純ホモトピー型などが導入される．これらはみなトポロジーにおける標準的なトピックである．

どんな本にも，その著者の興味と視点が反映されるものである．このこととスペースの関係で，残念ながら，本書に含めたものよりもずっと多くのものを省かざるを得なかった．そのなかで触れておくべきものをいくつか述べておこう．離散モース理論では，多くの興味深い計算事例が取り扱われるが，本書で触れたものは，そのほんの一部である．これらには「ホモロジーおよびパーシステントホモロジー」の計算 [**53, 80, 82**] や「行列の分解」[**86**]，さらには「胞体的層係数コホモロジー」の計算が含まれる．離散モース理論は，数学者によって様々な方向へ一般化され，適用されてきた．“A user’s guide to discrete Morse theory”[**70**] の最後にあるフォーマンの問いかけに応じて，離散モース理論をある種の「無限個の対象」へ拡張する研究もいくつかなされている [**8, 10, 12, 15, 105**]．離散モース理論はベストヴィナ・ブラディの離散モース理論の特別な場合であることが示されており [**34, 35**]，それは幾何学的群論へ広く応用されている．離散モース理論の「代数版」も考えられており [**87, 102, 142**]，それは鎖複体や「ランダム複体」をも含んでいる [**130**]．E. ミニアンは離散モース理論を，ある「ポセット（半順序集合）」の集まりを含む形で拡張し [**118**]，さらに B. ベネデッティは「境界をもつ多様体」に対する離散モース理論を開発した [**28**]．ある「分類空間」を介し，空間のホモトピー型の再構成に適した離散モース理論のヴァージョンもある [**128**]．K. クヌドソンと B. ワンは最近，離散モース理論の階層化されたヴァージョンを開発した [**100**]．離散モース理論を，他の種類の数学を研究するためのツールとして用いることが非常に有用であることがわかってきており，組合せ論やグラフ理論の問題 [**16, 41, 49, 88, 106, 108**] だけでなく，配置空間や部分空間の配置の研究にも応用されている [**60, 122, 123, 139**]．フォーマン以前に，T. バンチョフもまたモース理論の離散版を開発したことは，注目に値する．しかしながら，この理論の有用性は限られていたように思われる．E. ブロックは，フォーマンの離散モース理論とバンチョフの理論との関係を明らかにしている [**36**]．

本書の内容は，元々は私がアーサイナス・カレッジで，数学の証明法のコースのみを受講した学生を対象とした離散モース理論のコースのために構想されたものである．入門コースでは，第 1 章から第 5 章まで，および第 8 章を扱えばよいだろう．追加の話題として，第 6 章および第 9 章は，コンピューターサイエンスに興味がある学生向けのコースに適しており，他方，第 7 章および第 10 章は純粋数学に興味がある学生に適している．これらの章の中の，より技術的な証明のいくつかは飛ばしてもよいだろう．より上級のコースでは，第 2 章から始めて，本書の残りをすべてカバーし，必要なときに第 1 章を参照する，というやり方もある．本書はまた，代数トポロジーもしくは位相的組合せ論のコースの補助テキストとして使うこともできるし，あるいは独習用として，指定教科書として，さらには学部生の研究プロジェクトの基礎学習用としても使うことができよう．本書はまた，読者として離散モース理論の入門書や参考書を必要とする研究者も想定して書かれている．これには離散モース理論が提供するツールを使いたいと考えているトポロジーの研究者だけでなく，組合せ論の研究者も含まれる．

練習および問題

本書の構成には，「数学はスポーツ観戦とは違う．そして，数学を学ぶ最良の方法は積極的に “数学する” ことである」という私の哲学が反映されている．各章のあちらこちらに「練習」とか「問題」と書かれた，読者が取り組むべき課題が散りばめられている．「練習」と「問題」の違いは幾分便宜的なものである．こちらの意図としては，「練習」は定義を直接適用する，もしくは簡単な例での計算により解けるものである．「問題」は，理解のために不可欠なもの，本書の他の部分のために必要なもの，あるいはより難しいもののいずれかである．「問題」の難易度は問題ごとに異なる．

「易しい」，「明らか」である等の言葉についての注意

今の時代の流れとして，「容易に」とか「明らかに」，「明白に」などといった言葉を使うことは避ける傾向にある．こうした言葉は，「それ」が明らかとは思えない読者にとっては「つまずきの石」となることがあり，読者のやる気を削ぐと考えられている．そのため，本書ではこうした言葉を使わないよう努めた．しかしながら，そうした言葉を本書でまったく使っていないというわけではなく，それらを使う際には，私の意図が読者に伝わるようにした．私は学生たちに「特定の数学的な事実は“易しい，がしかし，易しいことを示すことはとても難しい”」という話をよくする．つまり，人によっては，「主張」が「ぴんとくる」までに，その意味を理解するためにとても長い時間を費やす必要があるかも知れないということである．それゆえ読者が「明白に」のような言葉に出くわした際には，たとえ直ぐには明らかではなかったとしても何も落ち込むことはないのである．むしろ，そのような言葉は例題を具体的に書き下したり，自分自身の言葉で議論を書き直したり，あるいはわかるまで定義を見直したりするよう，読者に促していると考えるべきである．

訂正

本書のタイポや誤り，あるいは訂正のリストは

`https://nscoville.github.io/website/DMTerratum.pdf`

に掲載されている．

謝辞

本書を執筆するにあたり，多くの方々に助けていただき，また支援をいただいた．ラニタ・ビスワス，セバスティアーノ・クルトゥレラ ディ モンテサーノ，モルテッツァ・サグハフィアンは，本書全体に目を通し，改善のための詳細なコメントや提案を提供してくれた．スティーヴン・エリス，マーク・エリソン，ドミニク・クリヴェ，マックス・リン，サイモン・ルビンステイン=サルツェード，ジョナサン・ウェブスターは数学上の有益なフィードバックをしてくれ，タイポや誤りを見つけてくれた．種々の質問に答えてくれたキャスリン・ヘス，クリス・サドフスキー，ポール・ポラック，リスベス・ファイストゥルプ，アンディ・プットマン，マシュー・ザレムスキー，また，索引の作成を手助けしてくれたダナ・ウィリアムズ，エズラ・ミ

ラーの助けに感謝したい．第9章では，パヴェル・ドゥオツコ，ミミ・ツルガ，クリス・トラリー，デイヴィッド・ミルマンに助けていただいた．ここに謝意を表したい．もちろん，本書の中の誤りのすべてはひとえに「mea culpa, mea culpa, mea maxima culpa（私の過ち，私の過ち，私の大いなる過ち）」によるものである．本書の執筆にあたり，ケヴィン・クヌドソンの励ましと支援に，アーサイナス大学数学・コンピューターサイエンス学部に，そして本プロジェクトを支援してくれた私の学生たちすべてに感謝したい．原稿提出および出版のプロセスを通して辛抱強く手助けしてくれたAMS（アメリカ数学会）のイナ・メッテに，そして匿名の査読者たち全員に感謝の意を表したい．本プロジェクトの間中，家族のみんなが励ましとフィードバックを与え，支えてくれた．母方のいとこテレサ・ゴーナーは，校正の作業をしてくれ，また数々の提案をしてくれた．また，父方のいとこブルック・チャントラーのおかげで，ともすると「標準英語」の綴りにすべて変えたいという衝動を抑えることができた．二人に感謝したい．父ジョセフ・スコーヴィルと叔母のナンシー・マンスフィールドは，二人とも微積分のコースも取ったことはないが，本書の一言一句を読み，詳細なフィードバックをしてくれた．おかげでずっと読みやすいものになったと思う．二人に感謝したい．最後に，このプロジェクトは，私の家族：子どもたちギアナ，アニエラ，ベアトリックス，フェリシティー，ルイザ=マリー，そして取り分け妻のジェニファー（私の宝物たち），の支えと愛情なしには決して成し遂げることはできなかった．

ニック・スコーヴィル

ルイ・ド・モンフォールの祝日に

目　次

第0章　離散モース理論とは？

この章では，離散モース理論の考え方について，詳細や専門的な事柄には立ち入らず，易しく紹介しよう．このような動機の説明が不要な読者は，この章を飛ばしていただいてまったく差し支えない．離散モース理論を導入するにあたり，2つの主要な要素：離散トポロジーおよび古典的なモース理論とを眺めることにしよう．0.3節において，これら2つのアイディアを合わせて，読者に離散モース理論を少し味わってもらおう．まずは「トポロジーって何？」と聞くところから始めよう．聞いてくれて嬉しいよ！

トポロジストは，代数学や整数論ではなく，幾何学で勉強するものと同じ対象を研究しているのである．代数学では，主に方程式を勉強するだろうし，整数論では整数を勉強するだろう．幾何学では，主に幾何学的な対象：直線，点，円，立方体，球面などを勉強するだろう．方程式や整数も確かに幾何学の勉強には登場するが，それらはあくまでも幾何学的な対象について学ぶための道具として二次的に使われるに過ぎない．トポロジーは，それが点，直線，円，立方体，球面――あなたが思い浮かべる形あるものなら何でも，さらには，より高い次元においてどうにか類推できるようなものすべてを研究の対象とするという点では，幾何学と同じようなものである．ここまではいいだろう．しかし，それは次の点で幾何学とは異なるものである：トポロジーにおいては，「距離」の概念がなく，その代わりに「近さ」の概念があるのである．さて，私はアマチュアのスコラ哲学者を自認しており，それゆえ，「違いがないのに区別した」という非難には慣れている.[1] 以下では，距離と近さを区別し，その区別が実際に違いを生むことを見よう．しかしながら，距離を仮定しないことが，距離そのものが存在しないことを意味するわけではないことを覚えておいてほしい．むしろ，それは単に我々が距離という情報にアクセスできないことを意味するに過ぎない．以下では，このことがキーポイントとなる．最後に，トポロジーは「穴」の数を数えることと「穴」を見つけることの両方に長けている．「穴」というものは曖昧な

---

[1] 原注：“Negare numquam, affirmare rare, distiguere semper”「決して否定せず，めったに肯定せず，常に区別する」.

ものである．それは一体，何だろうか？　考えてみると，「穴」とは「そこにないもの」から定義されるものであり，したがって「穴」が何であるか，あるいは「穴」があるかどうか見分けることは不確かなことなのである．トポロジーは「穴」を見つけるためのツールを開発するものである．次の節では3つの例を挙げて，トポロジーのこうした側面について説明しよう．

0.1　離散トポロジーとは？

3つの応用例を通して離散トポロジーを紹介しよう．

0.1.1　ワイヤレスセンサーネットワーク

センサーは我々を取り巻いている．ほんのいくつか例を挙げると，携帯電話や「クリッカー」，「EZパス」に使われている．しかしながら，それらはいつも単独で使われているわけではない．時には共通の目的のためにセンサーの集合体が作動していることもある．携帯電話の電波塔を例に取ろう．各電波塔は携帯電話の信号を拾うためのセンサーを備えている．携帯電話システムの全体は，可能な限り広いエリアをカバーするよう設計されており，その目的のため，電波塔は互いに通信し合っているのである．各電波塔が発する局所的な情報が与えられたとき，特定の地域がカバーされているかどうか，したがって，その地域内のどこにいようとも携帯電話のサービスが受けられるかどうかを知ることは可能だろうか？

図0.1のような携帯電話の電波塔のシステムを考えてみよう．各点は電波塔を表しており，点を囲む円はそれぞれ電波塔のセンサーが感知するエリアである．ここで，すべての電波塔は，いくつかの技術的な細かい条件の他に，同じ「センサー半径」をもつと仮定しよう（参考文献[**51**]もしくは[**76**, §5.6]を見よ）．各電波塔から何らかの情報を送ってもらい，その情報を用いて，そのエリアすべてがカバーされるかどうかを判断しているわけである．どのような情報が必要だろうか？　おそらく各電波塔からは，その位置情報，広域的な座標が送られてくるだろう．こうした情報が送られてきたならば，我々は幾何学の手法を用いて，エリア全体がカバーされるかどうかを知ることができる．ここまではそれほどエキサイティングな話ではないだろう．しかし，そうした情報にアクセスできない場合はどうだろうか？　例えばこれらのセンサーがGPS機能をもたない安価なものであるとか，位置情報が通信中に失われたと仮定しよう．そのとき，どうすればよいだろうか？　ここでトポロジーが威力を発揮するのである．トポロジーを利用すると，我々がどんな情報をもっているか，あるいはどんな情報にアクセスできるかについての仮定を少なくすることができる．例えば各電波塔が他のどの電波塔と通信のやり取りができるかのみを知ることができるとい

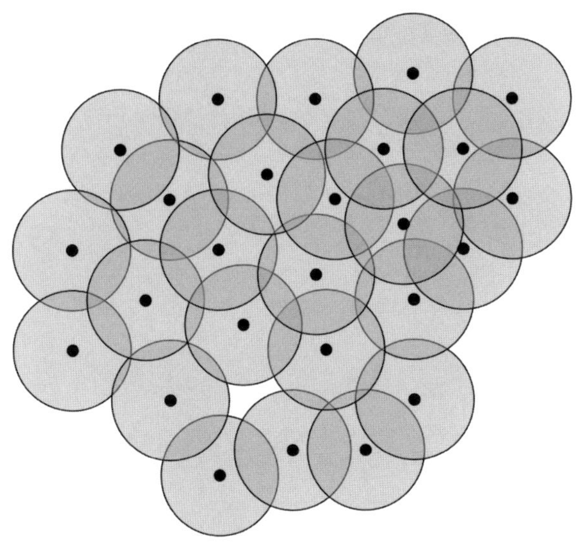

図 0.1

う，ずっと弱い仮定を置こう．したがって，もし電波塔 A の半径内に電波塔 B があるならば，その情報を我々は知っているとするのである．しかし，B がちょうど A の半径上にあるとか，B が A のてっぺん近くにあるといったことはわからない．言い換えると，A と B がお互いに“近い”ことはわかっているものの，お互いの距離はわからないのである．同様に，A と C が通信不可能だとするならば，C が A のセンサー半径のすぐ外側にあるかも知れないし，あるいは C が A とは完全に反対側にある可能性もあるのである．各電波塔が教えてくれる情報は，他のどの電波塔が，その半径内にあるかということのみである．ここで先に述べた重要な点を再び強調しておこう：距離が存在しないというわけではない; 距離の情報にアクセスできないだけである．さて，このずっと限られた情報の下で，「穴」があるかどうか判断することができるだろうか？　答えは「できる場合もある」だ．上の例の場合，互いに通信可能な 2 つの電波塔をつなぐことにより，「通信グラフ」を作ろう（図 0.2）．次に，3 つの電波塔（その内のどの 2 つも互いに通信可能である）により作られる三角形で囲まれた領域を塗りつぶそう（図 0.3）．その次に電波塔の円を取り除こう（図 0.4）．

残ったものは，この「現実の状況」の純粋な数学モデルである．これは**単体複体**と呼ばれ，これこそ我々がこの本で学ぶ対象である．このモデルをトポロジーの手法を用いて分析すると，その中にちょうど「穴」が一つあることがわかるのである．その

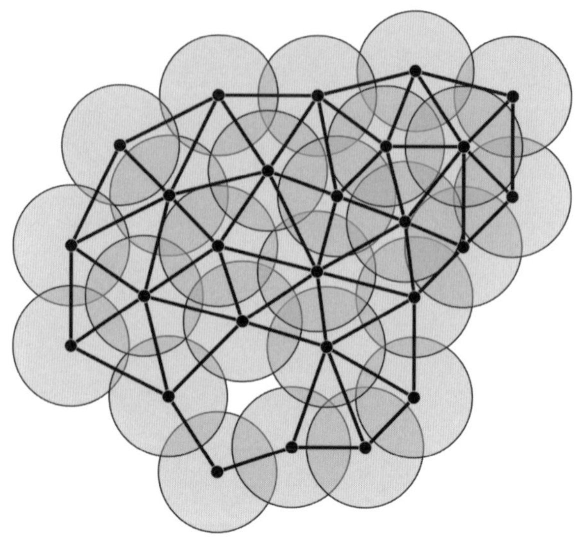

図 0.2

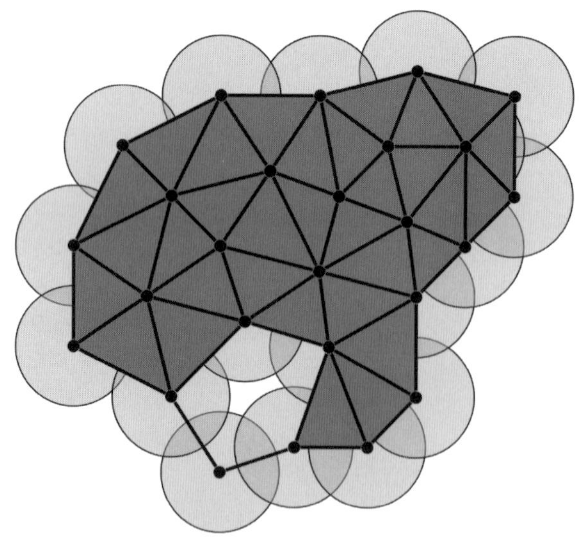

図 0.3

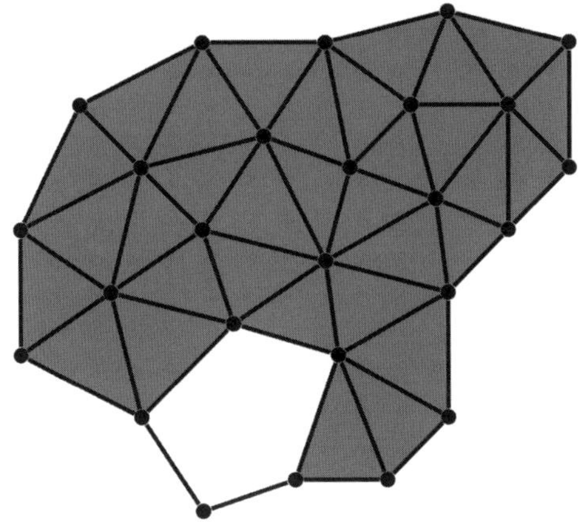

図 **0.4**

やり方を §3.2 で説明しよう．ここでのポイントは，領域内に「穴」があるかどうかを知りたかったということ，ごく限られた情報にしかアクセスできないと仮定したこと，単体複体と呼ばれるトポロジーの対象を用いて，情報をモデル化することによって「穴」を検出できたということである．

この例の背後にある数学の詳細については，論文 [**51**], [**76**, §5.6] を見よ．

0.1.2　コード付きルンバ

ルンバとは小さな円盤型の自動ロボット掃除機である．スイッチを入れ，床に置き，部屋に放置しておくと，例えば 2 時間後に部屋全体がきれいになっているという意味で自動的である．これは「期待されるアイディア」ではあるが，一つ大きな欠点がある：電源である．直立型のコードレス掃除機もまだ目新しいものではあるが，今あるものはそれほどパワフルなものではない．それなりの広さの部屋をきれいに掃除するためには，壁のコンセントに差して十分に充電しなければならない．それゆえ，バッテリーで動くルンバは，床の掃除についてはあまりよい働きをしないし，そうしようとするとバッテリーを頻繁に交換する必要がある．この問題を回避する一つの方法はコード付きルンバを導入することである．これはルンバの中にコードが収納され，後ろからコードが出てくるようなものである．コードは壁のコンセントに差し込まれ，ルンバが前に動けばコードが伸び，後ろへ動けばコードが中へ引き込まれ，常にたるまないようになっているようなものである．

これで電源の問題は解決されるだろう．しかしながら，図 0.5 に示されているように，新たな問題が生じる——すなわちコードが部屋の家具に巻き付きやすく，ルンバ

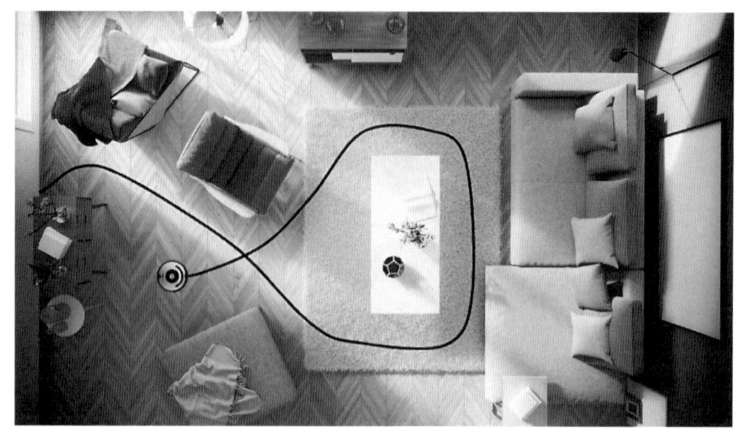

図 **0.5**

が動かなくなってしまう可能性がある．この設定では，家具などの部屋の中の避けたい障害物は「穴」と考えることができる．このとき，ルンバが動き回ってできる経路が「穴」の周りを回らないようにしたいのである．トポロジーを用いて，「穴」（これはコードが家具の周りに巻き付くことに対応する）を検出することで，ルンバが経路を逆にたどれるようにすることができる．

図 0.6 において，部屋の中にある一つ一つの家具は「穴」に置き換えられ，家具の周りにコードが巻き付くというルンバの問題は，「穴」の周りを回るループを考えることで「穴」を検出する問題と同じものである．この例において大事なことは，「穴」の大きさは関係ないということである．コードが大きな家具の周りに巻き付こうが，細い柱の周りに巻き付こうが，それはどうでもよい——巻き付いたコードは巻き付いたコードだ——つまり，トポロジーの関心は「穴」の「大きさ」ではなく，「穴」の「存在」にあるのである．

0.1.3　ネズミの脳のモデル化

現在，スイスの研究チームが，「ブルー・ブレイン・プロジェクト」——コンピューターシミュレーションを用いた脳機能の研究——に取り組んでいる．研究チームは，神経活動のシミュレーションが可能な，ネズミの「体性感覚野」の一部のデジタルモデルを作成した [**115**]．このモデルは 31,000 個のニューロンと 3,700 万個のシナプスから構成され，ニューロンの間に 800 万個の結合を形成している．そして我々にとって最も重要なことは，神経科学，生物学，そして関連分野の研究者に加え

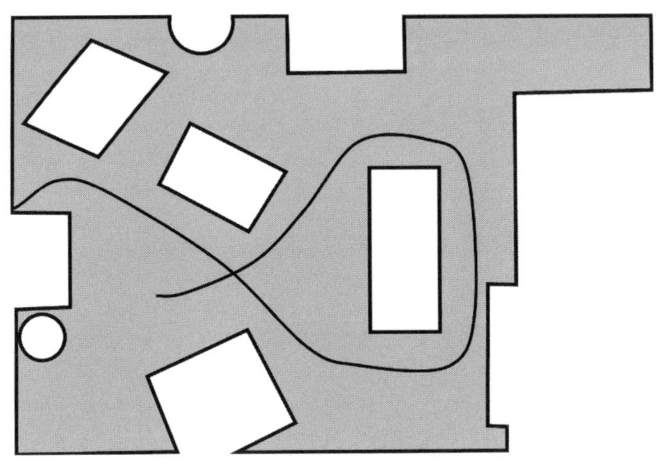

図 0.6

て，チームには数学者，それもトポロジーの専門家が加わっているということである．このようなプロジェクトに応用数学者や微分方程式の専門家が関わることは想像がつくが，トポロジストに一体，どんな貢献ができるというのだろうか？ ネズミの脳のモデルは単体複体と見なすことができるのである．このモデルでは，ニューロンは点で，シナプスにより形成される結合は線分により表される．神経科学の研究は，脳内の結合の重要性を明らかにしてきた：2 つのニューロンは，互いに結合していない場合，直接情報を伝達することはできない．この結合は方向性を持っており，情報はニューロン A からニューロン B へ伝達できるとしても，その逆は必ずしもできないのである．情報はまた同じニューロンたちを何回も回り，ループを描きながら伝わることもある．トポロジーは，この種の結合やループの存在だけでなく，図 0.7 に示されているような，結合の “高次の概念” の存在も明らかにすることができるのである．それぞれの三角形に影を付けると，「空」を囲むものが得られる（図 0.8）．これは興味深いトポロジー的性質をもっているものであるが（問題 3.21 を見よ），そのような構造は神経学的に何かに対応しているのだろうか？ まあ，[**135**] を見てもらおう！ ループが何かを意味しているのであれば，おそらくこのような構造もそうなのだろう．数学者は，このネズミの脳モデルにおける高次の結合性を記述しようと考えるだろう．もしも 12，15，あるいは 32 次元の「穴」が見つかったならば，このことは神経学的に何を意味するのだろうか？ ともかくも，トポロジーは，脳の高度に構造化された領域の存在を神経学者たちに教えてくれるのである．

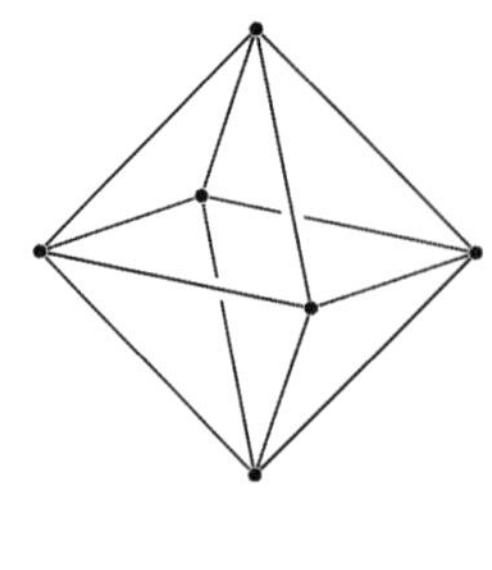

図 **0.7**

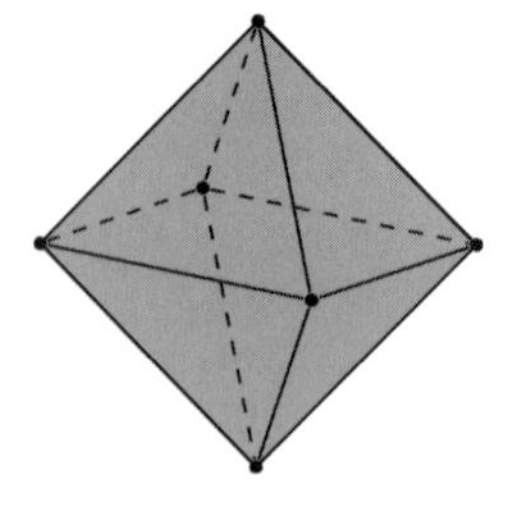

図 **0.8**

0.2　モース理論とは？

離散モース理論は古典的なモース理論の「離散版」である．したがって，この新しい分野を理解する一助として，古典的なモース理論を簡単に説明しておこう．古典的なモース理論は 1920 年代から 1930 年代にかけて，今では彼の名を冠した数多くの数学を開発したアメリカの数学者マーストン・モース (1892–1977) に因んで名付けられたものである（例えば [**124**], [**125**]）．モース理論を用いてモースが証明した重要な結果の一つは，球面上のある条件を満たす任意の 2 点を結ぶ「局所的に最短な道」，すなわち「測地線」は無限個存在するというものである．しかしながら，モース理論は 1960 年代に入って初めて脚光を浴びることになったのである．

1961 年，スティーヴン・スメール (1930–) は「**高次元ポアンカレ予想**」と呼ばれる有名な数学の未解決問題を解決した [**143**]．これは驚くべき結果であり，数学界を大いに沸かせた．グリゴリー・ペレルマン (1966–) は，2004 年に「3 次元ポアンカレ予想」を証明し，再び数学界を沸かせた [**121**]．高次元ポアンカレ予想を証明してから数年後，スメールは，彼の手法を拡張して「滑らかな多様体についての h-コボルディズム定理」と呼ばれる結果を証明した．この結果は，局所的にはユークリッド空間のように見える空間についての深い洞察を与えるものである．この業績により，スメールは「フィールズ賞」（数学界においてノーベル賞に匹敵する賞）を受賞したのである．1965 年，もう一人のフィールズ賞受賞者であるジョン・ミルナー (1931–) は，モース理論などの手法を駆使して，スメールの驚くべき結果の新しい証明を与えた [**117**]．ミルナーによる，モース理論を用いたスメールの結果の美しい証明は，モース理論を強固なものにし，スメール自身の言葉を借りると，「アメリカ数学の金字塔である」[**144**].

モース理論は，トポロジーにおける有用性だけでなく，トポロジー以外の分野でも応用可能であることが証明されている．スメールのもう一つの貢献は，モース理論を「力学系」の枠組みに適合させる方法を見出したことである．ここで，「力学系」とは，ある一定の規則に従って，「状態」が時間とともにどのように発展するかを研究する数学の一分野である．物理学者であり，フィールズ賞受賞者でもあるエドワード・ウィッテン (1951–) は，「超対称性」という物理現象を研究するために，モース理論をより発展させた．スメールの指導教員であったラウル・ボットは，ウィッテンが初めてモース理論に触れたときの逸話を次のように語っている：

> 1979 年の夏，カルジェーズで，私は「同変モース理論」と，リーマン面上のヤン・ミルズ理論との関連性についての講義を行った．私は，若手からベテランまでを含む非常に優秀な物理学者のグループに対して，アティヤとの共同研究について報告していたのであるが，聴衆の多くは講義を鋭い眼差しで聞いていた ... ウィッテンはまるで鷹のような目付きで講義を追い，質問し，明らかに非常に興味を持っているようであった．そんなこともあり，私は彼に [モース理論に対する]「半空間」によるアプローチなどの基礎を教え込むことができた，と大満足であったので，それから八か月余り経った後に，彼から「やっとモース理論が理解できました！」というコメントで始まる手紙を受け取って，かなり驚いたことを覚えている [**37**, p.107].

このモース理論とはどんなものだろうか？　モース理論に関する，ありとあらゆる本には，次のようなトーラス（ドーナツの外側の皮）の図が載っているだろう（図 0.9）．この対象物をどのようにして調べればよいだろうか？　数学に限らず，何かを調べる際にしばしば使われる手法は，対象物を基本的な，あるいは単純なピースに分解することであろう．例えば，生物学では生体組織を細胞のレベルで調べるであろう．物理学では物質を原子に分解して調べるであろう．整数論では整数を素数たちの積に分解して調べるであろう．ではトポロジーでは何をするのか？　トポロジーでは，対象物を図 0.10 に描かれているような単純なピースに分けるのである．それらをトポロジーにおける「素数」と考えよう．

これらのピースを伸ばしたり，曲げたり，引っ張ったり，押し込んだりした後に，それらを貼り合わせると，元のトーラスが復元できることがわかる．しかし，どうやって，これらのピースを見つけたのだろうか？　それらを作り出す系統だった方法――そのような対象物のすべてに使えるような手法――はあるのだろうか？　そこで，トーラス上の各点に対して，その点の空間における垂直方向の「高さ」を与える「高さ関数」f を定義しよう．任意の高さ z に対して $M_z := f^{-1}(-\infty, z]$ を考えることができる．これにより，高さが z より下側にある部分はそのまま残し，高さ z の所でトーラスをスライスしたものが得られる．例えば M_4 はトーラス全体であり，M_0, $M_{0.5}$, $M_{3.5}$ はそれぞれ図 0.11 で示されるものになる．ここで $M_{3.5}$ の上に「帽子」を貼り付けることにより，$M_{3.5}$ から M_4 が得られることに注意しよう．このよ

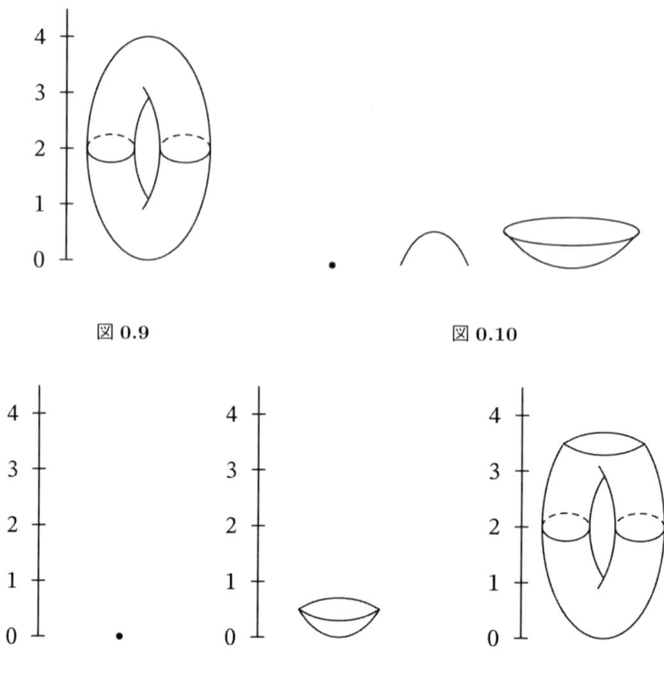

図 0.9

図 0.10

図 0.11

うな貼り合わせがいつ起こるかを見つけ出す鍵は，高さ関数の「臨界点」を見つけることである．微分積分学によると，微分係数（この場合はすべての偏微分係数）が0になるような点から臨界点が求められることを思い出そう．幾何学的には，このことは「極小点」,「極大点」，あるいは「鞍点」に対応するものである．このことを念頭に置くと，トーラス上の高さ0, 1, 3，および4の所に4つの臨界点があることがわかる．この簡単な観察がモース理論の出発点である．これにより，対象物のトポロジーが復元され，例えば「穴」の情報など，対象物についての情報が得られるのである．これらを背景に，ロビン・フォーマン（ボットの下で学位を取得）は，1998年,「胞体複体のモース理論」というタイトルの論文の中で，モース理論の「離散版」を導入したのである **[65]**．フォーマンは，論文の冒頭で次のように書いている：

> この論文では，CW 複体に対する非常に単純な「離散版モース理論」を提示しよう．モース理論の主要な定理の類似を証明することに加え，モース関数に付随する勾配ベクトル場や勾配流といった，（見たところ）「滑らかな世界」特有と思われる概念の離散的な類似物も併せて提示しよう．そして，これを用いて「モース複体」を定義しよう．それは離散モース関数の臨界点から作られる鎖複

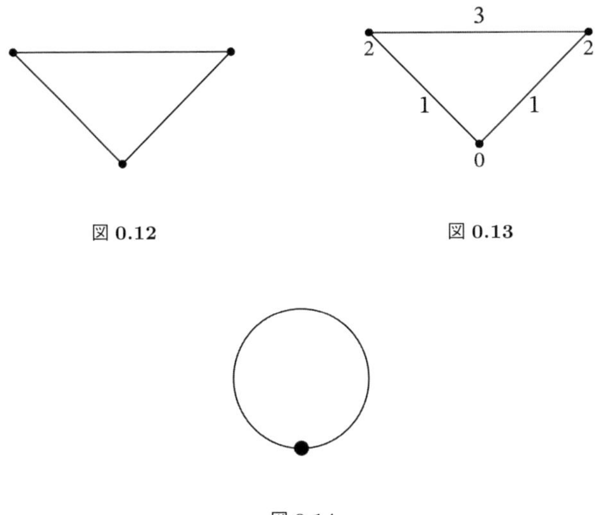

図 0.12　　図 0.13

図 0.14

体であって，元の多様体と同じホモロジーをもつものである．

馴染みがない用語がいくつかあるかも知れないが，フォーマンが先のトーラスの説明で出てきた多くの概念を拡張し，新しい定義を与えようとしたことはわかるであろう．

0.3　離散モース理論を用いた簡略化

離散トポロジーおよびモース理論の「短期集中講座」を終えたところで，この 2 つがどのように融合するか説明しよう．離散モース理論の主要な考え方は，モース理論に類似の方法により，単体複体を分解し，調べることである．これを見るため，次のような円の「単体版」を考えよう（図 0.12）．

この単体複体の各パートに，「高さ関数」の類似物を定義することができる（図 0.13）．ここで 0 は極小値であり，3 は極大値であることに注意しよう．[2] 先に述べたこととまったく同様にして，これら 2 つのピースから円を再構成することができるのである（図 0.14）．厳密に言うと，このことは単体複体の範疇から外れることになるのであるが，それでも考え方そのものは正しい．さらに，離散モース理論を用いると，対象物について，関連する情報を失うことなく，その複雑さを減らすことができ

[2] 原注：もちろん，単体複体上の関数が満たさなければならない技術的な制限はあるが，詳しくは 2.1 節を見よ．

るのである．携帯電話のシステムやルンバのデザインプロジェクト，ネズミの脳のマッピングを研究する場合，最先端のコンピューターと高価な計算リソースを利用するであろう．穴の数を計算する場合，インプットする直線の数を n とすると，n^3 の定数倍のオーダーの計算量になる傾向がある [**55**，IV 章]．それゆえ，関係する点の数を減らすことで，コンピューターの計算量を大幅に減らすことができる．例えば携帯電話の例において，通信不可能な地帯があるかどうかを判断したい場合，離散モース理論を用いると，0.1.1 節の例の場合，計算量を 58^3 から 1^3 に減らすことができるのである．もちろんこの削減そのものにもコストがかかるが，それでもなお計算の効率ははるかに向上するのである．第 8 章，特に問題 8.38 において，この削減がどのように実行されるか説明しよう．そうした削減は巨大で扱いにくいデータセットにとってきわめて重要である．詳細については [**82**] を参照されたい．大切なポイントは，トポロジーが現実世界の現象のモデル化に役立つような興味深い問題を提示していることを理解することである．離散モース理論は，そのような分析を手助けするためのきわめて有効なツールなのである．

第1章　単体複体

先の章では，3 つの応用トポロジーの問題を見た．我々は，点，直線，面，さらに高次元の類似物からなる単体複体という対象を用いて，これらの問題をモデル化した．これら単体複体を規定する特性は，点，直線などの相互の**関係**によって与えられる．

1.1　単体複体の基礎

単体複体を表示する一つの方法は図を描くことである．例を一つ挙げよう．図 1.1 において，点たちの間の線分は，2 点が関係付けられていることを示しており，3 個の互いに関係付けられている点たちによって囲まれている領域の網掛けは，これら 3 点すべてが関係付けられていることを示している．例えば，C は D と関係付けられているが，C は E とは関係付けられていない．ここでの関係とは，いかなる幾何学的な解釈ももっていないことを理解しておくことは大切である．このことを具体的に見るには，上の単体複体を，5 人の間で “夕食を共にした” という関係をモデル化したものであると想像するとよい．したがって，キャサリン (C) はドミニク (D) と夕食を共にしたことがあり，ドミニクはベアトリクス (B) と夕食を共にしたことがあり，さらにベアトリクスはキャサリンと夕食を共にしたことがある，というわけである．しかし，キャサリン，ドミニク，ベアトリクスの 3 人が一緒に夕食を共にしたことはない．このこととベアトリクス，キャサリン，アニエラ (A) とを対比させてみよう．この 3 人は一緒に夕食を共にしたことがあるのである．このことは，B, C, A によって囲まれた領域が網掛けになっているという事実によって示されている．ここで，3 人のすべてが夕食を共にしたことがあるならば，このことから必然的に，その内のどの 2 人も夕食を共にしたことがあることが従うことに注意しよう．こうした “面の関係” は単体複体を理解する鍵となるものである．

さらに，あなたが思い描くことができる，任意の “滑らかな”，もしくは物理的対象が，いかにこうした単体複体によって近似され得るかを想像することができよう．例えば図 1.2 のような球面は，図 1.3 のような内部が空洞な単体複体によって “近似”

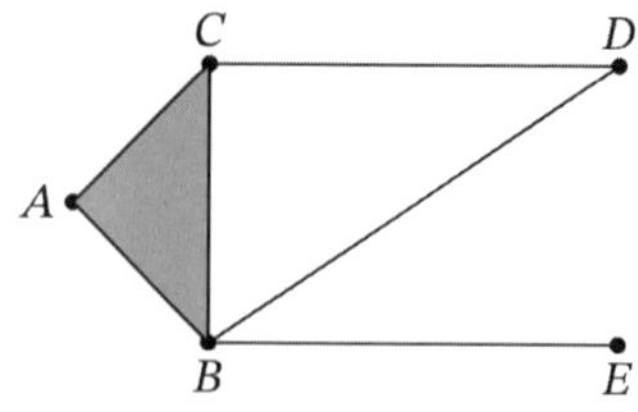

図 1.1

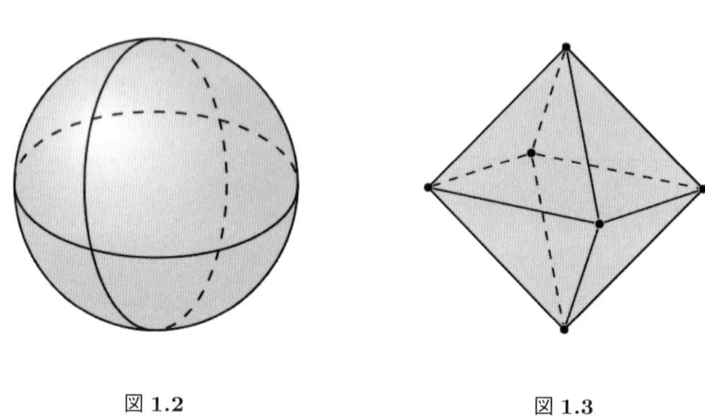

図 1.2　　図 1.3

もしくはモデル化され得る．これはかなり荒っぽい近似のように見える．もし球面のより良い近似が欲しいならば，より多くの点，線分，面を使えばよい．

約束として，4 本，もしくはそれ以上の数ではなく，3 本の線分が結ばれているときのみ，空間を埋めることにしよう．もし 4 本，もしくはそれ以上の数の線分で囲まれた空間を埋めたい場合は，それを 2 個，もしくはそれ以上の数の三角形に分ける必要がある．したがって図 1.4 は単体複体ではない．しかし図 1.5 は単体複体である．

このようにして図を描くことによって単体複体を見ることの利点は，あらゆる部分の間の関係を見ることが容易になることである．欠点としては，著者が伝えようとしていることを図だけから理解することが難しいということである．例えば，図 1.6 のように四面体を描いたとき，四面体の内部が埋めつくされた 3 次元の "立体" なのか，そうでないのかは，図からはわかりにくい．さらに，3 を超える次元の場合，図を描くことはできない．しかしながら，この時点で，0-単体（点），1-単体（線分），さらに n-単体から "何か" を作るという考え方を，無理なく理解することができるはずである．きちんとした定義は次で与えられる．

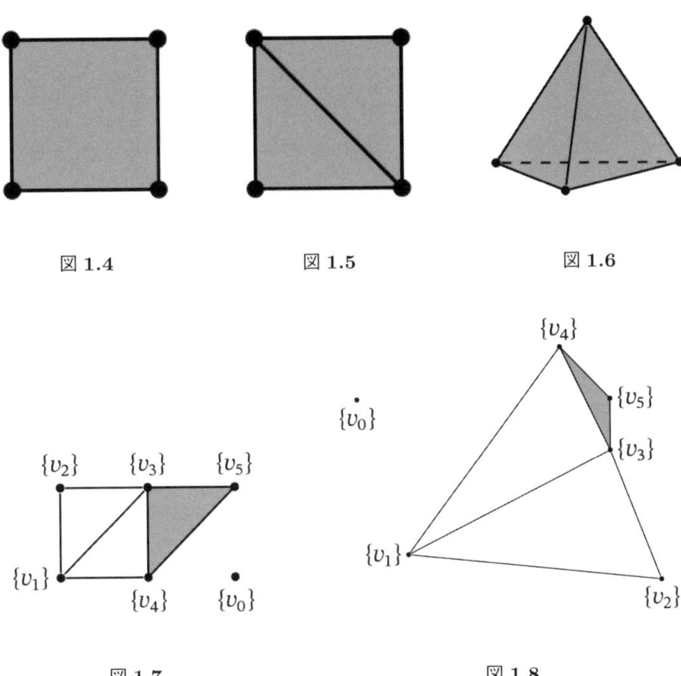

図 1.4　図 1.5　図 1.6

図 1.7　図 1.8

定義 1.1　$n \geq 0$ を整数とし，$[v_n] := \{v_0, v_1, \ldots, v_n\}$ を $n+1$ 個の記号の集まりとする．**$[v_n]$ 上の（抽象的）単体複体**，もしくは**複体** K とは，空集合 $\emptyset$ を除いた $[v_n]$ の部分集合の集まりであって，

(a) もし $\sigma \in K$ であり，$\tau \subseteq \sigma$ であるならば，$\tau \in K$ である，
(b) すべての $v_i \in [v_n]$ に対して，$\{v_i\} \in K$ である，

となるもののことである．集合 $[v_n]$ は K の**頂点集合**と呼ばれ，元 $\{v_i\}$ は**頂点**，もしくは**0-単体**と呼ばれる．時には K の頂点集合を $V(K)$ と書くこともある．

例 1.2　$n=5$ とし，$V(K) := \{v_0, v_1, v_2, v_3, v_4, v_5\}$ とする．

$$K := \{\{v_0\}, \{v_1\}, \{v_2\}, \{v_3\}, \{v_4\}, \{v_5\},$$
$$\{v_1, v_2\}, \{v_1, v_4\}, \{v_2, v_3\}, \{v_1, v_3\}, \{v_3, v_4\}, \{v_3, v_5\}, \{v_4, v_5\}, \{v_3, v_4, v_5\}\}$$

と定義しよう．K が単体複体の定義を満たすことは容易に確かめられる．この単体複体は図 1.7 のように描くことができよう．同じ単体複体は，図 1.8 のように描くこともできよう．

実際のところ，この複体を，異なった位置，距離，角度などを用いて描く方法はいくらでもある．このことは鍵となる大切な考え方を示している．**単体複体においては，位置，距離，角度，面積，体積などの概念はない**のである．というよりもむしろ，単体複体は点たちの間の**関係**についての情報のみを備えたものなのである．我々の例では，v_2 は v_3 と関係付けられており，v_3 は v_4 と関係付けられているが，v_2 は v_4 とは関係付けられていない．v_3，v_4，v_5 は，このうちのどの2つも互いに関係付けられているが，v_0 はどれとも関係付けられていない．もう一度，「夕食を共にした」という関係を考えてみよう．2人の人は，夕食を共にしたか，していないかのいずれかである．3人の人は，皆で夕食を共にしたか，そうでないかのいずれかである．「関係」には幾何学的なものはなく，あるのは二項関係の「ある」または「ない」のみである．

それゆえ，特定の図に備わっている幾何学的なものは，誤解を生じさせるものになり得るのであるが，それでもなお単体複体を図を用いて表示することにしよう．その際，その図が伝えている幾何学的なものは，たまたまそのような描き方をしたから生じたものであることを忘れないようにしよう．

単体複体について知ることの利点は，現実世界の現象をモデル化するために使われるということである．それゆえ抽象的な単体複体の理論を知っていれば，直ちにそれを応用することができるのである．例えば [58] を見よ．

単体複体を使った読者への練習として，次の練習問題は，複体の，集合を用いた定義から図へ，もしくはその逆に，図から集合を用いた定義への変換を問うものである．

練習 1.3　(i) $V(K) = [v_6]$ とし，

$$K = \{\{v_0\}, \{v_1\}, \{v_2\}, \{v_3\}, \{v_4\}, \{v_5\}, \{v_6\}, \{v_2, v_3\}, \{v_3, v_5\}, \{v_2, v_5\},\\ \{v_1, v_3\}, \{v_1, v_4\}, \{v_3, v_4\}, \{v_5, v_6\}, \{v_1, v_3, v_4\}, \{v_2, v_3, v_5\}\}$$

としよう．単体複体 K を描け．

(ii) K を図 1.9 で与えられる $[v_4]$ 上の単体複体としよう．K によって与えられる集合を書き下せ．

定義 1.4　$i+1$ 個の元からなる集合 σ は **i 次元単体**，もしくは **i-単体**と呼ばれる．K の**次元**は $\dim(K)$ と書かれ，すべての単体の次元の最大値である．K の **c-ベクトル**とはベクトル $\overrightarrow{c_K} := (c_0, c_1, \ldots, c_{\dim(K)})$ のことである．ここで c_i は，次元が i，$0 \leq i \leq \dim(K)$ である K の単体の個数である．K の**部分複体** L とは，K の部分集合 L であって，L がまた単体複体であるものであり，$L \subseteq K$ と書かれる．$\sigma \in K$ が単体であるとき，σ によって生成される部分複体を $\overline{\sigma}$ と書くことにする；すなわち，

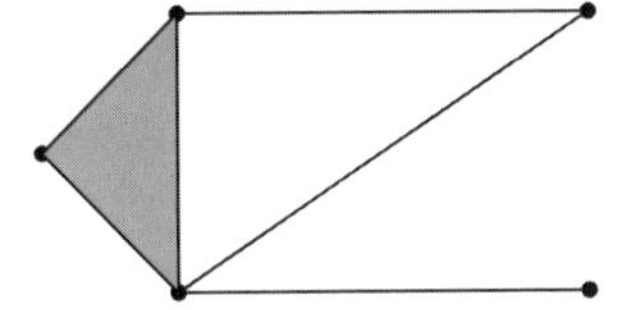

図 1.9

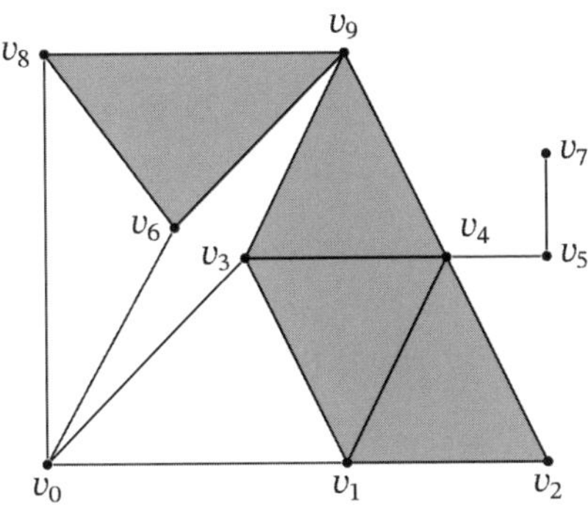

図 1.10

$\overline{\sigma} := \{\tau \in K : \tau \subseteq \sigma\}$[1]．$\sigma, \tau \in K$ であり，$\tau \subseteq \sigma$ であるとき，τ を σ の**面**といい，σ を τ の**余面**という．τ が σ の面であることを示すために，$\tau < \sigma$ という記法を用いることもある．K の ***i*-切片**は $K^i = \{\sigma \in K : \dim(\sigma) \leq i\}$ で与えられる．

例 1.5 K を図 1.10 の単体複体とする．記法を簡単にするため，単体をその 0-単体を並べることにより表示しよう．例えば，2-単体 $\{v_6, v_8, v_9\}$ は $v_6v_8v_9$ のように，また，1-単体 $\{v_3, v_4\}$ は v_3v_4 のように書くことにしよう．面たちの次元の最大値は 2（例えば，単体 $v_1v_4v_2$）であるから，$\dim(K) = 2$ である．0-単体，1-単体，2-単体の個数を数えることにより，K の c-ベクトルは $\overrightarrow{c} = (10, 16, 4)$ であることがわかる．1-切片は図 1.11 で与えられる．

定義 1.6 K を単体複体とする．i-次元の単体であることを表すため，$\sigma^{(i)}$ という記法を用いることにし，i よりも真に次元が小さい σ の面に対して $\tau < \sigma^{(i)}$ と書くことにしよう．数 $\dim(\sigma) - \dim(\tau)$ は **$\boldsymbol{\sigma}$ に関する $\boldsymbol{\tau}$ の余次元**と呼ばれる．K の任意の単体 σ に対して，**$\boldsymbol{K}$ における $\boldsymbol{\sigma}$ の境界**を $\partial_K(\sigma) := \partial(\sigma) := \{\tau \in K :$

[1] 原注：単体 σ と部分複体 $\overline{\sigma}$ との違いに注意せよ．

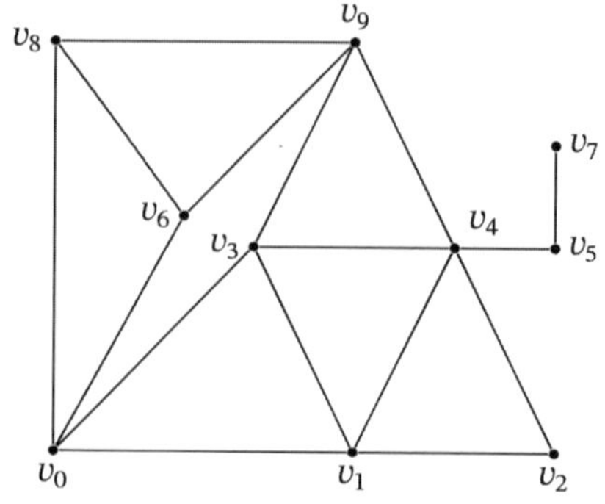

図 1.11

τ は σ の余次元 1 の面である$\}$により定義する．K の単体であって，K の他のどの単体にも真に含まれていないものは**ファセット**と呼ばれる．

例 1.7　引き続き例 1.5 の単体複体（図 1.10）を用いて，上の定義を説明しよう．$v_3v_4v_9$ の境界は $\partial_K(v_3v_4v_9) = \{v_3v_4, v_3v_9, v_4v_9\}$ で与えられる．1-単体 v_0v_6 は K のどの単体にも含まれていないので，v_0v_6 は K のファセットである．対照的に，v_3v_1 は，より大きな単体 $v_1v_3v_4$ に含まれているので，ファセットではない．このことはまた，v_3v_1 は $v_1v_3v_4$ の面であり，$v_1v_3v_4$ は v_3v_1 の余面である，とも言い表される．この考え方は，単体複体を，ファセットのリストによって生成される複体と見なすことによって表示するために利用される．したがって，上の単体複体は，

$$K = \langle v_6v_8v_9, v_8v_0, v_6v_0, v_9v_4v_3, v_1v_3v_4, v_2v_1v_4, v_0v_3, v_0v_1, v_4v_5, v_5v_7\rangle$$

となるであろう．ただし，$\langle\cdot\rangle$ は括弧内の単体の集まりによって生成される単体複体を意味する（定義 1.10 を見よ）．これが，余計な構造のない，最も効率的な単体複体の表示方法である．このようにすれば，単体複体をファイルに格納することができ，良いプログラムであれば，ファセットを取り出し，単体複体を生成させることができるであろう．

問題 1.8　K を図 1.12 の単体複体とする．

(i) K の次元はいくらか？
(ii) K のファセットをすべて挙げよ．
(iii) K の c-ベクトルを書き下せ．
(iv) K の部分複体の例を一つ与えよ．

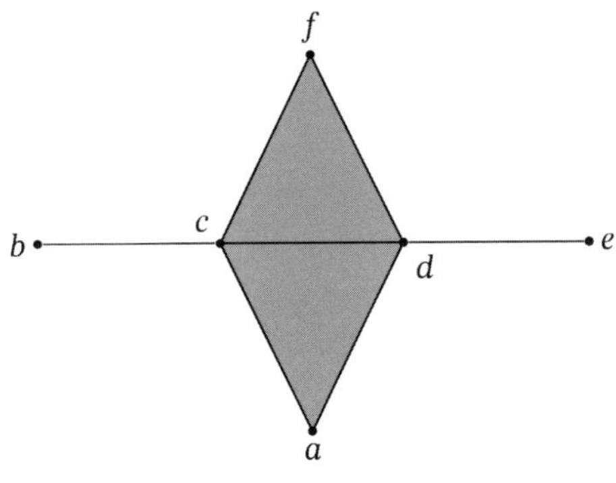

図 1.12

(v) K の単体の例を一つ与えよ．

(vi) cdf の面を挙げよ．

(vii) $\partial(bc)$ および $\partial(acd)$ を求めよ．

(viii) $\sigma = acd$ とする．$\tau^{(0)} < \sigma$ であるような $\tau^{(0)}$ をすべて見出せ．

練習 1.9　K を単体複体，$\sigma \in K$ を i-単体とする．σ が $i+1$ 個の余次元 1 の面を含んでいることを証明せよ．言い換えると $|\partial_K(\sigma)| = \dim(\sigma) + 1$ であることを証明せよ．

定義 1.10　$H \subseteq \mathcal{P}([v_n]) - \{\emptyset\}$ とする．ここで $\mathcal{P}([v_n])$ は $[v_n]$ の冪集合である．$\boldsymbol{H}$ **によって生成される単体複体**とは，H を含む最小の単体複体であり，$\langle H \rangle$ と書かれるものである；すなわち，J を $H \subseteq J$ である任意の単体複体とするならば，$\langle H \rangle \subseteq J$ である．

練習 1.11　もし H が単体複体であるならば，$\langle H \rangle = H$ であることを証明せよ．

練習 1.12　任意の単体 $\sigma \in K$ に対して，$\langle \{\sigma\} \rangle = \overline{\sigma}$ であることを証明せよ．

1.1.1　様 々 な 例

単体複体の理論へ進む前に，いくつかの古典的な単体複体の例をまとめておこう．これらの複体は本書全体にわたって用いられるであろう．

例 1.13　単体複体 $\Delta^n := \mathcal{P}([v_n]) - \{\emptyset\}$ を $\boldsymbol{n}$**-単体**ということにしよう．n-単体 Δ^n（これは単体複体である）と n-単体 σ（これは複体 K の要素である）とを混同しないように気を付けよう．これら 2 つの概念は同じ名称をもつものであるが，その意味するものは文脈から決定されるものである．

加えて，**（単体的）n-球面**を

$$S^n := \Delta^{n+1} - \{[v_{n+1}]\}$$

により定義する．

問題 1.14　Δ^0, Δ^1, Δ^2, および S^0, S^1, S^2 の図を描け．

例 1.15　一つの頂点もしくは点からなる単体複体は $K = *$ と表される．時には記法を乱用し，1点からなる単体複体と単体複体の1点を，ともに $*$ と書くこともある．

例 1.16　$\dim(K) = 1$ であるような単体複体は**グラフ**と呼ばれる．伝統的に，そのような単体複体は G と書かれ，本書でもこの慣例を採用することにしよう．それらは簡単に描くことができるので，本書の例や特殊な場合の多くはグラフに対するものである．

例 1.17　K を単体複体とし，v を K に属さない頂点とする．K 上の**錐**と呼ばれる新しい単体複体 CK を，CK の単体が σ と $\{v\} \cup \sigma$ $(\sigma \in K)$ によって与えられるものとして定義する．

練習 1.18　K を図 1.13 で与えられる単体複体とする．CK を描け．

問題 1.19　K が単体複体であるならば，CK もまた単体複体であることを証明せよ．

例 1.20　c-ベクトルが $(9, 27, 18)$ である**トーラス** T^2（図 1.14）．

これは3次元的対象を2次元的に表現したものであることに注意しよう．すなわち，水平方向の辺は互いに“張り合わされ”，垂直方向の辺も互いに“張り合わされる”．このことは，例えば水平な辺 v_1v_2 が図の上側と下側の両方に現れている（もちろん，それは同じ辺なのであるが）ことなどから読み取ることができる．単体複体の，より興味深い例の多くはこのように表現されるものである．

例 1.21　c-ベクトルが $(6, 15, 10)$ である**射影平面** P^2（図 1.15）．

この例を視覚化することはもっと難しい．その理由は，射影平面を正確に描こうとすると少なくとも4次元必要であるからである．

例 1.22　c-ベクトルが $(8, 24, 17)$ である**とんがり帽子** [157] D（図 1.16）．

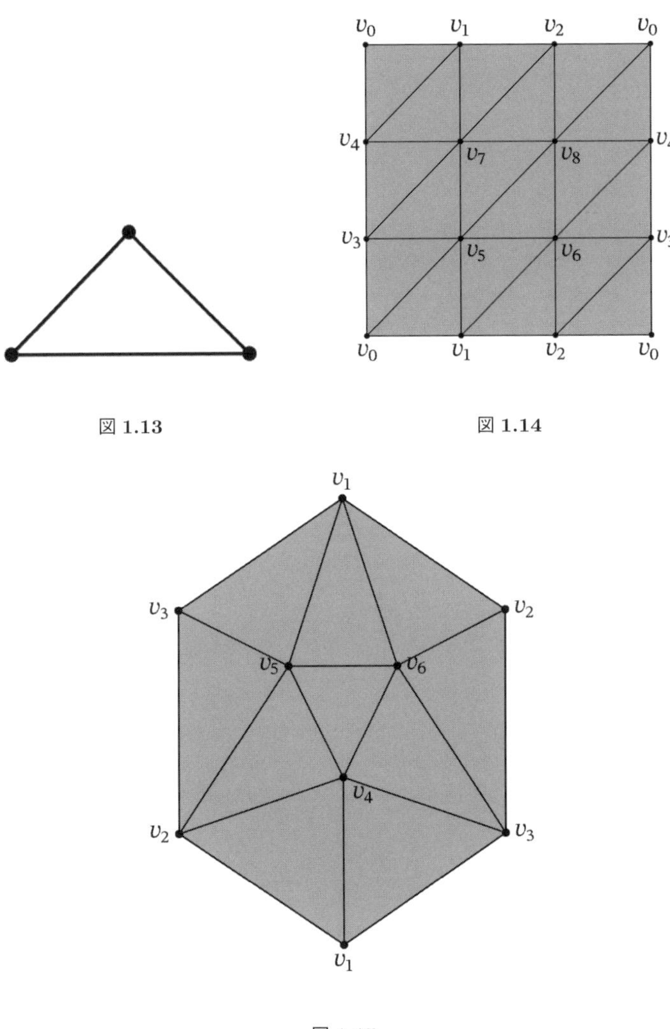

図 **1.13**

図 **1.14**

図 **1.15**

例 1.23　c-ベクトルが $(9, 27, 18)$ である**クラインの壺** $\mathcal{K}$（図 1.17）.

例 1.24　c-ベクトルが $(6, 12, 6)$ である**メビウスの帯** $\mathcal{M}$（図 1.18）.

例 1.25　c-ベクトルが $(6, 15, 11)$ である**ビョルナーの例** $\mathcal{B}$（図 1.19）. これは射影平面から出発して，ファセットを貼り合わせることによって得られるものである.

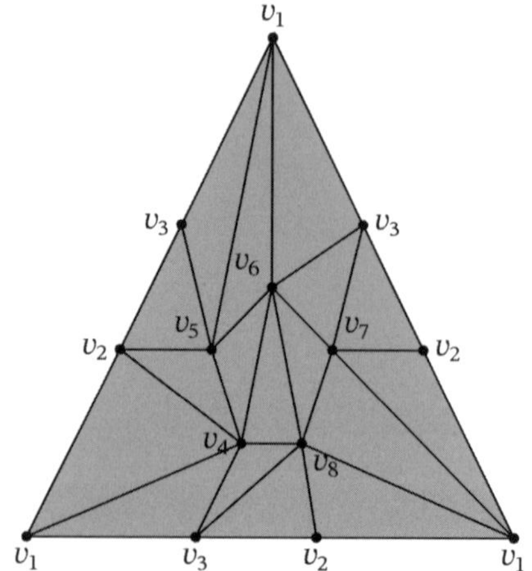

図 **1.16**

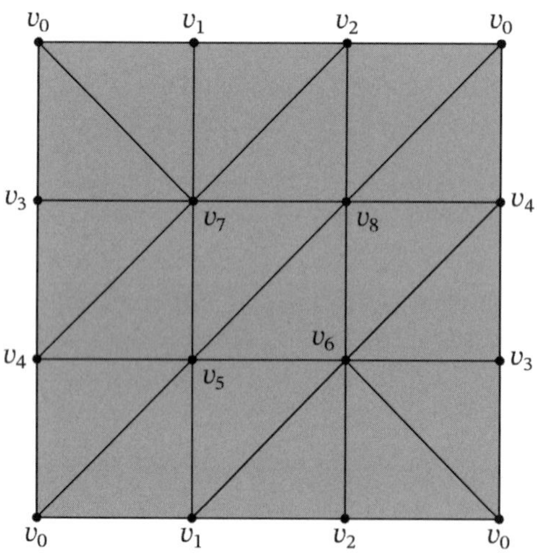

図 **1.17**

ここではうまく表示できないような例が他にも数多くある．これらと，さらにはダウンロード可能なバージョンを含む他の単体複体についての情報は，オンライン上のサイト「Simplicial complex library」[81]，もしくは「Library of triangulations」[30]の中に見出せるであろう．これら膨大な数の対象について計算機を用いて研究する

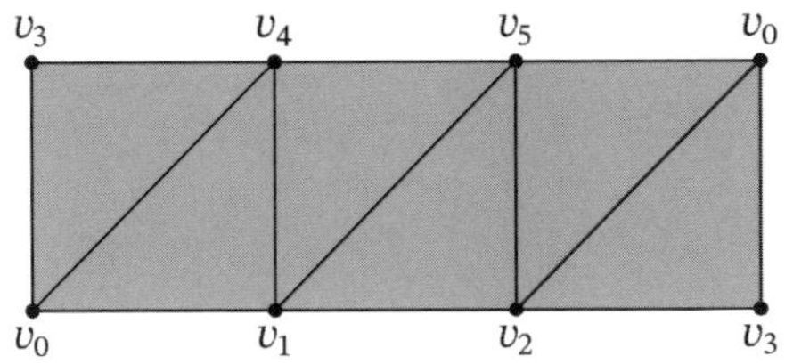

図 1.18

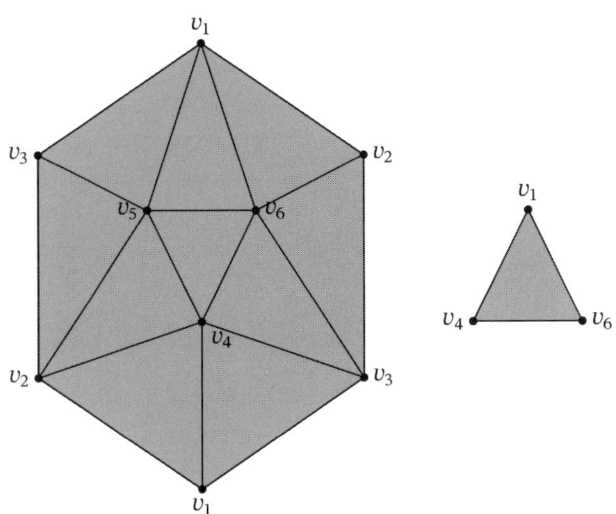

図 1.19

ことを中心としたトポロジーの諸分野は，まとめて「計算トポロジー」と呼ばれている [54, 55, 93]．本書のサブテーマの一つは“こうした複体たちを見分ける”ことであると言える．それはさらに何を意味するのか？ 1.2 節において，このことを見よう．

1.1.2 組合せ論を少し

練習問題 1.9 において，読者は i 次元の単体がちょうど $i+1$ 個の余次元 1 の面をもつことの証明を求められたであろう．そのような面を数える方法は複数あるのであるが，一つの方法として，i 次元の単体を $\sigma = a_0a_1\cdots a_i$ と表そう．余次元が 1 である σ の面は，定義により，$(i-1)$-次元の部分集合，すなわち σ の部分集合であって，ちょうど i 個の要素をもつものである．この考え方を，より一般的に表現するために，n と k を，$n \geq k$ である正の整数としよう．与えられた n 個の物から k 個の物を取り出す方法は何通りあるだろうか？　読者は，統計学や確率論，あるいは離散数学の授業の中でこの問題に出会ったことがあるかも知れない．これは**組合せの数**と呼ばれ，${}_nC_k$ などと書かれる．この本では n 個の物の集合から k 個の物を選ぶ場合の数を表すために記号 $\binom{n}{k}$ を用いることにする．さて，$\binom{n}{k}$ は"かっこいい"記号ではあるが，実のところ，我々はこの数字が何であるか知らないのである！　次の例を用いて，$\binom{n}{k}$ に対する公式を導き出そう．

例 1.26　$n = 17$ 人の生徒からなるクラスを考え，その中から宿題を発表する $k = 5$ 人を選ぶことを考えよう．何通りの異なった生徒の選び方があるだろうか？　考え方の一つとして，何か他のものを数え，その後で余分な要素を取り除くことを考えよう．まず，すべての生徒を一列に並べる方法の数を数えてみよう．列の先頭の生徒の選び方は 17 通りである．列の 2 番目の生徒の選び方は 16 通りである．列の 3 番目の生徒の選び方は 15 通りである．列の最後の 1 人まで数えると，$17 \cdot 16 \cdot 15 \cdot \cdots \cdot 2 \cdot 1 = 17!$ 通りの可能な並び方があることがわかる．しかしながら，我々は 17 人の列に興味はない．我々にとっては最初の 5 人のみ必要なのである．そこで，残りの $17 - 5 = 12$ 人の生徒を除く必要があり，$\frac{17!}{(17-5)!}$ を得る．これは 5 人の生徒を並べる方法の数である．しかしながら，これは 5 人の生徒を異なる順番に並べる方法の総数を数え上げたものである．順番は関係ないので，5 人の生徒を順番に並べる方法の総数，すなわち $5!$ で割る必要がある．これにより，$\frac{17!}{(17-5)!5!} = \binom{17}{5}$ が得られるのである．

上と同じ議論により，一般に $\binom{n}{k} = \frac{n!}{(n-k)!k!}$ であることが示される．

定義 1.27　$0 \leq k \leq n$ を非負整数とする．n 個の物から k 個の物を選ぶ方法の数は

$$\binom{n}{k} = \frac{n!}{(n-k)!k!}$$

により与えられ，これを n **チューズ** k と読む．値 $\binom{n}{k}$ は**二項係数**としても知られているものである．

二項係数が満たす便利な組合せ論的な恒等式が数多くある．これらは本書全般にわたって有用であろう．

問題 1.28（パスカルの規則）　$1 \leq k \leq n$ を正の整数とする．このとき，

$$\binom{n}{k} = \binom{n-1}{k-1} + \binom{n-1}{k}.$$

証明

$$\begin{aligned}\binom{n-1}{k-1} + \binom{n-1}{k} &= \frac{(n-1)!}{(k-1)!(n-1-(k-1))!} + \frac{(n-1)!}{k!(n-1-k)!} \\ &= \frac{(n-1)!k}{k!(n-k)!} + \frac{(n-1)!(n-k)}{k!(n-k)!} \\ &= \frac{(n-1)!(k+n-k)}{k!(n-k)!} \\ &= \frac{(n-1)!n}{k!(n-k)!} \\ &= \binom{n}{k}\end{aligned}$$

と計算される. ∎

この事実はまた組合せ論的にも証明することができる. n 個の物が与えられているとしよう. その中の一つを a と名付けよう. n 個の物の中から k 個の物を選ぶことは, 要素 a を含む k 個の物を選ぶことと要素 a を含まない k 個の物を選ぶことに分けられる. 前者の選び方は何通りあるだろうか？ a を含まなければいけないので, 残りの $n-1$ 個の物から選ぶことになる. 選ばれる物のリストの中に既に a が含まれているので, 残る $k-1$ 個の物を選ぶことになる. すなわち $\binom{n-1}{k-1}$ 通りの選び方があるのである. 後者の選び方を数えるためには, いま a を除いているので, 全部で $n-1$ 個の物の中から選ぶことになる. しかし, 今度は, それらの中から任意に k 個の物を選べばよい. すなわち $\binom{n-1}{k}$ 通りの選び方があるのである. したがって, $\binom{n}{k} = \binom{n-1}{k-1} + \binom{n-1}{k}$.

問題 1.29 $\binom{n}{k} = \binom{n}{n-k}$ を証明せよ.

1.1.3 オイラー標数

この節では単体複体にオイラー標数と呼ばれる数を関連付けよう. オイラー標数とは数え方を一般化したものである. 次の動機付けは, 応用トポロジーに関するロブ・グライストの素晴らしい本 [76] から採ったものである.

図 1.20 の点の集まりを考えよう. 点の個数を数えたければ, 全部で 6 個ある点の各々に重み $+1$ を与えればよい. さて, 点たちの間に辺を付け加えるのであれば, 付け加えた線分ごとに 1 を引かなければならない; つまり, 各線分は重み -1 で寄与することになる. 図 1.21 のようにいくつかの辺を付け加えると, $6-3=3$ 個の対象物

図 1.20

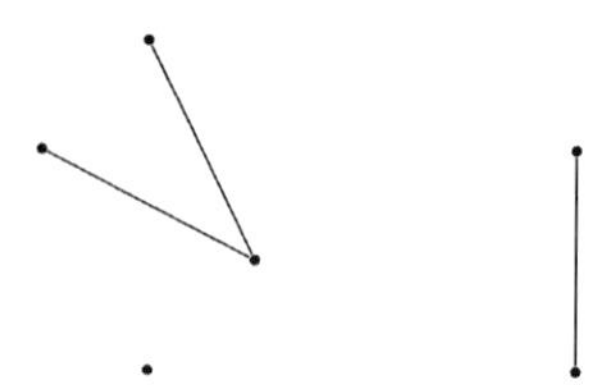

図 1.21

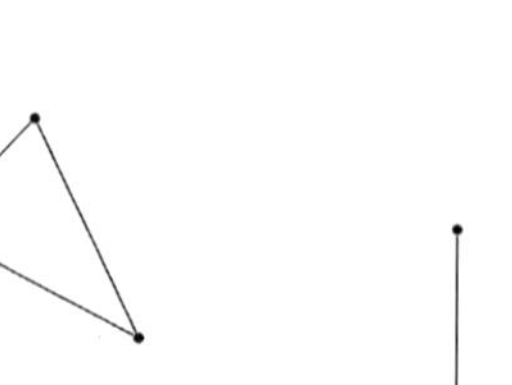

図 1.22

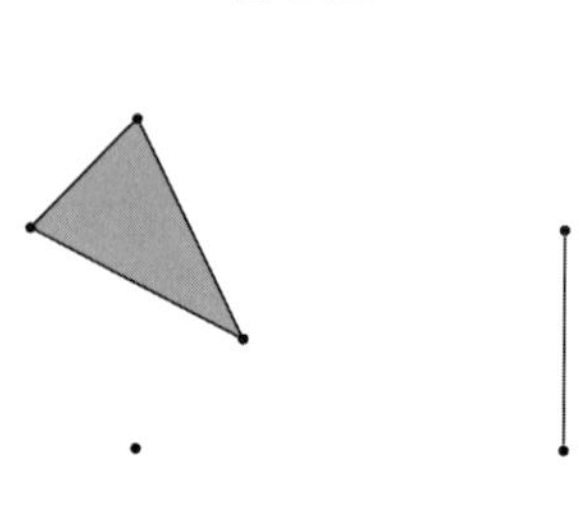

図 1.23

があることになる．さらに図 1.22 のように辺を付け加えるのであれば，対象物は失われない．実際のところ，穴が一つできている．それでもなお，もし辺の重みが -1 であるという基本方針を続けるのであれば，6 個の点から 4 本の辺を引くのであるから，$6-4=2$ という勘定になってしまう．さて，この穴を埋めることは，追加された辺に“何もしない”．言い換えると，2-単体は重み $+1$ をもつものとするのである．すると，$6-4+1=3$ という正しい勘定になる．一般に，各奇数次元の単体は重み -1 を持ち，各偶数次元の単体は重み $+1$ を持つとするのである．オイラー標数とは，複体の各次元における単体の数に対する，このような交代和なのである．

定義 1.30　K を n 次元の単体複体とし，$c_i(K)$ を K の i-単体の個数とする．K の**オイラー標数** $\chi(K)$ は，

$$\chi(K) := \sum_{i=0}^{n}(-1)^i c_i(K)$$

により定義される．

こうした，穴を“埋める”，もしくは“追跡する”という考え方が，このオイラー標数によって考慮されていることに注意しよう．この時点では穴が何であるか正確なところはわからないが，ともかくこの考え方の意味するところを発展させることから始めよう．

例 1.31 複体の c-ベクトルが与えられると，オイラー標数を計算することは容易である．1.1.1 節に例がいくつか挙げてある．例えば，トーラス T^2 の c-ベクトルは $(9, 27, 18)$ であるので，$\chi(T^2) = 9 - 27 + 18 = 0$ である．

例 1.32 K を問題 1.8 で定義された単体複体とするとき，$c_0 = 6$, $c_1 = 7$, $c_2 = 2$ である．よって，$\chi(K) = c_0 - c_1 + c_2 = 6 - 7 + 1 = 1$ である．

練習 1.33 例 1.5 で定義された単体複体のオイラー標数を計算せよ．

問題 1.34 $n \geq 3$ を整数し，C_n を，$[v_{n-1}]$ 上で定義され，ファセットが

$$\{v_0, v_1\}, \{v_1, v_2\}, \{v_2, v_3\}, \ldots, \{v_{n-2}, v_{n-1}\}, \{v_{n-1}, v_0\}$$

で与えられる単体複体とする．

(i) C_3, C_4, C_5 の図を描け．
(ii) C_n の次元はいくつか？
(iii) $\chi(C_n)$ はいくつか？　n に関する帰納法を用いて証明せよ．

問題 1.35 $\Delta^n := \mathcal{P}([v_n]) - \{\emptyset\}$ は例 1.13 で扱った n-単体であることを思い出そう．Δ^n は単体複体であることを示し，$\chi(\Delta^n)$ を計算せよ．

S^n は，Δ^{n+1} から $(n+1)$-単体を除いただけであるので，すべての整数 $k \geq 0$ に対して，

$$\chi(S^n) = \begin{cases} \chi(\Delta^{n+1}) + 1 & n = 2k \text{ のとき}, \\ \chi(\Delta^{n+1}) - 1 & n = 2k+1 \text{ のとき} \end{cases}$$

が従う．

1.2 単純ホモトピー

数学のあらゆる分野において，“同じである” という概念があるものである．例えば，群論では，2 つの群 A と B は，もし両者の間に群同型（写像）が存在するならば “同じ” である．線形代数学では，2 つのベクトル空間は，もし両者の間にベクトル空間の同型（写像）が存在するならば “同じ” である．2 つの単体複体に対して，両者が “同じ” であるとは何を意味するのであろうか？　一般に，この問いに対する答えは数学者の興味に応じて複数存在する．我々の目的にとっては**単純ホモトピー型**が興味あるものである．

定義 1.36　K を単体複体とし，K の中に，単体の対 $\{\sigma^{(p-1)}, \tau^{(p)}\}$ であって，σ は τ の面であり，なおかつ σ は他のどの単体の面でもないようなものがあるとしよう．このとき，$K - \{\sigma, \tau\}$ は単体複体であり，K の**基本縮約**と呼ばれる．縮約の操作は $K \searrow K - \{\sigma, \tau\}$ と表される．他方，$\{\sigma^{(p-1)}, \tau^{(p)}\}$ は K に含まれない単体の対であって，σ は τ の面であり，なおかつ τ の他のすべての面が K に属する（したがって，σ のすべての面はまた K に属する）ようなものとしよう．このとき，$K \cup \{\sigma^{(p-1)}, \tau^{(p)}\}$ は単体複体であり，K の**基本拡張**と呼ばれ，$K \nearrow K \cup \{\sigma^{(p-1)}, \tau^{(p)}\}$ と表される．基本縮約もしくは基本拡張のいずれの場合においても，そのような対 $\{\sigma, \tau\}$ は**自由対**と呼ばれる．2つの複体 K と L は，K から L へ連続する基本縮約もしくは基本拡張の列が存在するならば，同じ**単純ホモトピー型**であるといい，$K \sim L$ と表される．$L = \{v\} = *$ が1点である場合，K は**1点の単純ホモトピー型**をもつという．

練習 1.37　K を単体複体，$\{\sigma, \tau\}$ を K の自由対としよう．このとき $K - \{\sigma, \tau\}$ は単体複体であることを示せ．

単純ホモトピーの考え方は J. H. C. ホワイトヘッド [**152**] の研究にその起源がある．それは有限空間についてのストングの理論 [**145**] と面白い関連性をもっており [**21**], [**22**]，さらには，この題材を扱った本まである [**45**]．

問題 1.38　単純ホモトピーは，すべての単体複体の集合上の同値関係であることを示せ．

例 1.39　図 1.24 のような単体複体の一連の拡張と縮約の列を考えよう．このとき同じ単純ホモトピー型をもつ別の単体複体が得られる．したがって，元の単体複体は，図 1.24 の最後（右下）のグラフと同じ単純ホモトピー型をもっている．

ひとたび同値の概念が得られると，次なる問いは「この同値の概念の下で何が変わらないか？」であろう．

定義 1.40　K を単体複体とする．各単体複体 K に実数 $\alpha(K)$ を付随させる関数 α は，もし $K \sim L$ であるならば常に $\alpha(K) = \alpha(L)$ となるとき，**単純ホモトピー不変量**，あるいは**不変量**と呼ばれる．

例えば，$K \sim L$ としよう．このとき K と L は同じ数の頂点をもつだろうか？　K と L は同じ数の穴をもつだろうか？　上の例では2つの複体はともに2個の穴をもつように思える．第3章において「穴」の概念を正確に定式化しよう．

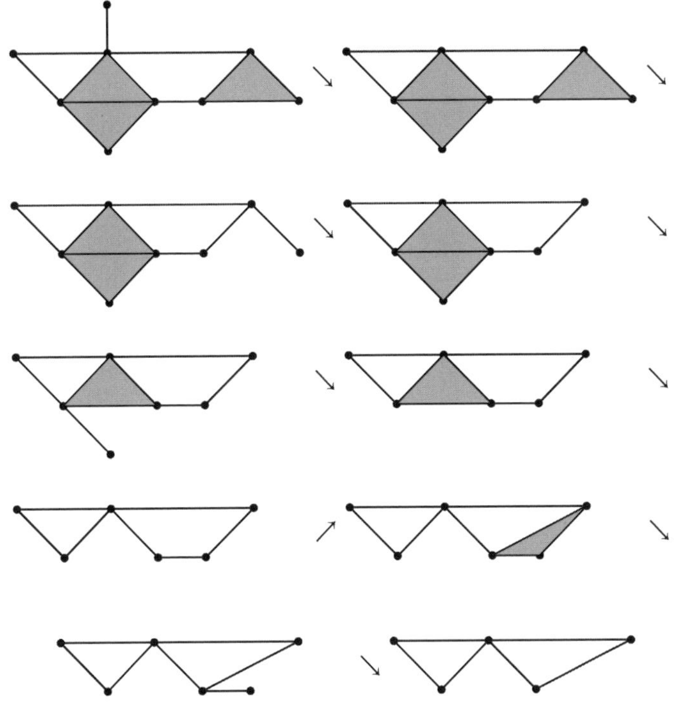

図 1.24

問題 1.41

(i) dim は不変量か？　つまり $K \sim L$ ならば，$\dim(K) = \dim(L)$ か？　証明するか，もしくは反例を挙げよ．

(ii) $K \sim L$ としよう．$|V(K)| = |V(L)|$ が従うか？　証明するか，もしくは反例を挙げよ．

単体複体に付随する数としては，他にオイラー標数があった．次の命題はオイラー標数は単純ホモトピー不変量であることを主張している．

命題 1.42　$K \sim L$ としよう．このとき，$\chi(K) = \chi(L)$ である．

読者は，問題 1.44 において，このことの証明を求められるであろう．次の練習問題は命題 1.42 をどのように証明するか理解する上で有用であろう．

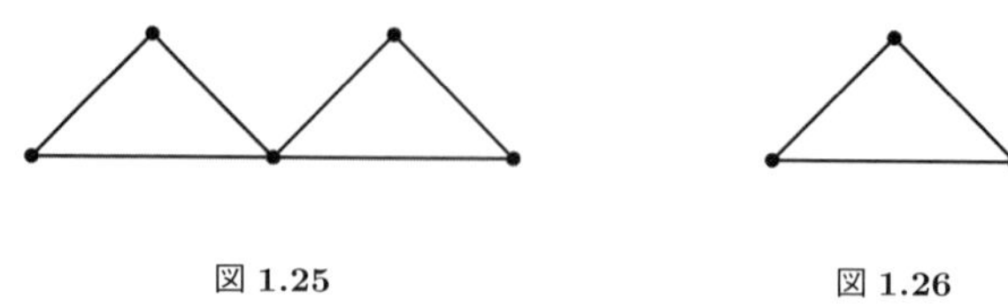

図 1.25　　図 1.26

練習 1.43　例 1.39（図 1.24）の最初と最後の単体複体のオイラー標数を計算せよ．途中のすべての単体複体のオイラー標数を計算せよ．

問題 1.44　命題 1.42 を証明せよ．

例 1.45　命題 1.42 をうまく使うことで，2 つの単体複体が同じ単純ホモトピー型をもたないことを示す方法が与えられる．もう一度，例 1.39 の単体複体を考えてみよう．基本縮約と基本拡張を通して，それが図 1.25 の K と同じ単純ホモトピー型をもつことを見た．さらに基本拡張と基本縮約を施して，これを図 1.26 で与えられるような L に簡略化することができないことは，どのようにしてわかるだろうか？もはやこれ以上縮約させることはできないけれども，例えば 20 次元の単体まで拡張させて，その後，縮約することによって穴を取り除くことができるかも知れない．[2] ここでは一旦そのような考察はすべて脇へ置いておき，オイラー標数を計算するに留めておこう．$\chi(K) = 5 - 6 = -1$ であるのに対し，$\chi(L) = 3 - 3 = 0$ である．オイラー標数が異なるので，$K \not\nearrow L$ である．

いまや我々は，1.1.1 節で定義したいくつかの単体複体を区別することができるのである．

問題 1.46　次の単体複体のうち，どれが同じ単純ホモトピー型をもつか，証明することにより決定せよ．同じ単純ホモトピー型をもつことを見分けることもできず，また証明することもできないような複体があるか？[3]

- S^1
- S^3
- S^4
- Δ^2
- Δ^3

例 1.47　読者は，問題 1.34 において，単体複体 C_n たちがすべて同じオイラー標数をもつことを示したであろう．このことは実際，命題 1.42 と，任意の $m, n \geq 3$

[2] 原注：事実，まったく自由対をもたない単体複体であって，一旦拡張させてから，1 点へ縮約できるような例が存在するのである．例 1.67 において，そのような例が議論されている．

[3] 原注：それらを区別することは第 4 章および第 8 章までお待ちいただきたい．

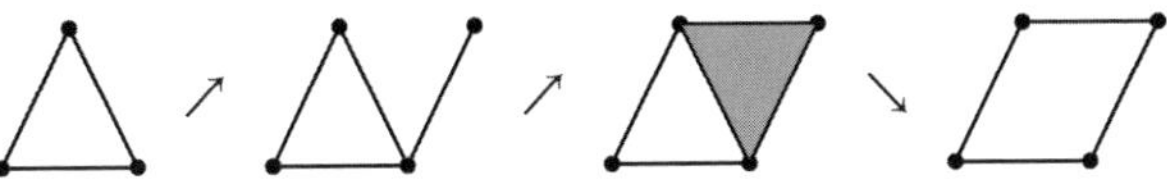

図 1.27

に対して $C_m \sim C_n$ であることから従うのである．この後者の事実を，$C_3 \sim C_4 \sim \cdots \sim C_n \sim C_{n+1} \sim \cdots$ を示すことにより証明しよう．n に関する数学的帰納法を用いる．$C_3 \sim C_4$ であることを基本拡張と基本縮約を通して，図を用いて示そう（図 1.27)．よって $C_3 \sim C_4$ である．さて，$n \geq 4$ として，すべての $3 \leq i \leq n$ に対して，$C_i \sim C_{i-1}$ であると仮定しよう．このとき $C_n \sim C_{n+1}$ であることを，C_3 から C_4 への拡張と縮約を行ったときと同じやり方で示そう．形式的には，$ab \in C_n$ を 1-単体（したがって a と b は頂点である）とし，$C_n \nearrow C_n \cup \{b', bb'\}$ を拡張としよう．ただし b' は新たに取った頂点である．さらに拡張 $C'_n \nearrow C'_n \cup \{ab, abb'\} := C''_n$ を考える．ab は，C_n の中ではどの単体の面にもなっていないので，対 $\{ab, abb'\}$ は C''_n において自由対である．したがって $C''_n \searrow C''_n - \{ab, abb'\} = C_{n+1}$ である．ゆえに $C_n \sim C_{n+1}$ であり，結果が従う．

K が 1 点と同じホモトピー型をもつ場合は，オイラー標数が計算できる特別な場合である．

命題 1.48 $K \sim *$ とせよ．このとき $\chi(K) = 1$ である．

問題 1.49 命題 1.48 を証明せよ．

問題 1.50 $\mathcal{M}$ が例 1.24 のメビウスの帯であるとき，$S^1 \sim \mathcal{M}$ であることを証明せよ．

1.2.1 縮約可能性

K を 1 点に簡略化する際に，もっぱら縮約のみを用いるならば，それにより単純ホモトピー型の特殊なものが得られる．

定義 1.51 単体複体 K は，基本縮約の列

$$K = K_0 \searrow K_1 \searrow \cdots \searrow K_{n-1} \searrow K_n = \{v\}$$

が存在するとき，**縮約可能**であるという．

単体複体が縮約可能であることと，それが 1 点と同じ単純ホモトピー型をもつこととの違いに注意しよう．後者については拡張と縮約が許されているが，前者につい

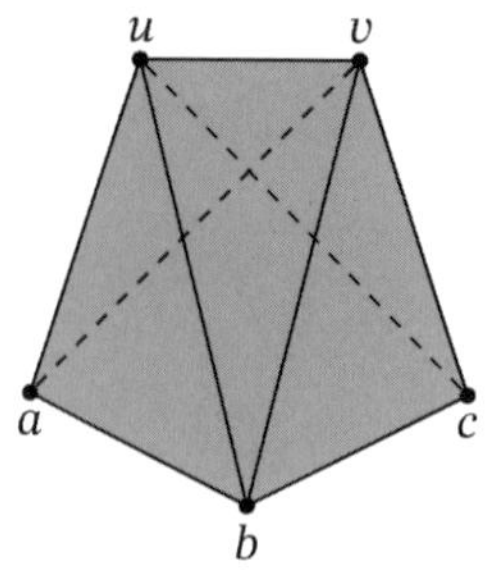

図 1.28

ては縮約のみが許されているのである.

定義 1.52　K と L を共通の頂点をもたない 2 つの単体複体とする. K と L のジョイン $K * L$ を,

$$K * L := \{\sigma, \tau, \sigma \cup \tau \ :\ \sigma \in K, \tau \in L\}$$

により定義する.

例 1.53　$K := \{a, b, c, ab, bc\}$, $L := \{u, v, uv\}$ としよう. このとき, ジョイン $K * L$ は図 1.28 で与えられる. この図の底の部分には K のコピーがあり, 上の部分には L のコピーがあることに注意しよう. 集合としては $K * L = \langle abuv, bcuv \rangle$ である.

練習 1.54　(i) $K * L$ は単体複体であることを示せ.
(ii) $K * \{\emptyset\} = K$ であることを証明せよ.

問題 1.55　$K \searrow K'$ ならば, $K * L \searrow K' * L$ であることを示せ.

我々は既にジョインの一例を目にしている. K の錐, これは例 1.17 で定義されたのであるが, これはちょうど 1 点とのジョインという特別な場合である; すなわち, K 上の錐とは, $CK := K * \{v\}$ により定義されるものである. もう一つ, 懸垂と呼ばれるジョインの特別な場合がある.

定義 1.56　K を単体複体であり, $v, w \notin K$, $w \neq v$, であるとしよう. K の**懸垂**を, $\Sigma K := K * \{v, w\}$ により定義する.

練習 1.57 K を練習 1.18 の単体複体とする．ΣK を描け．

練習 1.57 から，K の懸垂が K の 2 つの錐からなることがわかる．しかしながら，次の練習からわかるように，これと「錐の錐」——「二重錐」とも言う——とを混同しないようにしよう．

練習 1.58 $K = \{u, w, uw\}$ としよう．ΣK と $C(CK)$ を描き，一般には $\Sigma K \neq C(CK)$ であることを結論づけよ．

命題 1.59 任意の単体複体上の錐 CK は縮約可能である．

証明 結論を複体 K の単体の数 n に関する帰納法により証明しよう．$n = 1$ のとき，一つの単体だけからなる単体複体はただ一つ，すなわち 0-単体のみである．この上の錐は明らかに縮約可能である．次に，帰納法の仮定より，$n \geq 1$ として，n 個の単体からなる任意の単体複体上の錐は縮約可能であるとしよう．K を $n+1$ 個の単体からなる単体複体とし，$CK = K * \{v\}$ を考えよう．K の任意のファセット σ に対して，$\{\sigma \cup \{v\}, \sigma\}$ は，CK の中で自由対であることがわかる．というのも，$\sigma \cup \{v\}$ は CK のファセットであり，σ は他のどの単体の面にもなっていないからである．それゆえ，$CK \searrow CK - \{\sigma \cup \{v\}, \sigma\}$ である．しかし，$CK - \{\sigma \cup \{v\}, \sigma\} = C(K - \{\sigma\})$（問題 1.60）は $n-1$ 個の単体上の錐であり，帰納法の仮定から縮約可能である．したがって $CK \searrow CK - \{\sigma \cup \{v\}, \sigma\} \searrow *$ であり，すべての錐は縮約可能である． ■

問題 1.60 K を単体複体，σ を K のファセットとする．$CK = K * \{v\}$ とするとき，$CK - \{\sigma \cup \{v\}, \sigma\} = C(K - \{\sigma\})$ であることを証明せよ．

問題 1.61 K が縮約可能であるための必要十分条件は $CK \searrow K$ であることを示せ．

練習 1.62 懸垂は，一般には縮約可能ではないが，ΣK の縮約可能な部分複体 K_1 と K_2（必ずしも共通部分が空集合とは限らない）であって，$K_1 \cup K_2 = \Sigma K$ であるものが存在することを示せ．

問題 1.63 $\chi(\Sigma K) = 2 - \chi(K)$ であることを証明せよ．

問題 1.64 すべての $n \geq 1$ に対して，Δ^n は縮約可能であることを証明せよ．

単純ホモトピーは基本縮約と基本拡張の両方を含んでいるので，次が成り立つことがわかる．

命題 1.65　$K \searrow H$ であり，$H \searrow L$ であるならば，$K \sim H \sim L$ である．

注意 1.66　上の命題と，命題 1.59 および問題 1.64 とを組み合わせると，$\Delta^n \sim CK \sim *$ を示すことができ，したがって，これらはすべて同じ単純ホモトピー型をもつことがわかる．

$H \sim *$ という特別な場合において，命題 1.65 の逆は成り立つだろうか？　つまり，$K \sim *$ ならば K は縮約可能だろうか？　もしそうでないとすると，直ちに 1 点に縮約することができないような単体複体を見つける必要があるだろう——それは 1 点に縮約される前に，拡張して，さらに縮約を施す（もしかしたら何回か行う必要があるかも知れない）必要があるものである．そのような単体複体の存在を証明することは，この本で扱う範囲を超えているのであるが，とんがり帽子が，1 点と同じホモトピー型をもってはいるが，縮約可能ではない単体複体の一例であることだけ述べておこう．

例 1.67　とんがり帽子 D の定義については例 1.22 を参照されたい．$\chi(D) = 1$ であることは容易に示されるが，D は縮約可能ではない．ブルーノ・ベネデッティとフランク・ルッツは，縮約を施す順番が，異なる結果をもたらすことを示した．彼らは，たった 8 個の頂点をもつ単体複体であって，1 点に縮約できるものを構成したのである．それにも関わらず，彼らはまた，その同じ複体をとんがり帽子に縮約する方法があることも証明したのである．この結果の証明はやや技巧的であり，適切な自由対の列を適切な順番で取り除く際に細心の注意を払わねばならないものである．[**31**, Theorem 1] を参照せよ．それゆえ，縮約の列であって，一方は 1 点になり，他方はとんがり帽子になるようなものが見出せるのである．ベネデッティとルッツはまた，球（単体的 3-球）のように “見える” が，縮約可能ではない複体の例も構成している [**32**].

練習 1.68　とんがり帽子は縮約可能ではないことを示せ．

とんがり帽子は縮約可能ではないけれども，ベネデッティとルッツの結果は $D \sim *$ であることを示している．このことと，上で述べたことのいくつか（オイラー標数の計算を含む）とを組み合わせると，1.1.1 節で提示した複体のいつくかを区別することができ，どれが同じであるかを決定することもできるのである．

問題 1.69　1.1.1 節の c-ベクトルと，この章の中の練習および問題の答えを使って，下の表を完成させよ．

	Δ^n	S^n	$*$	CK	T^2	P^2	D	$\mathcal{K}$	$\mathcal{M}$	$\mathcal{B}$
$\chi =$										

どの複体が同じ単純ホモトピー型をもっているか？　どの複体がまだ区別できないか？

単体複体とその一般化についての参考文献は数多くある．書籍 [**64, 85, 134**] は単体複体に関する標準的な文献である．他にもヤコブ・ヨンソンの未出版のノート [**89**] は優れた文献であり，離散モース理論の紹介も含まれている．この節の題材は「組合せトポロジー」[**77**], [**78**] や「PL-トポロジー」と密接な関係がある．単体複体の興味深い応用は「組合せ論的代数トポロジー」[**103**] や「位相的組合せ論」[**50**] にも現れる．

第 2 章　離散モース理論

この章では，3 節にわたって離散モース理論を導入しよう．これらの節では異なった方法で離散モース関数を導入する．これらの定義を導入しつつ，定義を相互に関連付けながら理論を構成していくであろう．離散モース関数についての多様で様々な考え方があり，問題を攻略する上で多くの選択肢を与えてくれることを見るであろう．この意味で，離散モース理論はピカソの絵画のようである：“異なる視点から絵を見ると，その美しさと適用性に対するまったく違った印象が生まれるのである”[**47**].

しかし，まずは離散モース理論で何ができるかという問題を再考しよう．この本においては，離散モース理論とは単体複体を研究する手助けに利用される道具である．

(a) 単体複体の「穴の数」を追跡し，評価する

(b) 単体複体を，それと同値で，より小さいものに置き換える

ために役立つであろう．

さて，まだ依然として「穴」が意味することが不明瞭である．しかし，この点については「穴」とはどういうものであるべきかについて直観的な考え方をもっておくだけでよい．また，2 つ目の点については，単体複体をそれと同値なもの，すなわち同じ単純ホモトピー型をもった単体複体へ置き換えることが意味することを我々は既に知っている．実際，もう少し強いことを述べることができるだろう．複体を，それとは異なった，より少ない個数の単体を持つ複体に置き換えるために[1]，縮約（拡張は用いない）のみを用いることができるであろう．このことは，複体の位相的な情報のみに興味がある場合にはきわめて有益である．例えば 0.3 節で述べた簡略化について考えよう．この例をもう一度考え直してみると，最初に作った複体が，より小さい複体に縮約されていることがわかるであろう．そのような縮約の列は離散モース理論を使うことにより見出される．

---

[1] 原注：加えて，第 8 章の方法を用いて，さらに簡略化ができることを示そう．これがおそらく最も実用的な簡略化であろう．

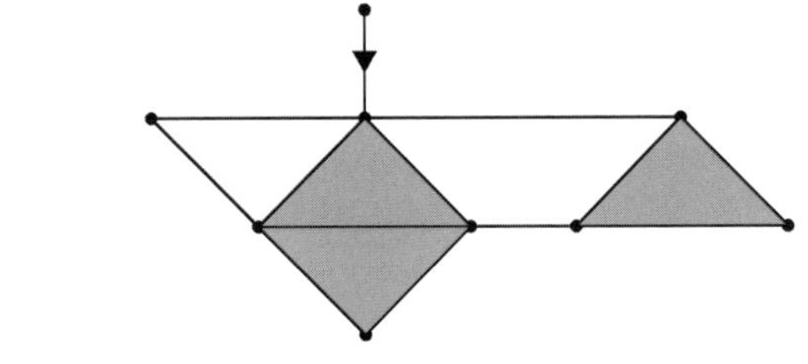

図 2.1

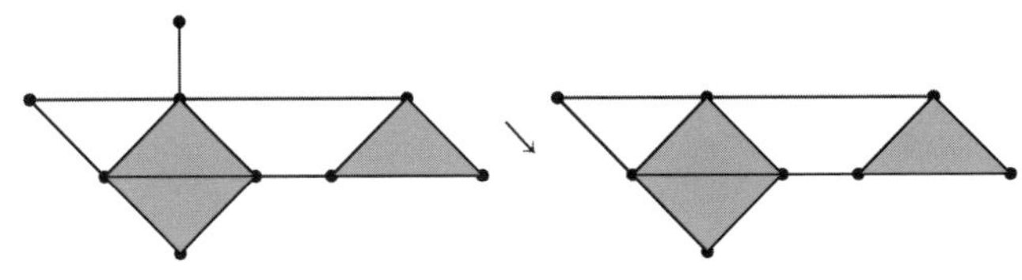

図 2.2

例 1.39 の縮約の列について考えてみよう．この例は，われわれの縮約のやり方を完全に説明しているものであるが，書き下すのはかなり面倒である．事実，半ページを要したわけである！　この縮約の列をもっと簡潔に表示する方法はないものだろうか？　そこで，各段階で単体複体を描く代わりに，一つの単体複体であって，その上に何らかの記号を施したものを描こう．記号は，どの単体が縮約されるかを示している．これらの記号は縮約の方向を示す矢印の形をしている．したがって，図 2.1 は下の図 2.2 を簡素化したものである．より多くの縮約を表示したいのであれば，より多くの矢印を付け加えればよい．一般に，矢印は，一つの単体の中にその「尾」（もしくは "始点"）をもち，余次元 1 の余面の中に「頭」をもつ．これは自由対，もしくは，少なくとも他の対が取り除かれた後には最終的に自由となる対と考えるべきものである．例 1.39 の縮約全体の列は（最後の 2 つの縮約に続く拡張を除いて），図 2.3 の矢印が付いた単体複体により示される．縮約の順番は指定されていないことに注意しよう．2.1 節において正しい順番を指定する方法を見るであろう．しかしいまは縮約の順番は脇へ置いておこう．考察するべきもう一つの問題は，すべての矢印の配置が意味をなすのかどうか，あるいは，矛盾なく定義された規則を導くのかどうか，ということである．読者は，この疑問を次の問題において調べてみられたい．

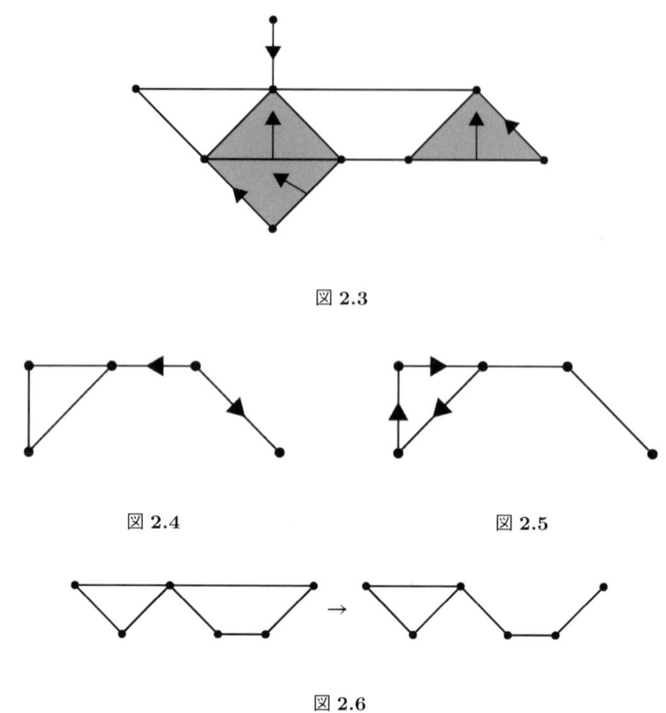

図 2.3

図 2.4

図 2.5

図 2.6

練習 2.1　図 2.4 の単体複体を考えよう．これは縮約の列を定めるだろうか？　なぜそうなのか，あるいはそうでないのか？

練習 2.2　また，図 2.4 の変形版（図 2.5）を考えよう．これは縮約の列を定めるだろうか？　なぜそうなのか，あるいはそうでないのか？

さらには，例 1.39 において最終的に停止せねばならなかったことを思い起こそう．何かしら我々を "阻む" ものがあるわけである．我々を阻むものすべてを切り取ってみると，どうなるだろうか？(例えば図 2.6）そこから矢印を使って縮約が続けられるかもしれない．再び行き詰まったら，その障害を取り除こう．その結果得られる図は，やはり同じ矢印を持っているのではあるが，取り除かれた部分にはラベルが付けられていない（図 2.7）．

これらが離散モース理論の基本的な考え方である．これらすべての考え方を念頭に置いて，離散モース関数の正式な定義について考察しよう．

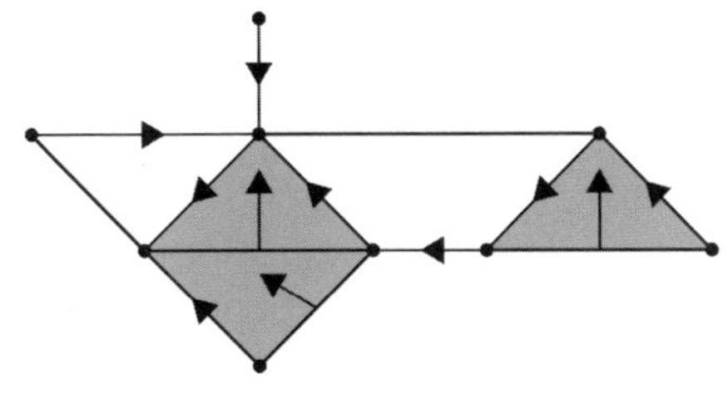

図 2.7

2.1 離散モース関数

2.1.1 基本離散モース関数

より簡単な種類の離散モース関数を定義することから始めよう．それは基本離散モース関数と呼ばれる．この定義はブルーノ・ベネディッティによるものである．

定義 2.3 K を単体複体とする．関数 $f : K \longrightarrow \mathbb{R}$ は，$\sigma \subseteq \tau$ であるときはいつでも $f(\sigma) \leq f(\tau)$ であるとき，**弱増加**であるという．**基本離散モース関数** $f : K \longrightarrow \mathbb{R}$ とは，高々 2-1 である弱増加関数であって，もし $f(\sigma) = f(\tau)$ であるならば，$\sigma \subseteq \tau$ もしくは $\tau \subseteq \sigma$ のいずれかである，という性質を満たすもののことである．

関数 $f : A \longrightarrow B$ は，各 $b \in B$ に対して，高々 2 つの値 $a_1, a_2 \in A$ であって，$f(a_1) = f(a_2) = b$ であるものがあるとき，2-1 であるという．言い換えると，A の中の高々 2 つの要素が B の 1 つの要素に写されるのである．

例 2.4 図 2.8 は基本離散モース関数の一例である．

これが実際に基本離散モース関数であることを示すためには，3 つのことを確認する必要がある．まず初めに，f が弱増加関数であるかどうか問うてみる．次に，f が 2-1 であるかどうか確認する．最後に，もし $f(\sigma) = f(\tau)$ であるならば，$\sigma \subseteq \tau$ もしくは $\tau \subseteq \sigma$ のいずれかであるかどうか確認する必要がある．これらそれぞれの問いに対する答えが "はい" であるならば，基本離散モース関数であると言えるのである．

練習 2.5 例 2.4 の関数が基本離散モース関数であることを示せ．

例 2.6 基本離散モース関数の他の例は，今度はグラフの場合であるが，図 2.9 で与えられる．

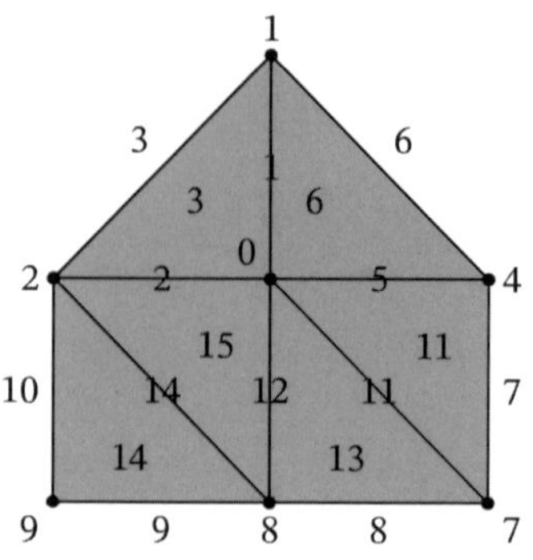

図 2.8

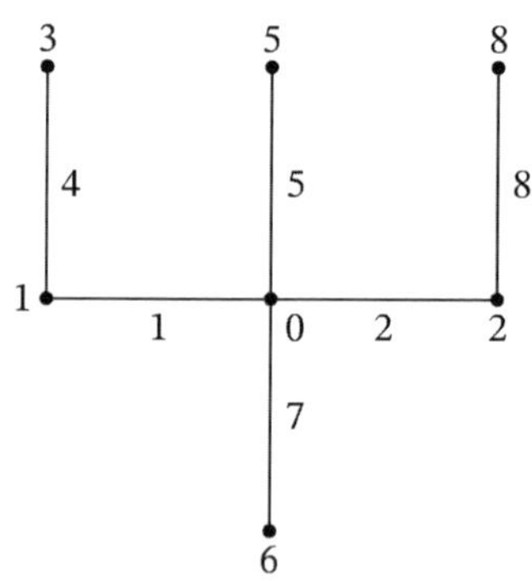

図 2.9

定義 2.7　$f : K \longrightarrow \mathbb{R}$ を基本離散モース関数とする．単体 σ は，$f(\sigma) = f(\tau)$ ならば $\sigma = \tau$ であるとき，**臨界的**であるという．そうでない場合，σ は**正則**であるという．σ が臨界単体であるならば，値 $f(\sigma)$ は**臨界値**と呼ばれる．σ が正則単体であるならば，値 $f(\sigma)$ は**正則値**と呼ばれる．

注意 2.8　臨界単体と臨界値の違いに注意しよう．臨界単体とは，σ もしくは v のような単体であって，臨界的なもののことである．臨界値とは，離散モース関数が単体上で取る値，もしくはラベル付けによって与えられる実数のことである．

例 2.9　もう一つ，例として図 2.10 を考えよう．同じように，図 2.10 が基本離散モース関数の定義を満たしていることが確認できる．臨界単体は 0, 6, 7 でラベル付けされた単体である．他の単体はすべて正則である．

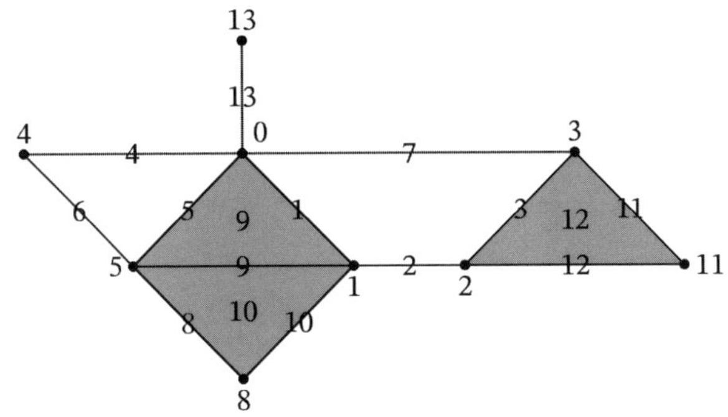

図 2.10

例 2.10 例 2.6（図 2.9）において，臨界値は 0, 3, 4, 6, 7 である．正則値は 1, 5, 2, 8 である．

練習 2.11 例 2.4（図 2.8）において，臨界値および正則値を求めよ．

例 2.12 より複雑な例として，例 1.20 のトーラス上の基本離散モース関数を考えてみよう（図 2.11）．上の辺と下の辺は "張り合わされ"，横の辺同士も張り合わされることを思い出そう．特に，"4 つ" の角にある頂点は実際には同じ頂点 v_0 である．読者は，図 2.11 が基本離散モース関数であることを示し，すべての臨界単体および正則単体を求めてみよう．

練習 2.13 図 2.12 の単体複体 K を考えよう．

(i) K 上の基本離散モース関数であって，臨界単体が 1 つだけであるものを見つけよ．
(ii) K 上の基本離散モース関数であって，臨界単体が 3 つであるものを見つけよ．
(iii) K 上の基本離散モース関数であって，すべての単体が臨界的であるものを見つけよ．
(iv) K 上の基本離散モース関数であって，臨界単体が 2 つのものはあるか？ 臨界単体をもたないものはあるか？

練習 2.14 メビウスの帯（例 1.24）上の基本離散モース関数で，6 個の臨界単体をもつものを見つけよ．

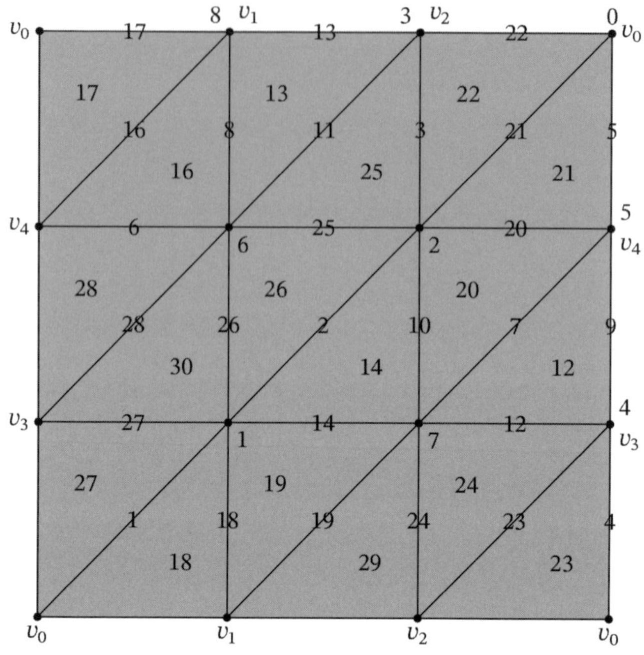

図 **2.11**

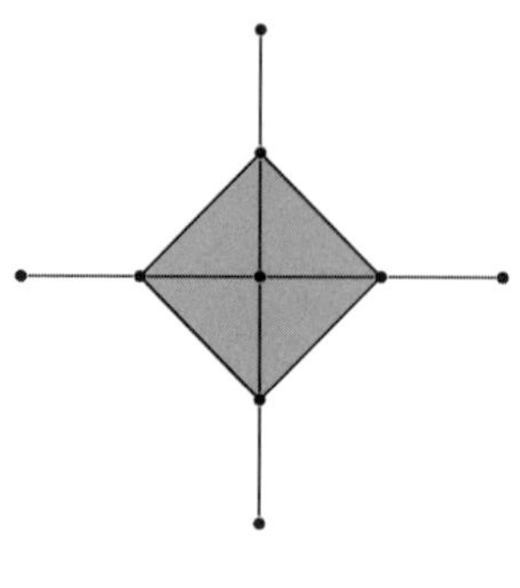

図 **2.12**

2.1.2　フォーマンの定義

基本離散モース関数を考える一つの利点は，臨界単体が容易に特定されるということである．それらは一意的な値をもつ単体たちである．同時に，このことは欠点にもなりうる．なぜなら我々は複数の臨界単体が同じ値をもつようなものも考えたいからである．離散モース理論の創始者であるロビン・フォーマン [**65**] がはっきりと述べているように，離散モース関数の元々の定義は，これを許したものである．多くの文献では，これが定義として用いられている．

定義 2.15 K 上の**離散モース関数** f とは関数 $f : K \longrightarrow \mathbb{R}$ であって，各 p-単体 $\sigma \in K$ に対して，

$$|\{\tau^{(p-1)} < \sigma : f(\tau) \geq f(\sigma)\}| \leq 1$$

かつ

$$|\{\tau^{(p+1)} > \sigma : f(\tau) \leq f(\sigma)\}| \leq 1$$

が成り立つもののことである．

上の定義はややわかりにくかも知れない．いくつかの例で説明しよう．しかしながら，基本的な考え方としては，一般的な規則として，高次元の単体は，より大きな値を取り，低次元の単体は，より小さい値を取るということである; つまり，この関数は，一般には単体の次元が大きくなるにつれて値が増加していくものである．しかし，各単体ごとに高々一つの例外を許すのである．したがって，例えば σ が p 次元単体ならば，すべての $(p-1)$ 次元面は高々一つの例外を除いて σ の値より真に小さい値をもたねばならないということである．同様に，σ のすべての $(p+1)$ 次元余面は高々一つの例外を除いて σ よりも真に大きい値をもたねばならないということである．補題 2.24（「排他の補題」と呼ばれる）において，同一の単体に対して，例外は同時には起こりえないことを見るであろう．しかし，いまのところ，いくつかの例を通して学ぶことが定義を理解するための早道であろう．

例 2.16 ラベル付けされたグラフ（図 2.13）を考えよう．これが離散モース関数かどうか調べてみよう．各単体が定義 2.15 の規則を満たすことを確認せねばならない．左下の隅にある 0 とラベル付けされた頂点から始めよう．その頂点のすべての余面が，ひょっとすると一つの例外があるかもしれないが，0 より大きい値でラベル付けされなければならないというのが規則である．この場合，2 つの余面はラベルが 1 であり，これは 0 よりも大きい．頂点には面がなく，したがって，この単体について，これ以上確認することはない．一番上の 13 とラベル付けされた辺についてはどうだろうか？ それはどの単体の余面にもなってはいないが，2 つの面をもっている．これらの面は，一つの例外があるかもしれないが，ともに 13 より小さい値

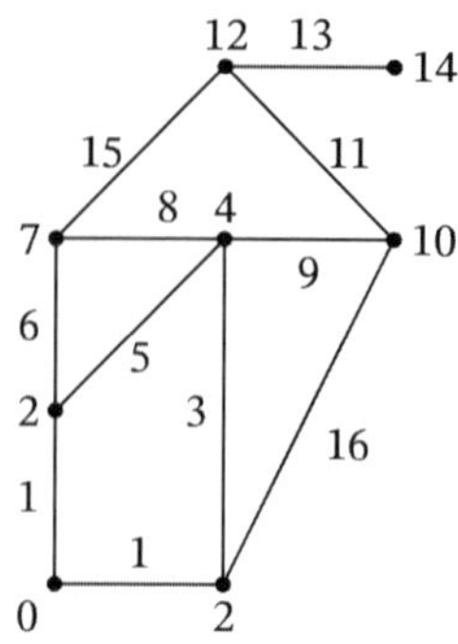

図 2.13

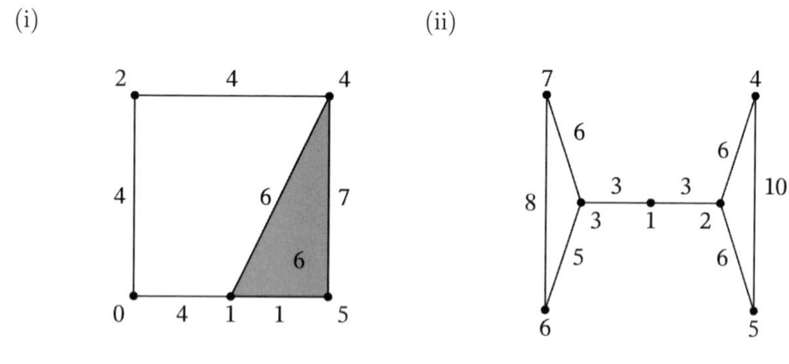

図 2.14

をもたねばならない．2つの面の内の一方はラベルが12であり，これは13より小さい．しかし，他方はラベルが14であり，これは13より大きいが，それはかまわない——その辺に対して一つだけ許されている例外だからである．他のすべての単体について，このようなことを行ってみると，f が実際に離散モース関数であることがわかるのである．

問題 2.17　すべての基本離散モース関数は離散モース関数であるが，逆は成り立たないことを示せ．

問題 2.18　図2.14の(i)〜(iv)の各ラベル付けが離散モース関数を定義するかどうか判定せよ．もしそうでないならば，いくつかの数字を変えて，それが離散モース関数になるようにせよ．

(iii)

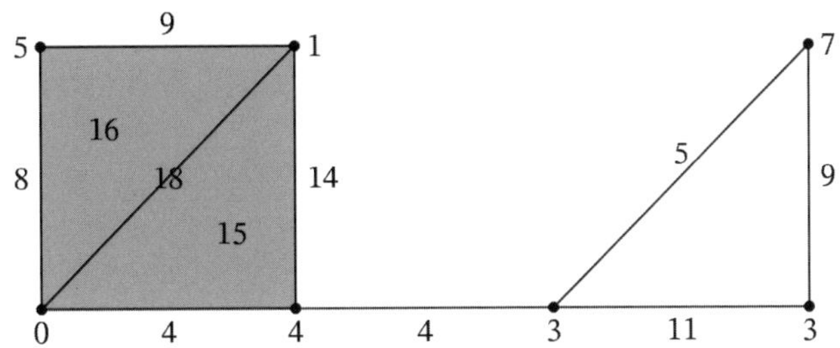

(iv)

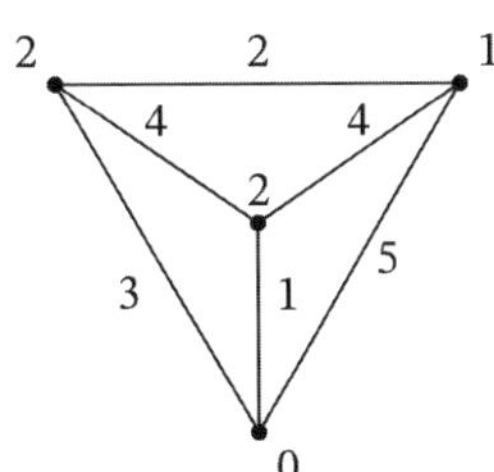

図 2.14　つづき

定義 2.19　p-単体 $\sigma \in K$ は，離散モース関数 f に関して，もし

$$|\{\tau^{(p-1)} < \sigma : f(\tau) \geq f(\sigma)\}| = 0$$

かつ

$$|\{\tau^{(p+1)} > \sigma : f(\tau) \leq f(\sigma)\}| = 0$$

であるならば**臨界的**であると言われる．σ が臨界単体ならば，数 $f(\sigma) \in \mathbb{R}$ は**臨界値**と呼ばれる．臨界的ではない任意の単体は**正則単体**と呼ばれる．離散モース関数において，臨界値ではない任意の値は**正則値**と呼ばれる．

言い換えると，臨界単体とは“例外”を一つももたない単体のことである．

例 2.20　例 2.16（図 2.13）において，臨界値は 0, 5, 8, 16 であることが確かめられる．

練習 2.21　K を単体複体とする．K 上の離散モース関数であって，K のすべての単体が臨界的であるものが存在することを示せ．

練習 2.22　K を単体複体，$V = \{v_0, v_1, \ldots, v_n\}$ を頂点集合，$f_0 : V \longrightarrow \mathbb{R}^{>0}$ を任意の関数とする．任意の $\sigma \in K$ に対して，$\sigma = \{v_{i_1}, v_{i_2}, \ldots, v_{i_k}\}$ と書こう．

(i) $f : K \longrightarrow \mathbb{R}^{>0}$ を，$f(\sigma) := f_0(v_{i_1}) + f_0(v_{i_2}) + \cdots + f_0(v_{i_k})$ により定義するとき，f は離散モース関数であることを証明せよ．臨界単体はどれか？　この離散モース関数は「基本的」か？

(ii) $f : K \longrightarrow \mathbb{R}^{>0}$ を，$f(\sigma) := f_0(v_{i_1}) \cdot f_0(v_{i_2}) \cdot \cdots \cdot f_0(v_{i_k})$ により定義する．f は離散モース関数か？　もしそうであるならば，そのことを証明せよ．もしそうでないならば反例を挙げよ．

読者に練習 2.22 で取り組んでもらったことは，頂点上の値の集合から離散モース関数を作り出すものであるが，これはあまりよい関数ではない．はっきり言うと，ひどいものである．頂点上の値の集合から，複体上の離散モース関数を作るより良い方法は H. キング，K. クヌドソン，N. ムラモルたちにより与えられている．9.1 節において，彼らの構成法のアルゴリズムを与えよう．

問題 2.23　p-単体 σ が正則であるための必要十分条件は，次の条件のいずれかが成り立つことであることを証明せよ．

(i) $\tau^{(p+1)} > \sigma$ であって，$f(\tau) \leq f(\sigma)$ であるものが存在する．

(ii) $\nu^{(p-1)} < \sigma$ であって，$f(\nu) \geq f(\sigma)$ であるものが存在する．

次の補題は，しばしば「排他の補題」と呼ばれるものであり，非常に簡単に観察できるものではあるが，離散モース関数の有用性にとって鍵となる洞察の一つである．後ほどしばしば用いることになるであろう．

補題 2.24（排他の補題）　$f : K \longrightarrow \mathbb{R}$ を離散モース関数とし，$\sigma \in K$ を正則単体とする．このとき，問題 2.23 の条件 (i) と (ii) の両方がともに真であることはありえない．したがって，σ が正則単体であるときはいつでも，ちょうど一つの条件が成り立つのである．

証明　必要ならば，頂点の番号を付け替えて，$\sigma = a_0 a_1 \cdots a_{p-1} a_p$ と書き，背理法により示そう．$\tau = a_0 \cdots a_p a_{p+1} > \sigma$ および $\nu = a_0 \cdots a_{p-1}$ が $f(\tau) \leq f(\sigma) \leq f(\nu)$ を満たすと仮定する．$\tilde{\sigma} := a_0 a_1 \cdots a_{p-1} a_{p+1}$ は $\nu < \tilde{\sigma} < \tau$ を満たすことがわかる．$\nu < \sigma$ かつ $f(\nu) \geq f(\sigma)$ であることと $\nu < \tilde{\sigma}$ であることから，$f(\nu) < f(\tilde{\sigma})$ であることが従う．同様にして，$f(\tilde{\sigma}) < f(\tau)$ である．それゆえ，

$$f(\tau) \le f(\sigma) \le f(\nu) < f(\tilde{\sigma}) < f(\tau)$$

となって，これは不合理である．したがって，σ が正則単体であるとき，問題 2.23 の条件の内のちょうど一つだけが成り立つのである． ∎

問題 2.25 $f : K \longrightarrow \mathbb{R}$ を離散モース関数とする．K の単体の対 $\tau^{(i)} < \sigma^{(p)}$（ただし $i < p-1$ とする）であって，$f(\tau) > f(\sigma)$ となるものはあり得るか？ もしそうならば，例を一つ与えよ．もしそうでないならば，そのことを証明せよ．f が基本離散モース関数ならば，結果は変わるだろうか？

問題 2.26 $f : K \longrightarrow \mathbb{R}$ を離散モース関数とするとき，f は少なくとも一つの臨界単体をもつ（臨界 0-単体をもつ）ことを証明せよ．

2.1.3 フォーマン同値

離散モース関数を調べてみると，直ちに次の疑問が生じるだろう："同じ" 離散モース関数という概念はあるだろうか？ 例えば，任意の離散モース関数のすべての値に 0.01 を付け加えるならば，厳密に言えば，異なる関数が得られるのであるが，実用上，そのような関数に違いはないだろう．それゆえ，離散モース関数について，同値である，もしくは同じである，という概念が必要となるのである．離散モース関数を規定する特性は，相互の値の関係であると考えられるので，次のように定義しよう：

定義 2.27 K 上の 2 つの離散モース関数 f と g は，K の任意の単体の対 $\sigma^{(p)} < \tau^{(p+1)}$ に対して，$f(\sigma) < f(\tau)$ ならば $g(\sigma) < g(\tau)$ が成り立ち，かつ逆もまた成り立つとき，**フォーマン同値**であると言われる．

練習 2.28 フォーマン同値は，与えられた単体複体 K 上のすべての離散モース関数の集合上の同値関係であることを示せ．

練習 2.29 f と g がフォーマン同値であるための必要十分条件は，K の任意の単体の対 $\sigma^{(p)} < \tau^{(p+1)}$ に対して，$f(\sigma) \ge f(\tau)$ ならば $g(\sigma) \ge g(\tau)$ が成り立ち，かつ逆もまた成り立つときであることを証明せよ．

例 2.30 2 つの離散モース関数 $f, g : K \longrightarrow \mathbb{R}$ を考えよう．ここで，図 2.15 の左側が f，右側が g である．便宜上，頂点に名前を付けておき，単体は，その頂点の記号を並べて表示するという約束を思い出しておこう（図 2.16）．2 つがフォーマン同値であることを確認するためには，任意の単体とその余次元 1 の面との対に対して，f が g と "同じ振舞いをする" ことを確認せねばならない．例えば，$f(v_4) = 4 < 8 =$

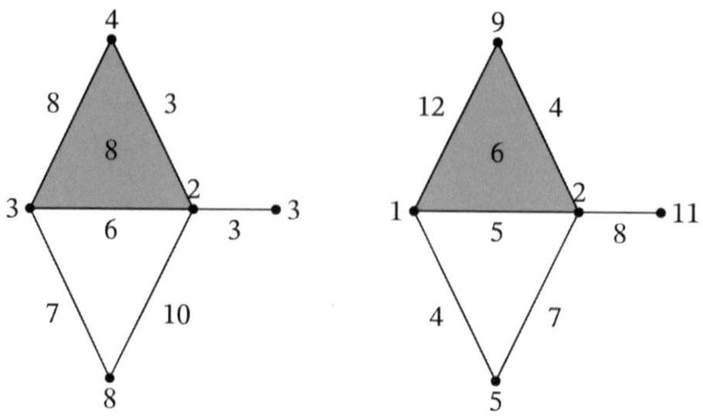

図 **2.15**

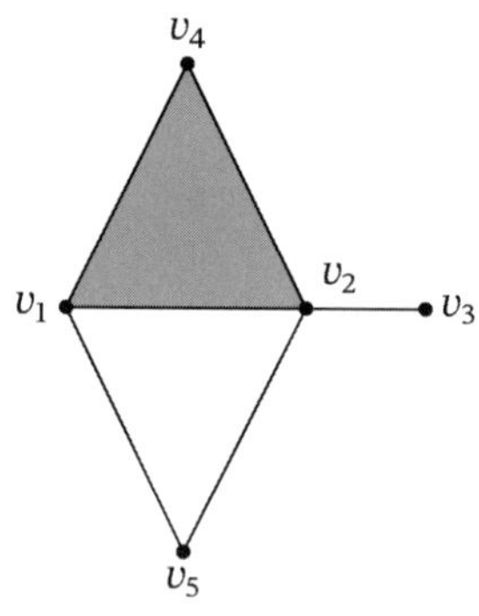

図 **2.16**

$f(v_4v_1)$ である．g に対して同じ不等式が成り立つだろうか？　$g(v_4) = 9 < 12 = g(v_4v_1)$ であるから成り立っていることがわかる．また，$f(v_5) = 8 > 7 = f(v_5v_1)$ であり，同様に，$g(v_5) = 5 > 4 = g(v_5v_1)$ であるから，この対の上で同じ関係が成り立っている．このことを，すべての単体の対 $\sigma^{(p)} < \tau^{(p+1)}$ に対して確認することにより，$f(\sigma) < f(\tau)$ であるならば $g(\sigma) < g(\tau)$ であり，かつ逆もまた成り立つことがわかる．それゆえ f と g はフォーマン同値である．

2.2.1 節で考察するように，フォーマン同値である離散モース関数に対する巧い特徴付けが存在するのである．幾分 “良い振舞いをする” 特別な種類の離散モース関数があり，それは臨界値が臨界点ごとに異なる値を取るものである．

定義 2.31　離散モース関数 $f : K \longrightarrow \mathbb{R}$ は，それが臨界単体の集合上で 1-1 であ

るならば，**エクセレント**であるという．

言い換えると，離散モース関数は，臨界点ごとに臨界値が異なるならばエクセレントである．我々は5.1.1節において，エクセレントな離散モース関数の振舞いがどう制御されるか探ることにしよう．

問題 2.32 すべての基本離散モース関数はエクセレントであることを示せ．

次の補題は，任意の離散モース関数は，フォーマン同値を除いてエクセレントであると仮定してよいことを主張するものである．

補題 2.33 $f : K \longrightarrow \mathbb{R}$ を離散モース関数とする．このとき，エクセレントな離散モース関数 $g : K \longrightarrow \mathbb{R}$ であって，f とフォーマン同値であるものが存在する．

証明 $\sigma_1, \sigma_2 \in K$ を臨界単体であって，$f(\sigma_1) = f(\sigma_2)$ であるとする．もし，そのような単体が存在しないのであれば何も証明することはない．そうでないならば，$f' : K \longrightarrow \mathbb{R}$ を，任意の $\tau \neq \sigma_1$ に対しては $f'(\tau) = f(\tau)$ と定義し，$f'(\sigma_1) = f(\sigma_1) + \varepsilon$ と定義する．ここで，$f(\sigma_1) + \varepsilon$ は，$f(\sigma_1)$ より大きい f の値の中で最小のものよりも真に小さいとする．このとき，σ_1 は f' の臨界単体であって，f' は f と同値である．同じ臨界値をもつ，f' の任意の2つの単体に対して，この構成を繰り返そう．f の臨界値の個数は有限であるので，この操作は f と同値であるエクセレントな離散モース関数 g で終わるのである． ∎

問題 2.34 K を縮約可能とする．K 上の離散モース関数 f であって，臨界単体をちょうど1つもつものが存在することを証明せよ．

問題 2.35 S^n 上の離散モース関数であって，臨界単体をちょうど2つもつもの，すなわち臨界0-単体と臨界 n-単体をもつものが存在することを示せ．

2.2 勾配ベクトル場

フォーマンの定義を念頭に置いて，この章の冒頭で見た勾配ベクトル場，もしくは矢印の集合，をどのように定めるかを示そう．離散モース関数のフォーマンの定義から，どのようにして矢印の集合へ移るかを理解するため，例から始めよう．

例 2.36 G を例2.16の単体複体とする（図2.17）．勾配ベクトル場の考え方は，離散モース関数が複体 K に対して，どのように振る舞うかを図式的に示すことである．

単体 σ が，その余次元1の余面の一つ τ よりも大きい，もしくは等しい値をもつ

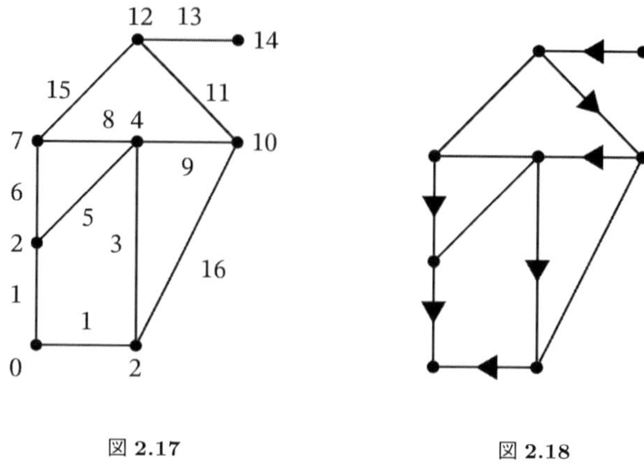

図 **2.17**　　　図 **2.18**

ときは常に σ（矢印の尾）から τ（矢印の頭）へ向かう矢印を描き，数字はすべて取り除くのである．したがって，グラフ（図 2.17）は図 2.18 のように変わる．

上の複体では，辺が臨界的であるのは，それが矢印の頭ではないとき，かつそのときに限ること，また，頂点が臨界的であるのは，それが矢印の尾ではないとき，かつそのときに限ることを観察しよう．また，i) 頂点が 2 つ以上の矢印の尾になっている，あるいは ii) 辺が 2 つ以上の矢印の頭になっているような離散モース関数は存在しないことも容易にわかる．もちろん，このようなことは 3 次元までしか描けないことではあるが，この考え方は任意の次元へ拡張される．ここで，きちんとした一般的な定義を与え，先の観察が一般に成り立つことを論じよう．

定義 2.37　f を K 上の離散モース関数とする．**誘導（された）勾配ベクトル場** V_f（文脈から明らかな場合は V）は，

$$V_f := \{(\sigma^{(p)}, \tau^{(p+1)}) : \sigma < \tau,\ f(\sigma) \geq f(\tau)\}$$

により定義される．$(\sigma, \tau) \in V_f$ であるとき，(σ, τ) は**ベクトル**，**矢印**，**正則対**もしくは**マッチング**と呼ばれる．元 σ は**尾**と呼ばれ，τ は**頭**と呼ばれる．

注意 2.38　勾配ベクトル場の概念はきわめて豊富な内容をもつものである．勾配ベクトル場には 3 通りの見方があることを注意しておこう．上の定義は，それを集合として見るものである．第 7 章では，勾配ベクトル場を離散モース関数と同一視する．最後に，第 8 章では，勾配ベクトル場をある代数構造上の関数と見るであろう．

例 2.36 で描かれた矢印（図 2.18）と定義 2.37 との関係を見るため，例 2.36 の単体たちに名前を付けておこう．

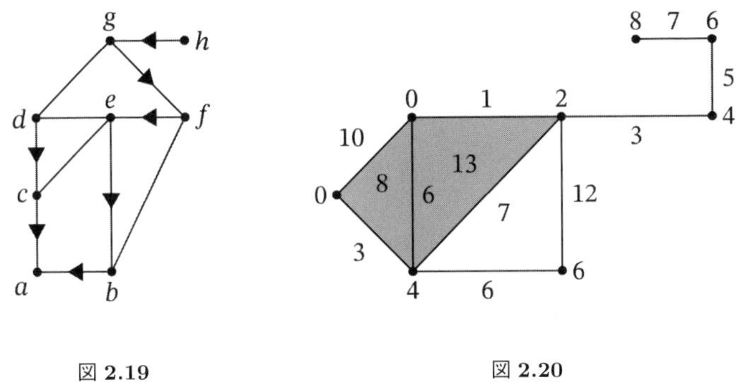

図 2.19　　図 2.20

例 2.39 例 2.36 のグラフ（図 2.18）に，図 2.19 のようにラベルを付けよう．このとき，$V_f = \{(h,gh),(g,gf),(f,ef),(e,be),(b,ab),(c,ac),(d,dc)\}$ である．言い換えると，誘導勾配ベクトル場の元 (σ,τ) とは，単体複体上の f から誘導された，尾が σ であり，頭が τ である矢印と考えてよいのである．

問題 2.40 $f: K \longrightarrow \mathbb{R}$ を図 2.20 で与えられる離散モース関数とする．誘導勾配ベクトル場 V_f を求めよ．これを，K 上の勾配ベクトル場を描くことと集合 V_f の元を書き下すことの両方で示せ．

問題 2.41 例 2.12 で与えたトーラス上の関数について，誘導勾配ベクトル場を求めよ．

注意 2.42 例 2.39 と問題 2.40 の両方で与えられている誘導勾配ベクトル場から，各単体は，ちょうど 1 つの尾であるか，ちょうど 1 つの頭であるか，もしくは誘導勾配ベクトル場に属さない（すなわち臨界的である）かのいずれかである．我々は，この現象が一般に成り立つことを，このような言い方ではないが，既に証明している．σ を K の単体とし，f を K 上の離散モース関数とするならば，補題 2.24 より，次の 3 つの内のちょうど一つが成り立つ：

(i) σ はちょうど一つの矢印の尾である．
(ii) σ はちょうど一つの矢印の頭である．
(iii) σ は，矢印の頭でもなければ，尾でもない; つまり σ は臨界的である．

逆に，注意 2.42 の 3 つの条件が，常に何らかの離散モース関数から誘導された勾配ベクトル場を生み出すかどうか問うてもよい．単体複体 K の単体の，そのような分割が ***K* 上の離散ベクトル場**である．正式な定義は次で与えられる．

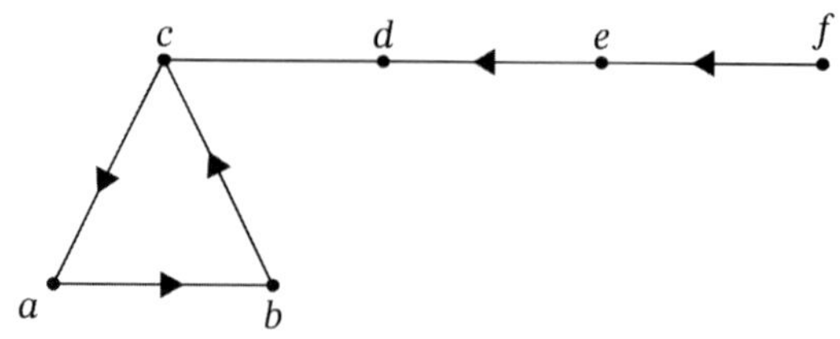

図 2.21

定義 2.43　K を単体複体とする．K 上の**離散ベクトル場** V は，

$$V := \{(\sigma^{(p)}, \tau^{(p+1)}) : \sigma < \tau, K \text{ の各単体は高々一つの対に属する．}\}$$

により定義される．

練習 2.44　すべての勾配ベクトル場は離散ベクトル場であることを示せ．

我々の新しい「言葉」を用いて，練習 2.44 の逆を述べるため，“すべての離散ベクトル場は何らかの離散モース関数 f の勾配ベクトル場であるか？” と問うてみよう．

例 2.45　図 2.21 の単体複体上の離散ベクトル場を考えよう．各単体について，条件 i), ii), iii) のうちのちょうど一つが成り立つことは明らかである；すなわち，図 2.21 は離散ベクトル場である．この離散ベクトル場を誘導し，これを勾配ベクトル場にもつような離散モース関数を見出すことができるだろうか？　そのような勾配ベクトル場が課している条件を読み取ると，そのような離散モース関数 f は，

$$f(a) \geq f(ab) > f(b) \geq f(bc) > f(c) \geq f(ac) > f(a)$$

を満たさねばならないが，それは不可能である．したがって図 2.21 の離散ベクトル場はいかなる離散モース関数からも誘導されない．

例 2.45 における単体複体上のすべての矢印は離散ベクトル場を形成するのであるが，それは特別な矢印の集合を作っており，それが矛盾を導いたのである．問題は明らかであり，矢印たちは “閉じた道” をなすことはできないということである．下の定理 2.51 において，もし離散ベクトル場が「閉じた道」（定義 2.50 を見よ）を含んでいないならば，その離散ベクトル場はある離散モース関数から誘導されることを示そう．差し当たって，離散ベクトル場 V の「道」が意味するところを定義しておこう．

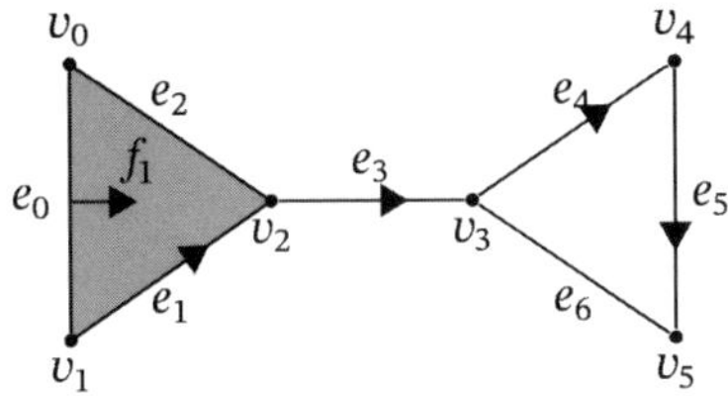

図 2.22

定義 2.46 V を単体複体 K 上の離散ベクトル場とする．**V-道**，もしくは**勾配道**とは，臨界単体 $\tau_{-1}^{(p+1)}$，もしくは正則単体 $\sigma_0^{(p)}$ から始まる K の単体の列

$$\left(\tau_{-1}^{(p+1)},\right)\ \sigma_0^{(p)}, \tau_0^{(p+1)}, \sigma_1^{(p)}, \tau_1^{(p)}, \sigma_2^{(p)}, \ldots, \tau_{k-1}^{(p+1)}, \sigma_k^{(p)}$$

であって，$0 \leq i \leq k-1$ に対して，$(\sigma_i^{(p)}, \tau_i^{(p+1)}) \in V$ かつ $\tau_{i-1}^{(p+1)} > \sigma_i^{(p)} \neq \sigma_{i-1}^{(p)}$ であるもののことである．もし $k \neq 0$ であるならば V-道は**非自明**であるという．最後の単体 $\sigma_k^{(p)}$ は V の対に属するとは限らないことに注意しよう．

p-単体と $p+1$-単体を区別する必要がないときには，σ_0 から σ_k に至る勾配道を記すために $\sigma_0 \to \sigma_1 \to \cdots \to \sigma_k$ を用いることもある．

注意 2.47 V-道は通常，正則 p-単体から始まるが，時には臨界 $(p+1)$-単体 τ であって，$\tau > \sigma_0$ であるものから始まる V-道を考える必要がある（例えば，8.4 節）．

我々は再び，「正則 p-単体（もしくは臨界 $(p+1)$-単体）から出発して，矢印をたどり，p-単体（正則もしくは臨界的）で終わる」という単純な考え方を伝える，きわめて技術的な定義をしたわけである．

例 2.48 図 2.22 の単体複体 K 上の離散ベクトル場 V を考えよう．V-道とは，単にある正則単体（矢印の尾）から出発して矢印の道をたどるものにすぎない．したがって V-道の例としては，

- e_0, f_1, e_2
- v_2, e_3, v_3, e_4, v_4
- v_2
- e_6, v_3, e_4, v_4
- e_0
- v_1, e_1, v_2, e_3, v_3

- $v_1, e_1, v_2, e_3, v_3, e_4, v_4, e_5, v_5$

が挙げられる．

列 v_2, e_3, v_3, e_4, v_4 は，$v_1, e_1, v_2, e_3, v_3, e_4, v_4, e_5, v_5$ により与えられる V-道の部分集合に過ぎないけれども，それ自身やはり V-道であることに注意しよう．他のどの V-道にも真に含まれないような V-道は**極大**と呼ばれる．この例には2つの極大 V-道が含まれており，例2.36にも2つの極大 V-道が含まれている．

練習 2.49　問題2.40にはいくつの極大 V-道があるか？

定義 2.50　$\sigma_0^{(p)}$ から始まる V-道は，もし $\sigma_k^{(p)} = \sigma_0^{(p)}$ であるならば，**閉**（じている）と言われる．

例2.45において，a, ab, b, bc, c, ca, a は閉 V-道であることがわかる．こうして，離散ベクトル場であって，何らかの離散モース関数から誘導された勾配ベクトル場にもなっているものを特徴付ける言葉と記法の準備ができた．

定理 2.51　離散ベクトル場 V がある離散モース関数の勾配ベクトル場であるのは，離散ベクトル場 V が非自明な閉 V-道を含まないとき，かつそのときに限る．

この定理の証明は「ハッセ図」（これを用いると，より容易に考え方を理解することができる）を扱う2.2.2節に回そう．

2.2.1　フォーマン同値との関係

例2.30において，2つの離散モース関数がフォーマン同値になっていることを見た．それらの勾配ベクトル場を見ると，何が起きているだろうか？

練習 2.52　例2.30の離散モース関数から誘導される勾配ベクトル場を計算せよ．

先の練習において，勾配ベクトル場を正しく計算したならば，それらが同じになっているはずである．これは偶然ではなく，アヤラ他 [**9**，定理3.1] による次の定理によると，勾配ベクトル場がフォーマン同値な離散モース関数を特徴付けるのである．

定理 2.53　単体複体 K 上の2つの離散モース関数 f と g がフォーマン同値になるのは，f と g が同じ勾配ベクトル場を誘導するとき，かつそのときに限る．

証明　左から右を示そう．$f, g : K \longrightarrow \mathbb{R}$ がフォーマン同値であるとしよう．したがって，$\sigma^{(p)} < \tau^{(p+1)}$ であるならば，$f(\sigma) < f(\tau)$ であることと $g(\sigma) < g(\tau)$ であることは同値である．したがって，$f(\sigma) \geq f(\tau)$ であることと $g(\sigma) \geq g(\tau)$ であること

も同値であり，それゆえ $(\sigma, \tau) \in V_f$ であることと $(\sigma, \tau) \in V_g$ であることも同値である．

逆向きを示そう．f と g が K 上に同じ勾配ベクトル場を誘導するとしよう，すなわち，$V_f = V_g =: V$ とおく．補題 2.24 を用いると，K の単体は臨界的であるか，もしくはちょうど一つの V の対に属する．$\sigma^{(p)} < \tau^{(p+1)}$ としよう．このとき，$f(\sigma) \geq f(\tau)$ と $g(\sigma) \geq g(\tau)$ が同値であることを示す必要がある．下の 4 つの場合を考えよう．

(a) $(\sigma, \tau) \in V$ であるとしよう．このことは $f(\sigma) \geq f(\tau)$ かつ $g(\sigma) \geq g(\tau)$ であることを意味する．

(b) σ が V の対には属さず，τ が V の対に属するとしよう．σ は V の対には属さないので，それは両方の関数に対して臨界的であり，したがって，$f(\sigma) < f(\tau)$ かつ $g(\sigma) < g(\tau)$ を満たす．σ が V の対に属し，τ が V の対には属さないという仮定からもまったく同じ結論が従う．

(c) σ と τ が V の異なる対に属するとしよう．このときは $f(\sigma) < f(\tau)$ かつ $g(\sigma) < g(\tau)$ である．

(d) σ, τ のいずれも V の対には属さないとしよう．このとき，それらはともに臨界的であるので，$f(\sigma) < f(\tau)$ かつ $g(\sigma) < g(\tau)$ である．

すべての場合において，$f(\sigma) \geq f(\tau)$ であることと $g(\sigma) \geq g(\tau)$ であることとは同値である． ∎

系として次を得る：

系 2.54 単体複体 K 上で定義された任意の 2 つのフォーマン同値な離散モース関数 f と g は同じ臨界単体をもつ．

問題 2.55 系 2.54 を証明せよ．

例 2.56 系 2.54 の逆は成り立たないことを示す例を与えよう．図 2.23 で与えられる 2 つの離散ベクトル場をもった複体 K を考えよう．定理 2.53 より，2 つの離散モース関数はフォーマン同値ではないが，しかし，それらは同じ臨界単体（すなわち，一つの 0-単体 v）をもつのである．

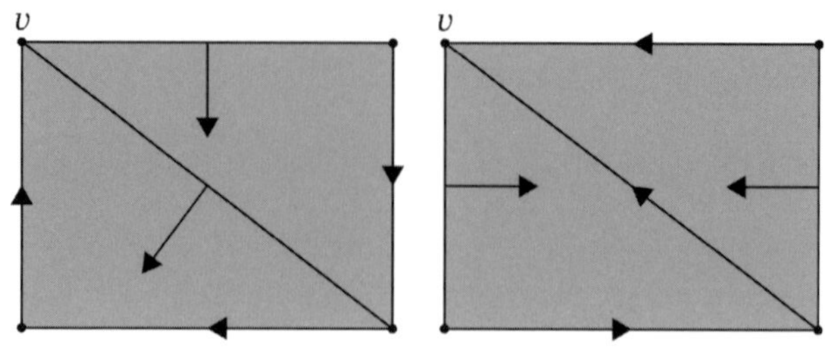

図 2.23

2.2.2 ハッセ図

集合 A 上の「関係」R とは，$A \times A$ の部分集合，すなわち $R \subseteq A \times A$ のことであることを思い出そう．$(a, b) \in R$ であるとき aRb と書こう．もしすべての $a \in A$ に対して aRa が成り立つならば，R は**反射的**であると言う．すべての $a, b, c \in A$ について，もし aRb かつ bRc ならば aRc が成り立つならば，R は**推移的**であると言う．すべての $a, b \in A$ について，もし aRb かつ bRa ならば $a = b$ が成り立つならば，R は**反対称的**であると言う．

定義 2.57 **半順序集合**もしくは**ポセット**[2]とは，通常は $\leq$ と書かれる，反射的，反対称的，推移的な関係をもつ集合 P のことである．

例 2.58 通常の大小関係 $\leq$ の下で $P = \mathbb{R}$ を考えよう．すべての $a \in \mathbb{R}$ について，$a \leq a$ であるから，これは反射的である．$a \leq b$ かつ $b \leq a$ としよう．このとき，定義より $a = b$ である．最後に，$a \leq b$ かつ $b \leq c$ ならば $a \leq c$ であることは容易にわかる．

例 2.59 X を有限集合としよう．X の冪集合 $\mathcal{P}(X)$ は，部分集合の包含関係の下で半順序集合になることが容易に証明される．半順序集合における関係を幾何学的に視覚化することができる．$X = \{a, b, c\}$ としよう．$\mathcal{P}(X)$ のすべての元を同じ個数の部分集合が同じ列に並ぶように書き下し，単体とその余次元 1 の面の間に線を引こう（図 2.24）．

このような図はハッセ図と呼ばれる．混乱を避けるため，ハッセ図の中の点を**節点**と呼ぶことにしよう．次のようにして任意の単体複体 K にハッセ図を付随させるこ

[2] "partially orderd set" の略.

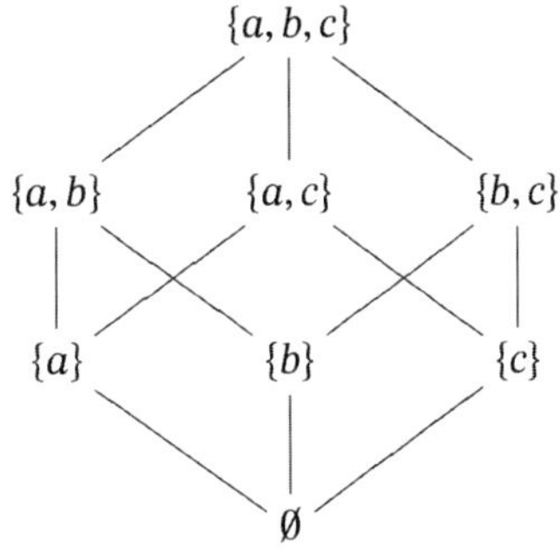

図 **2.24**

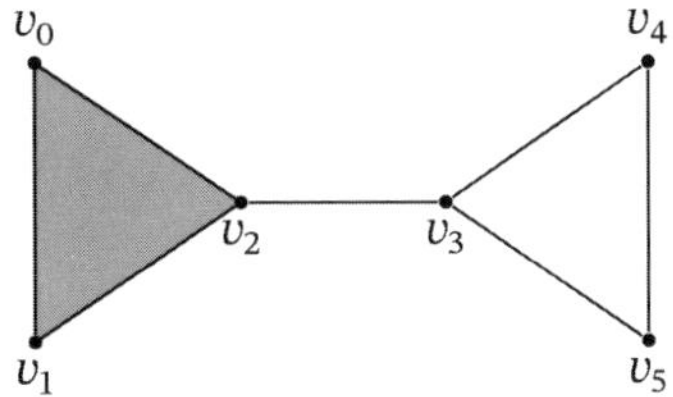

図 **2.25**

とができる：K のハッセ図 [**148**] は $\mathcal{H}_K$ もしくは $\mathcal{H}$ と書かれ，「面の関係」によって順序付けられた，K の単体からなる半順序集合として定義される; すなわち，$\mathcal{H}$ は 1 次元単体複体（あるいはグラフ）であって，$\mathcal{H}$ の節点と K の単体との間に 1-1 対応が存在するもののことである．記号の乱用ではあるが，$\sigma \in K$ であるとき，対応する節点もまた $\sigma \in \mathcal{H}$ と書こう．最後に，2 つの単体 $\sigma, \tau \in \mathcal{H}$ の間に辺があるのは，τ が σ の余次元 1 の面であるとき，かつそのときに限る．我々は，同じ列にあるすべての節点が同じ次元の単体に対応するように節点を配置して，図を描くことにする．一般に，K の i-単体たちに対応する，$\mathcal{H}$ の節点の集まりを $\mathcal{H}(i)$ としよう．$\mathcal{H}(i)$ のことを**レベル** i と呼ぶことにする．

練習 2.60 K を単体複体とする．K のハッセ図は半順序集合を定義することを証明せよ．

例 2.61 例 2.48 では図 2.25 で与えられる単体複体 K を考察した．そのハッセ図は図 2.26 で与えられる．

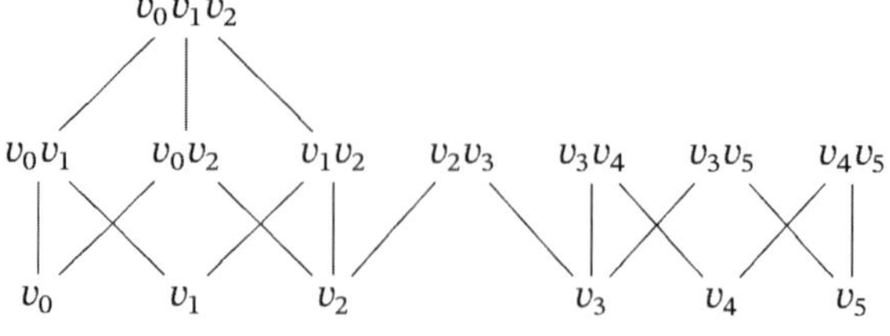

図 **2.26**

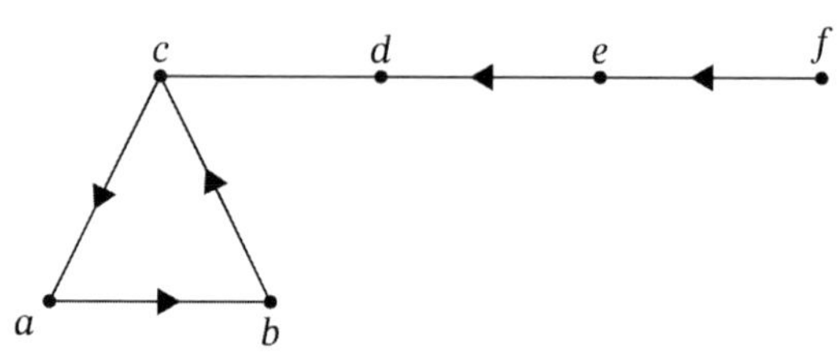

図 **2.27**

K 上に離散モース関数があると仮定しよう．$\mathcal{H}_K$ 上に対応する離散モース関数を作る方法はあるだろうか？　逆に，ハッセ図上の離散モース関数であって，K 上の離散モース関数を生み出すものを作る方法はあるだろうか？　このことを理解する一つの方法は，例 2.45 の非離散モース関数のハッセ図（図 2.27）を調べてみることである．

例 2.62　例 2.45 において，単体複体 K 上の離散ベクトル場であって，離散モース関数には対応しないものが与えられていることを思い起こそう．これは閉 V-道 a, ab, b, bc, c, ac, a があるためであった．K のハッセ図は図 2.28 で与えられる．

K 上の，この離散ベクトル場を $\mathcal{H}_K$ 上へ移すため，ハッセ図において，V に属する対の間に辺に沿って上向きの矢印を描こう（図 2.29）．ハッセ図上の矢印は，$\mathcal{H}(i)$ に属する節点から $\mathcal{H}(i+1)$ に属する節点へ向かって向きが付けられているならば，**上向き**であると言われる．以下必要となるので，次の定義もしておく：$\mathcal{H}(i+1)$ に属する節点から $\mathcal{H}(i)$ に属する節点へ向かって向きが付けられているならば，その矢印は**下向き**であると言われる．$\mathcal{H}$ 上に V に属する対に対応する上向きの矢印をすべて描いたとしても，これが離散モース関数には対応していないということが，どのようにしてハッセ図からわかるのか，ということについては依然として不明瞭である．

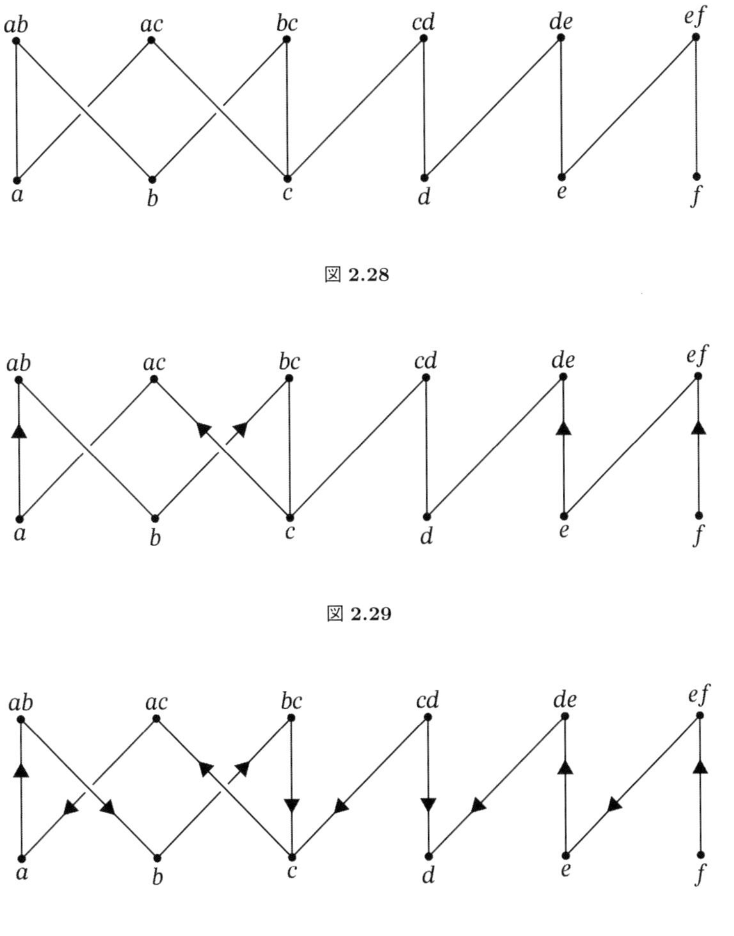

図 **2.28**

図 **2.29**

図 **2.30**

少し修正すれば，このことは明瞭になるであろう．V に属する対の間に上向きの矢印を描くことに加えて，他のすべての辺に下向きの矢印を描こう．その結果得られるハッセ図は図 2.30 のようになるはずである：節点 a から出発する矢印の向きに従って，道を a, ab, b, bc, c, ac, a と辿っていくと出発点 (a) に戻ってくる．この "向き付けられたサイクル" があるため，この向き付けられたハッセ図は離散モース関数には対応しないのである．

定義 2.63　K を単体複体，$V_K = V$ を K 上の離散ベクトル場としよう．$\boldsymbol{V}$ から

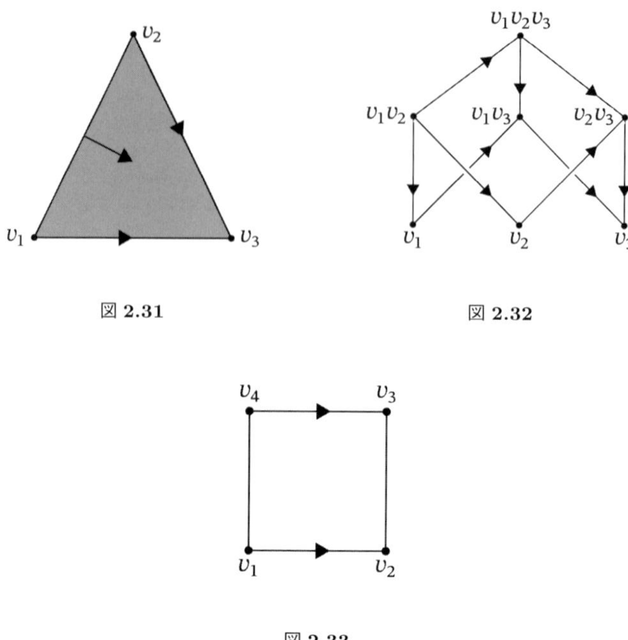

図 **2.31**

図 **2.32**

図 **2.33**

誘導された有向ハッセ図とは，K のハッセ図 $\mathcal{H}_K$ において，すべての辺に矢印を付けたもののことであり，$\mathcal{H}_V$ と書かれる．矢印は，辺の 2 つの節点が V に属する順序付けられた対になるとき，かつそのときに限って上向きである．有向ハッセ図を 1 次元単体複体と見るとき，$\mathcal{H}_V$ の自明でない閉道は**有向サイクル**と呼ばれる．

注意 2.64　有向ハッセ図は「修正ハッセ図」と呼ばれることもある（例えば，[**99**]）．

例 2.65　$K = \Delta^2$ を図 2.31 で与えられる勾配ベクトル場としよう．その有向ハッセ図は図 2.32 で与えられる．K の 0-, 1-, 2-単体はレベルごとに並べられていることに注意しよう．

問題 2.66　図 2.33 の勾配ベクトル場から誘導された有向ハッセ図を描け．そのハッセ図は有向サイクルを含んでいるか？

補題 2.67　K を単体複体，V を K 上の離散ベクトル場としよう．もし V から誘導されたハッセ図が有向サイクルを含んでいるならば，その有向サイクルはちょうど 2 つのレベルにまたがっている．

問題 2.68 補題 2.67 を証明せよ.

定理 2.69 K を単体複体, $V_K = V$ を K 上の離散ベクトル場とし, $\mathcal{H}_V$ を対応する有向ハッセ図としよう. 自明でない閉 V-道が存在しないための必要十分条件は, $\mathcal{H}_V$ の中に有向サイクルが存在しないことである.

証明 まず右から左（逆向き）を証明しよう. 結論を否定して, V が閉 V-道, 例えば,

$$\alpha_0^{(p)}, \beta_0^{(p+1)}, \alpha_1^{(p)}, \beta_1^{(p+1)}, \alpha_2^{(p)}, \ldots, \beta_k^{(p+1)}, \alpha_{k+1}^{(p)} = \alpha_0^{(p)}$$

を含んでいると仮定しよう. このとき $\mathcal{H}_V$ の中に有向サイクルがあることを見よう. $\alpha_0^{(p)} \in \mathcal{H}_V$ から出発して, 上向きの矢印に沿って $\beta_0^{(p+1)}$ へ移ろう. $(\alpha_0^{(p)}, \beta_0^{(p+1)}) \in V$ であるから, 矢印は上向きである. 次に, $\beta_0^{(p+1)}$ から $\alpha_1^{(p)}$ への矢印は下向きである. なぜなら, もしそうでないとすると, $(\alpha_1^{(p)}, \beta_0^{(p+1)}) \in V$ となって, $\beta_0^{(p+1)}$ が V の高々一つの対に属するという事実に反するからである. この方法を繰り返すと, $\alpha_0^{(p)}$ から始まり, $\alpha_0^{(p)}$ で終わる有向道をたどることになり, これは有向サイクルである.

左から右を示すために, 結論を否定して, $\mathcal{H}_V$ の中に有向サイクルが存在するとしよう. このとき補題 2.67 より, それはちょうど 2 つのレベルにまたがっていることが保証されている. したがって先の段落の議論を用いると, ハッセ図における有向サイクルをたどることにより, K における自明でない閉 V-道が生じる. これで証明は完了である. ∎

定理 2.69 から直ちに従う系は, フォーマン同値な離散モース関数は同じ有向ハッセ図をもつということである.

系 2.70 $f, g : K \longrightarrow \mathbb{R}$ を離散モース関数とする. このとき, f と g がフォーマン同値であるための必要十分条件は, $\mathcal{H}_{V_f} = \mathcal{H}_{V_g}$ である.

証明 定理 2.53 と定理 2.69 を適用せよ. ∎

もう一つ補題が必要である. これは純粋にグラフ理論的なものである. 証明については [**20**, 命題 1.4.3] を見よ.

補題 2.71 G を 1 次元単体複体, V を G 上の離散ベクトル場とする. このとき, 頂点集合上の実数値関数で, 有向道のそれぞれに沿って真に減少するものが存在するための必要十分条件は, G が有向サイクルを持たないことである.

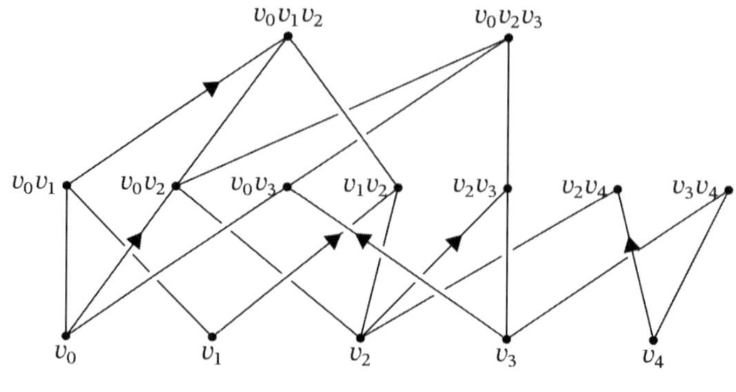

図 **2.34**

約束した通り，定理 2.51 を証明しよう．

定理 2.51 の証明　離散ベクトル場 V が，ある離散モース関数 f の勾配ベクトル場であるための必要十分条件は，$\mathcal{H}_V$ における節点たちに f の値を付随させたものが，有向道のそれぞれに沿って真に減少する実数値関数となることである．さらに，このことは $\mathcal{H}_V$ が有向サイクルをもたないことと同値であり（補題 2.71），それはさらに V が自明でない閉 V-道をもたないことと同値である（定理 2.69）． ∎

問題 2.72　補題 2.71 を証明せよ．

定理 2.51 を考慮すると，“勾配ベクトル場” という用語を，離散モース関数から誘導されるもの（用語本来の意味），もしくは自明でない閉 V-道をもたない離散ベクトル場のいずれの意味でも使ってよいのである．

問題 2.73　図 2.34 は，ある単体複体 K 上の，ある離散モース関数から誘導された有向ハッセ図 $\mathcal{H}_K$ となり得るか？　それとも K 上の離散ベクトル場から誘導されたものであるか？　両方の場合において，あなたの答えを正当化せよ．（煩雑さを避けるため，下向きの矢印は省略されている）

2.2.3　一般離散モース関数

数学においてしばしば起きることであるが，同値な定義が，より一般的な解釈を許すことがある．注意 2.42 によると，離散モース関数があると常に単体複体の単体たちの集合が分割されることがわかる．しかしながら，分割の仕方は非常に制限されたものである：分割された集合は，サイズが 2 のもの（正則な対）か，もしくは 1 個からなるもの（臨界単体）のいずれかでなければならない．もし，任意のサイズの

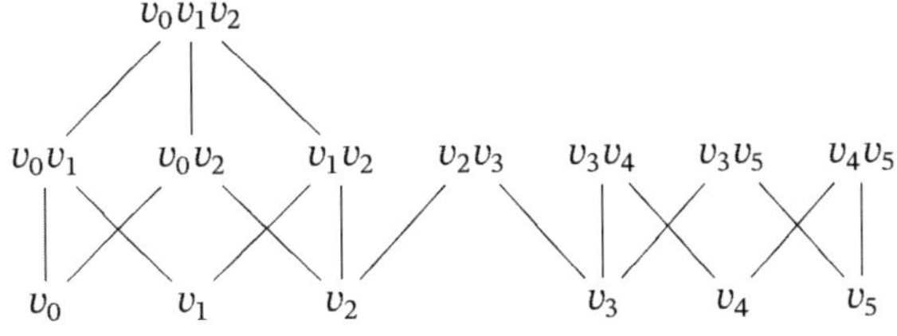

図 **2.35**

集合を用いたより一般的な分割も許すと，どうなるだろうか？　この考え方は [**72**] において初めて提案され，幾何学的トポロジーへの巧妙な応用が [**25**, **57**] に見られ，後者の著者たちにより，[**26**] においてさらに一般化された．ここでは基本的な定義と結果を与えることで満足することにしよう．ウォーミングアップとして，離散モース関数がどのようにして分割を誘導するか，具体的に思い起こそう．

練習 2.74　f を例 2.39 の離散モース関数としよう．f から誘導された分割を書き下せ．

定義 2.75　K を単体複体とする．任意の $\alpha, \beta \in K$ に対して，**区間** $[\alpha, \beta]$ とは，

$$[\alpha, \beta] := \{\gamma \in K \,:\, \alpha \subseteq \gamma \subseteq \beta\}$$

により与えられる K の部分集合のことである．

練習 2.76　$[\alpha, \beta] \neq \emptyset$ であることと $\alpha \subseteq \beta$ であることとは同値であることを示せ．

例 2.77　例 2.61 では，図 2.35 のハッセ図 $\mathcal{H}_K$ が得られることを見た．「区間」を求めることにより，定義 2.75 を説明しよう．例えば，$[v_0, v_0v_1v_2] = \{v_0, v_0v_1, v_0v_2, v_0v_1v_2\}$, $[\emptyset, v_4v_5] = \{\emptyset, v_4, v_5, v_4v_5\}$, $[v_4v_5, v_4v_5] = \{v_4v_5\}$, $[v_1, v_2] = \emptyset$ である．

K の，区間からなる任意の分割 W は，**一般（化された）離散ベクトル場**と呼ばれる．この術語は，任意の離散モース関数が一般離散ベクトル場と見なせるという事実により正当化される．実際，$f : K \longrightarrow \mathbb{R}$ を離散モース関数とするならば，注意 2.42 により，f の下で，K のすべての単体は臨界的であるか，もしくは正則対の一部であるかのいずれかである（両方が同時に起きることはない）ことがわかっている．各臨界単体 σ に対しては区間 $[\sigma, \sigma] = \{\sigma\}$ を選ぼう．各正則対 $\alpha < \beta$ に対しては $[\alpha, \beta] = \{\alpha, \beta\}$ を選ぼう．これにより K の分割が得られ，したがって一般離散ベクトル場が得られる．

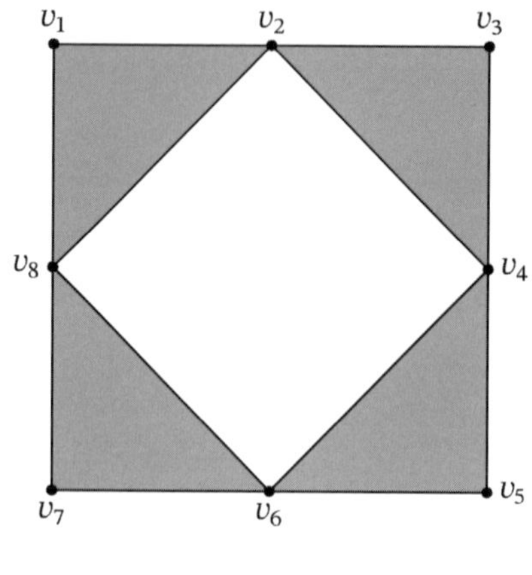

図 **2.36**

練習 2.78　例 2.77 の単体複体上の一般離散ベクトル場を一つ見出せ．

問題 2.79　上の定義について，「一般勾配ベクトル場」と名付けることは適切ではない．その理由を示すような例を一つ挙げよ．それを考える上で勾配ベクトル場と離散ベクトル場の違いを思い起す必要があるだろう．

K 上の一般離散ベクトル場 W を一つ固定し，$f: K \longrightarrow \mathbb{R}$ を（必ずしも離散モース関数とは限らない）関数であって，$\alpha < \beta$ であるときは常に $f(\alpha) \leq f(\beta)$ を満たし，さらに $f(\alpha) = f(\beta)$ となるのは，$\alpha, \beta \in I$ となる区間 $I \in W$ が存在するとき，かつそのときに限るようなものであるとしよう．このとき，f は**一般離散モース関数**，W はその**一般勾配ベクトル場**と呼ばれる．ただ一つの単体 σ のみを含む区間は**特異**であると呼ばれ，σ は**臨界単体**，$f(\sigma)$ は f の**臨界値**と呼ばれる．2つの区間が同じ値を共有してもよいことに注意しよう．

問題 2.80　$K = \Delta^n$ を n-単体とし，$f: K \longrightarrow \mathbb{R}$ を，任意の $\sigma \in K$ に対して，$f(\sigma) := 0$ により定義しよう．f を一般離散モース関数とするような K の分割 W を求めよ．

例 2.81　K を図 2.36 で与えられる単体複体とし，W を区間 $[v_1, v_1v_2v_8]$, $[v_2, v_2v_3v_4]$, $[v_3, v_3v_4]$, $[v_4, v_4v_5v_6]$, $[v_5, v_5v_6]$, $[v_6, v_6v_7v_8]$, $[v_2v_8]$, $[v_7, v_7v_8]$, $[v_8, v_8]$ からなる分割とする．f を図 2.37 により定義しよう．このとき f は一般離散モース関数であるが，明らかに離散モース関数ではない．

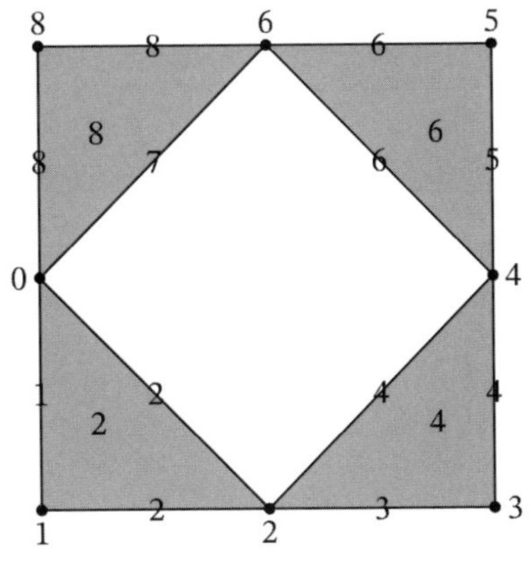

図 **2.37**

問題 2.82 $K, L \subseteq M$ を単体複体 M の部分複体とし，$f : K \longrightarrow \mathbb{R}$ および $g : L \longrightarrow \mathbb{R}$ を一般離散モース関数，V および W をそれぞれ勾配ベクトル場としよう．$(f + g) : K \cap L \longrightarrow \mathbb{R}$ はまた一般離散モース関数であり，その勾配ベクトル場は，$U := \{I \cap J : I \in V, J \in W, I \cap J = \emptyset\}$ であることを証明せよ．

少なくとも二通りのやり方で，一般離散モース関数が有用であることを示すことができる．一つは，複数回の縮約を一度に追跡し，実行できる点である．このことは系 4.30 において厳密にされるが，考え方は例 2.81 から見て取れる．8 とラベルが付けられたすべての単体は 2 回の基本縮約の列として取り除くことができる．7 とラベルが付けられた辺は臨界的であるが，6 とラベルが付けられた単体もまた 2 回の基本縮約の列になっており，それゆえ取り除くことができる．5 とラベルが付けられた対は自由対であり，取り除くことがきる，など．要点は，同じ値をもつ単体すべてを同時に取り除くことにより，「縮約定理」が得られるということである．このことは計算を目的とする際には特に有用である．我々は第 10 章において，一度に縮約を実行する方法に関する同じような考え方を見るであろう．

一般離散モース関数の理論が有用であるもう一つの状況は，いま考えている関数が離散モース関数の性質を満たさないが，一般離散モース関数にはなっている場合である．これは U. バウアーと H. エーデルスブルナーによる論文 [**26**] において考察されているものである．彼らはチェック (Čech) およびドロネイ (Delaunay) 複体の，ある「半径関数」が一般離散モース関数であることを示し，これを用いて「縮約定理」を証明したのである．

2.3　ランダム離散モース関数

この短い節では，離散モース関数のもう一つの見方を紹介しよう．この視点は，よりアルゴリズム的であり，それ自体ある種の計算目的に適うものである．

2.3.1　離散モースベクトルと最適性

定義 2.83　K を n 次元単体複体，$f: K \longrightarrow \mathbb{R}$ を離散モース関数とし，m_i^f（関数 f が明らかな場合は単に m_i）を f の臨界 i-単体の個数としよう．$\overrightarrow{f} := (m_0^f, m_1^f, m_2^f, \ldots, m_n^f)$ を **f の離散モースベクトル**と定義する．

練習 2.84　$f: K \longrightarrow \mathbb{R}$ を離散モース関数とする．K の c-ベクトルとはベクトル $\overrightarrow{c} = (c_0, c_1, \ldots, c_{\dim(K)})$ であったことを思い起そう．ただし，c_i は K の i 次元単体の個数である．$\overrightarrow{f} \le \overrightarrow{c}$, すなわち，すべての i に対して $m_i^f \le c_i$ が成り立つことを示せ．$\overrightarrow{f} = \overrightarrow{c}$ となる場合があり得るか？

問題 2.26 により，常に $m_0 \ge 1$ であることに注意しよう．

問題 2.85　単体複体 K が縮約可能であるならば，離散モース関数であって，その離散モースベクトルが $(1, 0, 0, 0, \ldots, 0)$ であるものが存在することを証明せよ．

問題 2.86　基本拡張の列を通して $K \nearrow L$ であるとし，$f: K \longrightarrow \mathbb{R}$ を離散モースベクトルが $\overrightarrow{f}$ である離散モース関数とするならば，離散モース関数 $g: L \longrightarrow \mathbb{R}$ であって，$g|_K = f$ かつ $\overrightarrow{g} = \overrightarrow{f}$ であるものが存在することを証明せよ．ここで，$g|_K$ は関数 g の領域 K への**制限**を表す．

練習 2.84 を通して，読者は，与えられた単体複体 K に対して $\overrightarrow{f}$ が取り得る値は，かなり大きく変化するのではないかと考えたかも知れない．このことから“最良の”f-ベクトルをどのように定義すればよいかという疑問が生じる．次の定義はそのような試みの一つである．

定義 2.87　$f: K \longrightarrow \mathbb{R}$ を離散モース関数とし，その離散モースベクトルを $\overrightarrow{f} := (m_0^f, m_1^f, m_2^f, \ldots, m_n^f)$ としよう．このとき，もし $\sum_{i=0}^n m_i^f$ が次の意味で最小であるとする：K 上の他の任意の離散モース関数 $g: K \longrightarrow \mathbb{R}$ に対して，$\sum_{i=0}^n m_i^f \le \sum_{i=0}^n m_i^g$ が成り立つ．このとき $\overrightarrow{f}$ は**最適**であると言われる．

例 2.88　$f: K \longrightarrow \mathbb{R}$ を図 2.38 により与えられるものとする．このとき $m_0^f = 3$, $m_1^f = 6$, $m_2^f = 1$ であることが確かめられ，したがって，離散モースベクトルが

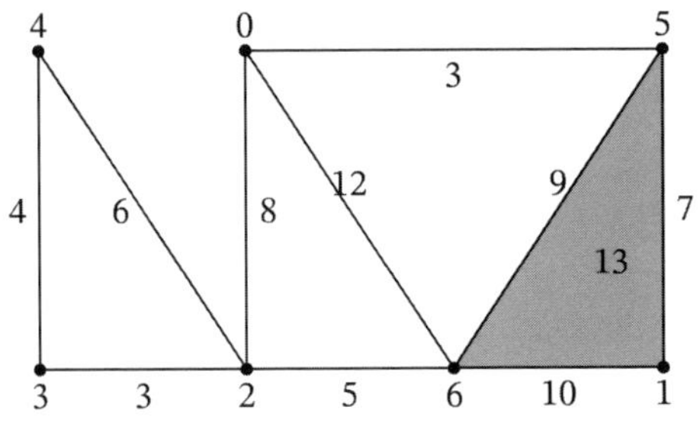

図 **2.38**

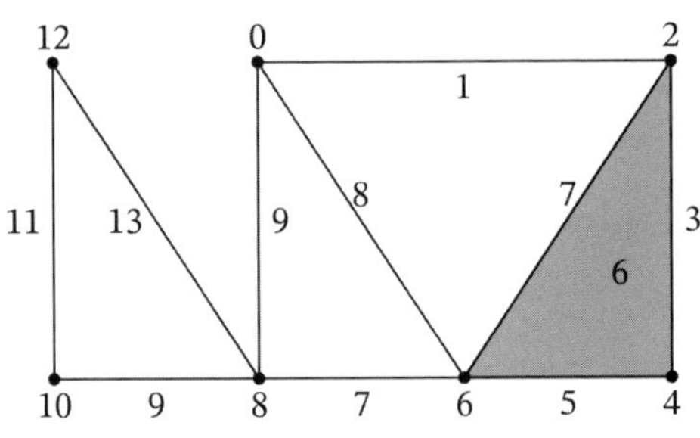

図 **2.39**

$\overrightarrow{f} = (3, 6, 1)$ で与えられることがわかる．臨界値がより少なくなるような離散モース関数を見出すことができるだろうか？　それはそれほど難しいことではない．$g : K \longrightarrow \mathbb{R}$ を図 2.39 により与えられるものとする．このとき，容易に確認できるように $m_0^g = 1$, $m_1^g = 3$, $m_2^g = 0$ であり，したがって $\overrightarrow{g} = (1, 3, 0)$ である．これは明らかに $\overrightarrow{f}$ より良いものである．さらに良くすることはできるであろうか？　これが最良のもののようにも思えるだろう．4.1.2 節において，この離散モース関数が実際に，この単体複体に対して最適であることを見るであろう．

任意の単体複体が最適な離散モース関数をもつのであるが，それを見出すことは困難である．例えば，レウィナー他 [**109**] では，特別な 2 次元単体複体上の最適な離散モース関数を見つけるための線形時間のアルゴリズムが提示されている．最適な離散モース関数は必ずしも一意的ではないことに注意しよう．実際，K. アディプラシト，B. ベネデッティ，F. ルッツは，3 次元単体複体であって，その最適離散モースベクトルが $(1, 1, 1, 0)$ および $(1, 0, 1, 1)$ であるものを構成している．実のところ，彼らは，より一般的な次の結果を証明している．

アルゴリズム 1　B-L アルゴリズム

Input: ファセットのリストにより与えられた d 次元抽象的有限単体複体 K

Output: 離散モースベクトル $(m_0, m_1, \ldots, m_d)$（結果）

1 $m_0 = m_1 = \cdots = m_d = 0$ と初期化する.

2 複体が空集合であるならば，そこで STOP（停止）. そうでない場合は Step 3 に飛ぶ.

3 自由な余次元 1 の面があるならば，Step 4 に飛ぶ．そうでないならば Step 5 に飛ぶ.

4 自由な余次元 1 の余面を一様にランダムに選び，それを含むただ一つの面とともに取り除く. Step 2 に戻る.

5 i 次元の面を一様にランダムに選んで取り除き，$m_i = m_i + 1$ とおく．Step 2 に戻る.

定理 2.89（[4]，**定理 3.3**）任意の $d \geq 3$ に対して，縮約不可能な d 次元単体複体であって，2 つの異なる最適な離散モースベクトル

$$(1, 0, \ldots, 0, 1, 1, 0) \quad \text{および} \quad (1, 0, \ldots, 0, 0, 1, 1)$$

をもつものが存在する.

2.3.2　ベネディッティ–ルッツのアルゴリズム

この節では，離散モース理論への“ランダム化”のアプローチについて考えよう. K を単体複体とする．どのようにすれば K 上にランダムに離散モース関数を構成することができるだろうか？　ランダムに単体たちにラベル付けを行うことから始めることは可能であるが，それでは得られたラベル付けが実際に離散モース関数になっているという保証はない．離散モース関数であることを保証するために値を調整しようとすると，ランダム性が取り除かれてしまうか，もしくは，実際には複雑過ぎるものになってしまうかのいずれかのように思えるだろう．**ベネディッティ–ルッツ**，もしくは **B-L アルゴリズム** [33] は，離散モース関数を幾何学的な観点から見ることにより，これらの問題を回避するものである．考え方は単純である：単体複体 K が与えられたとき，2 つの動作のうちの一つ——1) 自由対を取り除く，もしくは 2) 最高次元のファセットを取り除く，のいずれかを実行するのである．ただし，選択 1) を優先させるものとする．2) が実行されると，取り除かれたファセットの次元は離散モースベクトルに記録されるのである．正確には，B-L アルゴリズムはアルゴリズム 1 で与えられる.

問題 2.90　K を単体複体とする．B-L アルゴリズムがどのようにして K 上の離散モース関数を生み出すかを示せ.

定義 2.91　単体複体 K の**離散モーススペクトラム**とは，B-L アルゴリズムによっ

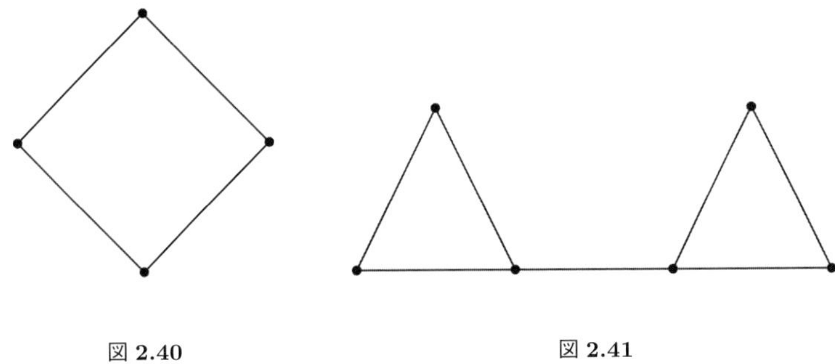

図 2.40　　図 2.41

て生み出されるすべての可能な離散モースベクトルと，それぞれの確率分布の集まりのことである．離散モースベクトル $\vec{c_i}$ が得られる確率を p_i とするならば，K の離散モーススペクトラムは，ある $k \in \mathbb{N}$ を用いて $\{p_1 - \vec{c}_1, p_2 - \vec{c}_2, \ldots, p_k - \vec{c}_k\}$ と表される．ただし，$\sum p_i = 1$ かつ 任意の i に対して $p_i \neq 0$ である．

例 2.92　K を例 2.81 の単体複体とする．B-L アルゴリズムにより，この複体から自由対が取り除かれる．また，自由対をどのように取り除こうとも，結果として図 2.40 の単体複体が得られることを示すことは難しくない．どの辺も $\frac{1}{4}$ の確率で選ばれ，その結果，得られる離散モースベクトルは $(1,1)$ である．したがって，この単体複体の離散モーススペクトラムは $\{1-(1,1)\}$ である．

問題 2.93　図 2.41 の単体複体の離散モーススペクトラムを計算せよ．

問題 2.90 における考察から，いかにしてアルゴリズム 1 が離散モース関数を与えるかがわかる．このアルゴリズムは B. ベネデッティと F. ルッツにより，先に引用した論文において導入されたものである．彼らは，ある種の単体複体の複雑さを調べるために有用であるかという観点から，この概念を広範にわたって研究したのである．その試みは，この本が取り扱う範囲を超えている（が，例えば [**4**, **33**] を見よ）．しかしながら簡単にわかることがいくつかある．

命題 2.94　K を単体複体とする．B-L アルゴリズムを一度走らせるとき，出力された離散モースベクトルが $(1,0,0,\ldots,0)$ であったとしよう．このとき K は縮約可能である．

練習 2.95　命題 2.94 を証明せよ．

命題 2.94 の逆は正しくない．実際，この方法では，たとえ何度もアルゴリズムを走らせた後であったとしても，最適な離散モース関数が常に見つかると考えるべきで

図 **2.42**

はないということは注意に値する．このことを次の命題がはっきりと説明してくれるだろう．特に命題 2.94 の逆が正しくないことを示す例が与えられている．

命題 2.96　任意の $\varepsilon > 0$ に対して，単体複体 G_ε であって，B-L アルゴリズムが G_ε 上の離散モースベクトルを生成する確率が ε 未満であるものが存在する．

証明　$\epsilon > 0$ が与えられているとし，$n \in \mathbb{N}$ を $\frac{6}{n+6} < \epsilon$ となるように選ぼう．2つのサイクルの間に少なくとも n 個の辺があるような単体複体を考えよう（図 2.42）．このとき，ランダムな離散モースベクトルが最適となるための必要条件は，最初に取り除かれる辺が，2つの三角形の6個の辺のうちの一つであるということである．このことが起きる確率は $\frac{6}{n+6}$ 未満であり，したがって，6個の辺を取り除き損ねる確率は $\frac{6}{n+6}$ 未満である．よって，最適な離散モースベクトルが得られる確率は $\frac{6}{n+6} < \epsilon$ 未満である．∎

第3章　単体ホモロジー

この章では，何十年にもわたって十分に確立されてきた理論である単体ホモロジーの，わかりやすく，かつ実践的な導入を行おう．単体ホモロジーに慣れている読者はこの章を飛ばしてもよいだろう．

ホモロジーはトポロジーにおいてきわめて興味深く，重要な道具というだけではない——それはまた離散モース理論との間に美しい関係をもっているのである（例えば4.1節と8.4節）．ホモロジーの考え方とは，空間の中の穴の数を数え，穴のタイプを特定するための厳密な理論を構築することである．例えば円は穴を一つもっており，球面は穴をもっていない．しなしながら，球面全体は，ある3次元空間，もしくは「空」を囲んでいるため（バスケットボールの中の空気を思い浮かべよ），球面は“高次元の”タイプの穴をもっているようにも思える．トーラス（ドーナツの外側の皮）は両方の種類の穴を持っているように思える．ホモロジーには数多くのヴァージョンがあり，これらは異なる仕方で計算され，異なる種類の対象に用いられる．我々が研究するものに名前を与えるため，任意の整数 $n \geq 0$ に対して，有限な抽象的単体複体の集まりからベクトル空間の集まりへの特別な種類の“関数”[1]を調べよう．これは**単体（非簡約[2]）ホモロジー**と呼ばれ，$H_n(K)$ と書かれる．8.2節では，ホモロジーを計算するための他の方法を調べ，それを単体ホモロジーと比較しよう．

ホモロジーを，ある種の“特別な関数”たらしめているものは，数に値を取り，アウトプットとして他の数を出すという単なる関数ではないという点である．もっと正確に言うと，この関数は単体複体に値を取り，無限に多くのベクトル空間を出すものなのである．説明のため，K を例2.88の単体複体としよう（これは3.2節において，我々の実行例になる）．このとき，ホモロジーの下で，K には次のベクトル空間の列が付随する：

$$K \longmapsto [\ldots, \Bbbk_4^0, \Bbbk_3^0, \Bbbk_2^0, \Bbbk_1^3, \Bbbk_0^1].$$

---

[1] 原注：すなわち関手．

[2] 原注：“簡約”と“非簡約”ホモロジーの間にはかなり技術的な違いがある．それについてはあまり気にせず，それよりも，ここでは“非簡約”なものを用いることにのみ注意しておこう．

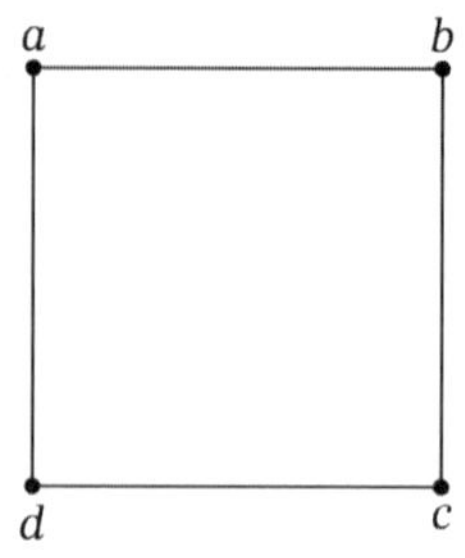

図 3.1

ベクトル空間 $\Bbbk_j^i$ のことを，K が j 次元のところに i 個の穴をもっていると解釈することができる．したがって，このベクトル空間の列の解釈としては，K は 3 次元のところには穴がなく（さらに 3 より大きい，すべての次元で穴がない），1 次元のところに 3 個の穴，0 次元のところに 1 個の穴をもつ，となるのである．3.2 節では，実際に，このベクトル空間の列を導出する方法を見よう．まず初めに線形代数から必要な部分を復習しよう．

3.1　線形代数

この節では，線形代数から，ホモロジーを定義するための道具に関する実用的知識を展開しよう．線形代数の授業を受講することは有用ではあるが，必ずしも必要ではない．計算を伴った練習を通して必要な理解が得られるであろう．我々は主にベクトル空間と「階数・退化次数定理」に関心がある．図 3.1 に与えられているような単体複体を考えよう．

さて，我々の「穴の理論」がどのようなものであろうとも，それは，上の単体複体においてはちょうど 1 つの穴がある，となるべきであろう．一体，穴とは何だろうか？　それは単体の列 ab, bc, cd, ad によって捉えられるべきもののように思える．穴がこの単体の列によって決まるのであれば，ともかくも各次元において，考えうるあらゆる単体の組合せを考える必要があるだろう．したがって，例えば次のような列が得られる：

- bc, dc, ad
- bc, bc, bc, bc
- dc, bc, ab, ad

これではあまりにも多くの組合せを考えなければならないことになる．さらに，そのうちのいくつかは穴を作らないものまであり（例えば，bc, dc, ad)，また，あるものは重複している――cd, bc, ab, ad という列は，実際のところ，ab, bc, cd, ad と同じものである．こうした問題に対処するための正しいシステムが**ベクトル空間**なのである [**107**, p.190]．ここでは専門的な定義を与えることはせず，実用的な定義を与えておこう．ab, bc, cd, ad のようなものを列と考えるよりも，これを和："$ab + bc + cd + ad$" と考えよう．与えられた状況から，1-単体 ab とベクトル空間の元 ab との間に混乱は生じないであろう．もし，この加法を可換で結合的なものにするのであれば，$cd + bc + ab + ad = ab + bc + cd + ad$ であることがわかる．さらに，我々は**合同式**，あるいは **mod 2 算術**を用いよう．このことは，たった 2 個の数，すなわち 0 と 1 のみを考えることを意味する．これらは $0 + 1 = 1$ と $1 + 1 = 0$ という規則に従うものとする．厳密に正しくは[3]，このことを $1 + 1 \equiv 0 \mod 2$ と $1 + 0 \equiv 1 \mod 2$ と書くことにしよう．この数体系は **mod 2 整数**と呼ばれ，$\mathbb{F}_2$ と書かれる．言い換えると $\mathbb{F}_2 = \{0, 1\}$ であり，$1 + 1 \equiv 0 \mod 2$ という規則を備えたものである．黒板太字 $\mathbb{F}$ は「体」，つまり抽象代数の授業で学ぶ代数的構造を表している．さらに，「零ベクトル」$\vec{0}$ がある．これは数字の 0 とは区別されるべきものである．この記法を用いると，例えば $bc + bc + bc + bc = 4bc = 0 \cdot bc = \vec{0}$ であることがわかる．

すべての 1-単体を考えることにより，次のようなベクトル空間が作られる．

$$\Bbbk^4 = \{\vec{0}, ab, bc, cd, ad, ab + bc, ab + cd, ab + ad, bc + cd, bc + ad,$$
$$cd + ad, ab + bc + cd, ab + bc + ad, ab + cd + ad, bc + cd + ad,$$
$$ab + bc + cd + ad\}.$$

4 個の要素 $\{ab, bc, cd, ad\}$ から出発し，それらからベクトル空間――つまり，これら 4 個の要素の，あらゆる可能な "和" を考えた――わけであるから，それを $\Bbbk^4$ と呼ぶことにしよう．この例における数字 4 はベクトル空間 $\Bbbk^4$ の**次元**である．

例 3.1 2 個の記号 a と b を考えよう．a と b により生成される 2 次元ベクトル空間を定義することができる；具体的には，$c_1, c_2 \in \{0, 1\} = \mathbb{F}_2$ として，ベクトル空間は $c_1 a + c_2 b$ という形のすべての要素から成る．このベクトル空間を，2 個の要素から生成されたベクトル空間という意味で $\Bbbk^2$ と書くことにする．例えば $0a + 1b \in \Bbbk^2$ であり，これは b と簡略化される．もう一度，先にやったように $\Bbbk^2$ の要素をすべて書き下すことができる；すなわち $\Bbbk^2 = \{\vec{0}, a, b, a + b\}$ である．これは，$\Bbbk^2$ の任意の 2 個の要素の和が，また $\Bbbk^2$ に属しているという意味で，加法の下で "閉じている" こ

3 原注：最も正しい書き方である．（訳者注：スコーヴィル氏によると，アメリカのアニメ "Futurama" に出てくるセリフ "You are technically correct, the best kind of correct." だそうである．）

とに注意しよう．例えば $a + a = (1+1)a = 0a = \overrightarrow{0}$ である．

要素 a と b は $\mathbb{k}^2$ の**基底**と呼ばれる．約束として，$\mathbb{k}^0 = \{\overrightarrow{0}\}$ のことを，ただ一つの要素，つまり零ベクトルからなる**自明なベクトル空間**と言うことにする．

定義 3.2　$X = \{e_1, e_2, \ldots, e_n\}$ を異なる n 個のものからなる集合とする．X により生成される（**$\mathbb{F}_2$ 上の**）**ベクトル空間** $\mathbb{k}^n$ は，$\mathbb{k}^n := \{c_1e_1 + c_2e_2 + \cdots + c_ne_n : c_i \in \{0,1\}\}$ により与えられる．元 $e_1, e_2, \ldots, e_n \in \mathbb{k}^n$ は**基底の要素**と呼ばれ，n は $\mathbb{k}^n$ の**次元**と呼ばれる．定義により，任意の特定の要素 $x \in \mathbb{k}^n$ は基底の要素の**線形結合**として書くことができる；すなわち $x = c_1e_1 + c_2e_2 + \cdots + c_ne_n$, $c_i \in \{0,1\}$ である．

問題 3.3　$|X| = n$ ならば，ベクトル空間 $\mathbb{k}^n$ には何個の要素があるか？　また，そのことを証明せよ．

ベクトル空間を理解することに加えて，それらの間の写像を理解する必要がある．写像 $A : \mathbb{k}^n \longrightarrow \mathbb{k}^m$ は，もし，あらゆる要素の組 $v, v' \in \mathbb{k}^n$ に対して，A が $A(v + v') = A(v) + A(v')$ [4]を満たすならば，**$\mathbb{F}_2$-線形変換**，あるいは単に**線形**であると言われる．

問題 3.4　$A : \mathbb{k}^n \longrightarrow \mathbb{k}^m$ を，上で定義された線形変換とする．$A(\overrightarrow{0}) = \overrightarrow{0}$ を証明せよ．

線形変換は行列により表示することができる．特に $A(x) = \overrightarrow{0}$ を満たす要素すべてからなる集合に興味があり，これは**核**と呼ばれ，$\ker(A)$ と書かれる．すなわち，

$$\ker(A) := \{x \in \mathbb{k}^n : A(x) = \overrightarrow{0}\}.$$

これはベクトル空間になることがわかり，その次元を A の**退化次数**と呼び，$\mathrm{null}(A)$ と書く．上で述べたように，$\mathbb{k}^4$ を作って，穴を表す要素たちを取り出したかったのであるから，これは有用な概念である．$\mathbb{k}^4$ については穴は一つだけであった．この数は適当な線形変換の退化次数と正確に一致するのである．一般に，退化次数は与えられた次元に存在し得るすべての穴の数を数えるものである．この数はどのようにして計算されるのだろうか？　このことは具体的な行列を調べることでわかるであろう．我々は線形代数の「階数・退化次数定理」(定理 3.5) を用いて，実際にそれを計算するであろう．線形変換 $A : \mathbb{k}^n \longrightarrow \mathbb{k}^m$ の**値域**もしくは**像**とは，

$$\mathrm{Im}\,(A) := \{y \in \mathbb{k}^m \ : \text{ある } x \in \mathbb{k}^n \text{ が存在して } A(x) = y\}$$

4　原注：一般には，スカラーが「通り抜けなければならない」という条件も課されるが，ここでは $\mathbb{F}_2$ 上で考えているため，この条件は自動的に満たされるのである．

であることを思い出そう．$\mathrm{Im}\,(A)$ はまたベクトル空間であることがわかり，その次元は A の**階数**と呼ばれ，$\mathrm{rank}\,(A)$ と書かれる．

定理 3.5（階数・退化次数定理） $A : \Bbbk^n \longrightarrow \Bbbk^m$ を線形変換とせよ．したがって，A を $m \times n$ 行列と見なすことができる．このとき，$\mathrm{rank}\,(A) + \mathrm{null}\,(A) = n$ である．

定理 3.5 を利用するためには，行列の階数を計算する方法を知る必要がある．このことは，行列が「行階段型行列」と呼ばれる特別な形であるならば容易になされる．行列の，零でない行の**主成分**もしくは**要（ピヴォット）**とは，最も左端にある零でない成分のことを言う．**行階段型（行列）**は 2 つの条件によって特徴付けられる：まず，零でない行は 0 だけからなる行のいずれよりも上にある．次に，零でない行の主成分は，常にその上の行の主成分よりも真に右にある．

行列を行階段型行列に変形するためには，次の「**行基本変形**」のいずれかを行えばよい：ある行を，それ自身と他の行との和で置き換える，もしくは 2 つの行を入れ替える．行列が行階段型に変形できたならば，その階数は定理 3.6 により計算される．

定理 3.6 行列 A に行基本変形を施しても A の階数は変わらない．もし A が行階段型であるならば，A の階数はちょうど零でない行の本数である．

階数・退化次数定理の証明は [**107**, p.233] を見てもらいたい．一方，定理 3.6 の証明は [**107**, p.231] を見てもらいたい．

例 3.7 $A = \begin{pmatrix} 1 & 0 & 1 & 1 \\ 1 & 0 & 0 & 1 \\ 1 & 0 & 0 & 1 \end{pmatrix}$ としよう．2 行目を 3 行目に加えることにより，

$B = \begin{pmatrix} 1 & 0 & 1 & 1 \\ 1 & 0 & 0 & 1 \\ 0 & 0 & 0 & 0 \end{pmatrix}$ を得る．ここで，1 列目に 1 が 2 つあることはできない（二

番目の条件に反する）ので，1 行目を 2 行目に加えると，$C = \begin{pmatrix} 1 & 0 & 1 & 1 \\ 0 & 0 & 1 & 0 \\ 0 & 0 & 0 & 0 \end{pmatrix}$ が

得られる．定理 3.6 より，$\mathrm{rank}\,(A) = 2$ である．A は 3×4 行列であるので，定理 3.5

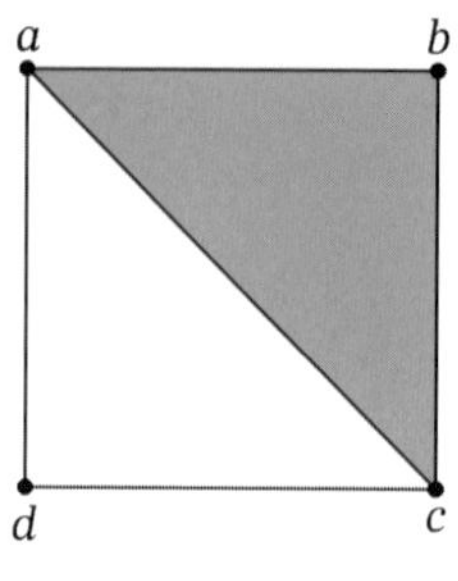

図 3.2

より，$\mathrm{null}\,(A) = 1$ である．

問題 3.8　$A = \begin{pmatrix} 1 & 0 & 0 & 0 & 1 & 0 \\ 0 & 1 & 0 & 1 & 0 & 0 \\ 1 & 1 & 1 & 1 & 1 & 0 \\ 0 & 0 & 0 & 0 & 1 & 1 \end{pmatrix}$ の $\mathrm{rank}\,(A)$ および $\mathrm{null}\,(A)$ を求めよ．

3.2　ベッチ数

穴の理論もしくはホモロジーについて，直感的な考察を続けよう．単体複体を考えよう（図 3.2）．第 3 節の冒頭の考え方を用いて，穴をあるベクトル空間における形式的な和と見なしたい．しかし次のような問題が生じるかも知れない．図 3.2 を見ると 3 つの穴，すなわち $ab + bc + ca$, $ac + cd + ad$, $ab + bc + cd + ad$ があるように見える．実際には $(ab + bc + ca) + (ac + cd + ad) = ab + bc + cd + ad$ であるので，これらのうちの一つは他の二つの和である．しかし，そうすると $ab+bc+ca$ を“偽の”穴（塗りつぶされているので）として残すことになる．それが塗りつぶされていることはどのようにしてわかるのであろうか？　それはまさに境界が偽の穴であるような 2-単体 abc が存在するからなのである：つまり，$\partial(abc) = \{ab, bc, ac\}$ である（定義 1.6 を思い起こそう）．abc をベクトル空間の中のベクトルと見る（単体と見るのではなく）とき，$\partial(abc) = ab + bc + ca$ と言ってよいであろう．そうすると，我々がここで行っていることは，可能な穴の数を数え，そこから塗りつぶされている穴の数を引いているように見えるだろう．この場合，穴の数は $2 - 1 = 1$ である．

K を $[v_n]$ 上の単体複体としよう．K の i-単体の数を c_i と表したことを思い起そう．さて，K_i を K の i-単体の集合と定義する．このとき，定義より $|K_i| = c_i$ が従う．

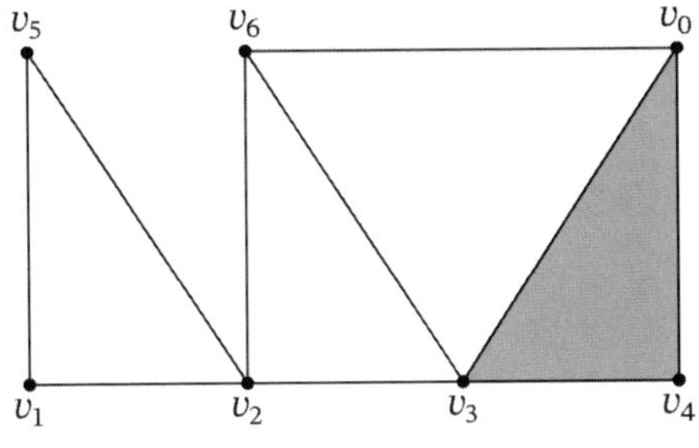

図 **3.3**

練習 3.9 K_0 および K_j $(j > n)$ はどのようなものか？ 値 $|K_0|$ および $|K_j|$ を求めよ．

$\sigma \in K_i$ としよう．このとき，各 $\sigma \in K_i$ は，K_i のすべての要素により生成されるベクトル空間 $\Bbbk^{c_i}$ の基底の要素である．

例 3.10 例 2.88 の単体複体 K を思い起そう．単体たちに図 3.3 のように記号を付けておこう．このとき，

$$
\begin{aligned}
K &= \{v_0, v_1, v_2, v_3, v_4, v_5, v_6, v_0v_3, v_0v_4, v_0v_6, v_1v_2, v_2v_3, v_3v_4, v_1v_5, \\
&\qquad \{\, v_2v_5, v_2v_6, v_3v_6, v_0v_3v_4\}, \\
K_0 &= \{v_0, v_1, v_2, v_3, v_4, v_5, v_6\}, \\
K_1 &= \{v_0v_3, v_0v_4, v_0v_6, v_1v_2, v_2v_3, v_3v_4, v_1v_5, v_2v_5, v_2v_6, v_3v_6\}, \\
K_2 &= \{v_0v_3v_4\}, \\
\cdots &= K_4 = K_3 = \emptyset
\end{aligned}
$$

である．したがって，$c_0 = 7$, $c_1 = 10$, $c_2 = 1$ である．これらがそれぞれベクトル空間 $\Bbbk^7$, $\Bbbk^{10}$, $\Bbbk^1$ を生成するわけである．

練習 3.11 K が n 次元単体複体であるとき，集合 $K_0, K_1, \ldots, K_n$ は K の分割をなすことを示せ．

言い換えると，K の 2 つの単体が同じクラスに属するのは，それらが同じサイズであるとき，かつそのときに限るという関係によって，K をクラスに分割したのである．そして，それらのクラスの各々に対して，ベクトル空間を作ったのである．ここで，ベクトル空間の次元はクラスのサイズに依存する．単体たちの集まりによって生成されるベクトル空間の元は**鎖**と呼ばれる．さて，ここからはやや込み入った話に

なる．任意の $0 \leq i < \infty$ に対して線形変換 $\partial_i : \mathbb{k}^{c_i} \longrightarrow \mathbb{k}^{c_{i-1}}$ を構成したい．各単体について，この線形変換は，その境界を付随させるものである．一度 ∂_i が定義されると，次のような鎖複体が得られる：

$$\cdots \xrightarrow{\partial_{i+1}} \mathbb{k}^{c_i} \xrightarrow{\partial_i} \mathbb{k}^{c_{i-1}} \xrightarrow{\partial_{i-1}} \cdots \xrightarrow{\partial_2} \mathbb{k}^{c_1} \xrightarrow{\partial_1} \mathbb{k}^{c_0} \xrightarrow{\partial_0} 0.$$

鎖複体とは，ベクトル空間の列であって，それらの間には線形変換があり，$\partial_{i-1} \circ \partial_i = 0$ という性質をもつもののことである．簡単のため，鎖複体をしばしば $(\mathbb{k}_*, \partial_*)$ と表す．さて，練習 3.9 から直ちに，すべての $j > n$ に対して $\mathbb{k}^{c_j} = \{\overrightarrow{0}\}$ であることがわかる．誤解の恐れがない場合は簡単に $0 = \{\overrightarrow{0}\}$ と書くことにしよう．次に，境界作用素（繰り返しになるが，単体の境界がまさに計算されるべきものであるので）$\partial_i : \mathbb{k}^{c_i} \longrightarrow \mathbb{k}^{c_{i-1}}$ を定義しよう．

定義 3.12　$\sigma \in K_m$ とし，$\sigma = v_{i_0} v_{i_1} \cdots v_{i_m}$ と書こう．$m = 0$ とき，$\partial_0 : \mathbb{k}^{c_0} \longrightarrow 0$ を，$\partial_0 = 0$, すなわち，すべての成分が 0 である適当なサイズの行列，と定義する．$m \geq 1$ のとき，**境界作用素** $\partial_m : \mathbb{k}^{c_m} \longrightarrow \mathbb{k}^{c_{m-1}}$ を，

$$\partial_m(\sigma) := \sum_{0 \leq j \leq m} (\sigma - \{v_{i_j}\}) = \sum_{0 \leq j \leq m} v_{i_0} v_{i_1} \cdots \hat{v}_{i_j} \cdots v_{i_m}$$

により定義する．ただし，$\hat{v}_{i_j}$ は v_{i_j} を取り除くことを意味する．

注意 3.13　定義 3.12 で定義された境界と定義 1.6 で定義された境界との関係に注意しよう．単体 σ が与えられたとき，両方の定義はともに σ の余次元が 1 の面に関係するものである．違いは，前者の定義が鎖を生み出すものであるのに対し，後者の定義は集合を生み出すものである．

例 3.14　例 3.10 の続きを考えよう．$\emptyset = K_3 = K_4 = \cdots$ であるので，$0 = \mathbb{k}^{c_3} = \mathbb{k}^{c_4} = \cdots$ である．それゆえ，$i = 3, 4, \ldots$ に対して $\partial_i = 0$ である．よって，∂_2 および ∂_1 のみを計算すればよい．さて，$\partial_2 : \mathbb{k}^1 \longrightarrow \mathbb{k}^{10}$ であり，上で与えた規則により，$\partial_2(v_0 v_3 v_4) = \sum_{j=0,3,4} (v_0 v_3 v_4 - v_j) = v_3 v_4 + v_0 v_4 + v_0 v_3$ である．これに対応する行列は，

$$\partial_2 = \begin{array}{c} \\ v_0v_3 \\ v_0v_4 \\ v_0v_6 \\ v_1v_2 \\ v_2v_3 \\ v_3v_4 \\ v_1v_5 \\ v_2v_5 \\ v_2v_6 \\ v_3v_6 \end{array} \begin{array}{c} v_0v_3v_4 \\ \left(\begin{array}{c} 1 \\ 1 \\ 0 \\ 0 \\ 0 \\ 1 \\ 0 \\ 0 \\ 0 \\ 0 \end{array}\right) \end{array}.$$

次に，$\partial_1 : \Bbbk^{10} \longrightarrow \Bbbk^7$ を計算しよう：

$$\partial_1(v_0v_3) = v_3 + v_0,$$
$$\partial_1(v_0v_4) = v_4 + v_0,$$
$$\partial_1(v_0v_6) = v_6 + v_0,$$
$$\partial_1(v_1v_2) = v_2 + v_1,$$
$$\partial_1(v_2v_3) = v_3 + v_2,$$
$$\partial_1(v_3v_4) = v_4 + v_3,$$
$$\partial_1(v_1v_5) = v_5 + v_1,$$
$$\partial_1(v_2v_5) = v_5 + v_2,$$
$$\partial_1(v_2v_6) = v_6 + v_2,$$
$$\partial_1(v_3v_6) = v_6 + v_3.$$

これより，∂_1 は行列

$$\begin{array}{c} \\ v_0 \\ v_1 \\ v_2 \\ v_3 \\ v_4 \\ v_5 \\ v_6 \end{array} \begin{array}{c} \begin{array}{cccccccccc} v_0v_3 & v_0v_4 & v_0v_6 & v_1v_2 & v_2v_3 & v_3v_4 & v_1v_5 & v_2v_5 & v_2v_6 & v_3v_6 \end{array} \\ \left(\begin{array}{cccccccccc} 1 & 1 & 1 & 0 & 0 & 0 & 0 & 0 & 0 & 0 \\ 0 & 0 & 0 & 1 & 0 & 0 & 1 & 0 & 0 & 0 \\ 0 & 0 & 0 & 1 & 1 & 0 & 0 & 1 & 1 & 0 \\ 1 & 0 & 0 & 0 & 1 & 1 & 0 & 0 & 0 & 1 \\ 0 & 1 & 0 & 0 & 0 & 1 & 0 & 0 & 0 & 0 \\ 0 & 0 & 0 & 0 & 0 & 0 & 1 & 1 & 0 & 0 \\ 0 & 0 & 1 & 0 & 0 & 0 & 0 & 0 & 1 & 1 \end{array}\right) \end{array}$$

により与えられる．

行列から読み取れる情報を用いて，$\partial\partial(v_2v_5)$ および $\partial\partial(v_0v_3v_4)$ を計算する練習をしてみよう．

$$
\begin{aligned}
\partial\partial(v_2v_5) &= \partial(v_5 + v_2) \\
&= \partial(v_5) + \partial(v_2) \\
&= \overrightarrow{0}
\end{aligned}
$$

となり，

$$
\begin{aligned}
\partial\partial(v_0v_3v_4) &= \partial(v_3v_4 + v_0v_4 + v_0v_3) \\
&= \partial(v_3v_4) + \partial(v_0v_4) + \partial(v_0v_3) \\
&= v_3 + v_4 + v_0 + v_4 + v_0 + v_3 \\
&= 2v_0 + 2v_4 + 2v_3 \\
&= \overrightarrow{0}
\end{aligned}
$$

となる．いずれの場合も $\overrightarrow{0}$ となる．

命題 3.15　上で定義された ∂_m について，$\partial_{m-1}\partial_m = 0$ である．ここで 0 は零行列を意味する．

証明　混同される恐れはないので，∂ の添え字は省略しよう．さらに，単独の生成元に対して $\partial\partial$ を計算しよう．一般的な結果は線形性から従う．

$$
\begin{aligned}
\partial\partial(\sigma) &= \partial\left(\sum_j v_0v_1\cdots\hat{v}_j\cdots v_m\right) \\
&= \sum_{i\neq j} v_0v_1\cdots\hat{v}_j\cdots\hat{v}_i\cdots v_m \\
&= \overrightarrow{0}
\end{aligned}
$$

となる．ここで，固定された i と j に対して，$v_0v_1\cdots\hat{v}_j\cdots\hat{v}_i\cdots v_m$ は，和の中に 2 回現れるので，足し合わせると $\overrightarrow{0}$ になることから，最後の等式が成り立つ．■

このようにして単体複体 K から鎖複体が定義されるのである．いまや，この新しい記法にも慣れたであろうから，我々は「穴」が意味するものを正確に定義することができる．

定義 3.16　K の i 次（**非簡約**）$\mathbb{F}_2$**-ホモロジー**を，ベクトル空間

$$
H_i(K;\mathbb{F}_2) := \mathbb{k}^{\mathrm{null}\,\partial_i - \mathrm{rank}\,\partial_{i+1}}
$$

により定義する．K の i 次 **$\mathbb{F}_2$-ベッチ数**は，$b_i(K;\mathbb{F}_2) = \mathrm{null}\,\partial_i - \mathrm{rank}\,\partial_{i+1}$ により定義される．簡単のため，これを通常はベッチ数と呼ぶ．また，$H_i(K)$ や $b_i(K)$ は，文脈から K が明らかな場合には，もっと省略して H_i や b_i という記法を用いる．

注意 3.17　差し当たりは，ホモロジーベクトル空間 $H_i(K)$ を用いずに，もっぱらベッチ数を用いるであろう．しかしながら，8.2 節ではホモロジーベクトル空間それ自体を再考察し，それらを異なった観点から見るであろう．

注意 3.18　技術的なことをもう一つ：$\mathbb{F}_2$-ベッチ数はトポロジーに関する他の本で出会う "ベッチ数" と常に一致するとは限らない．我々は計算を簡単にするために $\mathbb{F}_2$-ベッチ数を選んだのである．その代償として情報がいくらか失われるかも知れない．特に，例 8.34 のクラインの壺を考えるとき，$\mathbb{F}_2$-ベッチ数は通常のベッチ数とはいくらか異なるものになるのである．

例 3.19（例 3.14 の続き）　さて，第 3.1 節の線形代数の手法を用いると，$\mathrm{rank}\,(\partial_2) = 1$, $\mathrm{null}\,(\partial_2) = 0$, $\mathrm{rank}\,(\partial_1) = 6$, $\mathrm{null}\,(\partial_1) = 4$, $\mathrm{rank}\,(\partial_0) = 0$, $\mathrm{null}\,(\partial_0) = 7$ であることがわかる．それゆえ，$H_2(K) = \Bbbk^0$, $H_1(K) = \Bbbk^{4-1} = \Bbbk^3$, $H_0(K) = \Bbbk^{7-6} = \Bbbk^1$ を得る．したがって，$b_0(K) = 1$, $b_1(K) = 3$, $i \geq 2$ に対しては $b_i(K) = 0$ である．例 3.10 にある K の図を見ると，$b_1(K) = 3$ に対応する 3 つの穴を特定することができ，さらに，$i > 1$ に対しては $b_i(K) = 0$ であることがわかる．では，$b_0(K) = 1$ は何を意味するのであろうか？　値 b_0 は「道」で結ばれていない頂点たちの数を数えるものである；すなわち，それは K の連結成分，つまり K のすべての "ピース" の数を数えるものである．K は連結であるので，$b_0(K) = 1$ となるのである．

ここでの定義，取り分け境界作用素の定義は，かなり技術的かつ技巧的であるが，いくつかの例を通して練習すれば意味するところがはっきりするであろう．

例 3.20　$K = \{v_1, v_2, v_3, v_4, v_5, v_6, v_7, v_{12}, v_{13}, v_{24}, v_{34}, v_{25}, v_{45}, v_{56}, v_{245}\}$ としよう．このとき，K は図 3.4 により与えられる．上と同じ方法に従おう．始める前に，K の図を見て，ベッチ数がいくつになるか予想してみよう．まず初めに各 K_i を書き並べよう：

$$
\begin{aligned}
K_2 &= \{v_{245}\}, \\
K_1 &= \{v_{12}, v_{13}, v_{24}, v_{34}, v_{25}, v_{45}, v_{56}\}, \\
K_0 &= \{v_1, v_2, v_3, v_4, v_5, v_6, v_7\}.
\end{aligned}
$$

これより，鎖複体

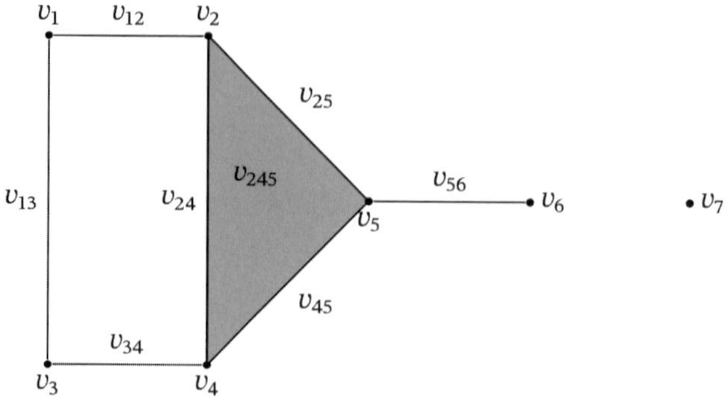

図 **3.4**

$$0 \xrightarrow{0} \Bbbk^1 \xrightarrow{\partial_2} \Bbbk^7 \xrightarrow{\partial_1} \Bbbk^7 \xrightarrow{\partial_0=0} 0$$

が引き起こされる．我々は写像 ∂_2 および ∂_1 を計算する必要がある．まず $\partial_2 : \Bbbk^1 \longrightarrow \Bbbk^7$ であるので，これは 7×1 行列により実現される．∂_2 の定義より，$\partial_2(v_{245}) = v_{45} + v_{25} + v_{24}$ であることがわかる．したがって，

$$\partial_2 = \begin{array}{c} \\ v_{12} \\ v_{13} \\ v_{24} \\ v_{34} \\ v_{25} \\ v_{45} \\ v_{56} \end{array} \begin{array}{c} v_{245} \\ \left(\begin{array}{c} 0 \\ 0 \\ 1 \\ 0 \\ 1 \\ 1 \\ 0 \end{array}\right) \end{array}$$

である．

次に $\partial_1 : \Bbbk^7 \longrightarrow \Bbbk^7$ であるので，これは 7×7 行列である．

$$\partial_1(v_{12}) = v_2 + v_1,$$

$$\partial_1(v_{13}) = v_3 + v_1,$$

$$\partial_1(v_{24}) = v_4 + v_2,$$

$$\partial_1(v_{34}) = v_4 + v_3,$$

$$\partial_1(v_{25}) = v_5 + v_2,$$

$$\partial_1(v_{45}) = v_5 + v_4,$$

$$\partial_1(v_{56}) = v_6 + v_5$$

である．それゆえ，

$$\partial_1 = \begin{array}{c} \\ v_1 \\ v_2 \\ v_3 \\ v_4 \\ v_5 \\ v_6 \\ v_7 \end{array} \begin{array}{c} \begin{array}{ccccccc} v_{12} & v_{13} & v_{24} & v_{34} & v_{25} & v_{45} & v_{56} \end{array} \\ \begin{pmatrix} 1 & 1 & 0 & 0 & 0 & 0 & 0 \\ 1 & 0 & 1 & 0 & 1 & 0 & 0 \\ 0 & 1 & 0 & 1 & 0 & 0 & 0 \\ 0 & 0 & 1 & 1 & 0 & 1 & 0 \\ 0 & 0 & 0 & 0 & 1 & 1 & 1 \\ 0 & 0 & 0 & 0 & 0 & 0 & 1 \\ 0 & 0 & 0 & 0 & 0 & 0 & 0 \end{pmatrix} \end{array}$$

である．

さて，∂_2 は零でない列ベクトルであるので，$\mathrm{rank}\,(\partial_2) = 1$ である．定理 3.5 より，$\mathrm{null}\,(\partial_2) = 1 - 1 = 0$ である，さらに，∂_1 は行基本変形により 5 つの零でない行に簡約化されるので，定理 3.6 により $\mathrm{rank}\,(\partial_1) = 5$ となる．再び定理 3.5 を用いると，$\mathrm{null}\,(\partial_1) = 7 - 5 = 2$ であることがわかる．最後に $\mathrm{null}\,(\partial_0) = 7$, $\mathrm{rank}\,(\partial_0) = 0$ である．これらの情報を組合せ，上のホモロジーの定義を用いると，

$$\begin{aligned} H_2(K) &= \Bbbk^0 = 0, \\ H_1(K) &= \Bbbk^{2-1} = \Bbbk^1, \\ H_0(K) &= \Bbbk^{7-5} = \Bbbk^2 \end{aligned}$$

であることがわかる．K のベッチ数は，したがって，$b_2(K) = 0$, $b_1(K) = 1$, $b_0(K) = 2$ で与えられる．上で述べたように b_0 は連結成分の個数を数えており，頂点 v_7 は他のどの頂点ともつながっていないので，$b_0(K) = 2$ は妥当である．

問題 3.21 $K = S^2$ としよう．K のベッチ数を計算せよ．

問題 3.22 $\partial_i : V_i \longrightarrow V_{i-1}$, $i = 1, 2, \ldots$ をベクトル空間と線形変換の集まりとしよう．$\mathrm{Im}\,(\partial_{i+1}) \subseteq \ker\,(\partial_i)$ であることと $\partial_i \circ \partial_{i+1} = 0$ であることは同値であることを証明せよ．

ベッチ数とオイラー標数の間には非常にきれいな関係がある．

定理 3.23 K を次元が n の単体複体とする．このとき $\chi(K) = \displaystyle\sum_{i=0}^{n}(-1)^i b_i$.

証明

$$
\begin{aligned}
\chi(K) &= \sum_{i=0}^{n}(-1)^i c_i \\
&= \sum_{i=0}^{n}(-1)^i[\operatorname{rank}(\partial_i) + \operatorname{null}(\partial_i)] \\
&= \operatorname{rank}(\partial_0) + \operatorname{null}(\partial_0) - \operatorname{rank}(\partial_1) - \operatorname{null}(\partial_1) + \cdots \\
&\qquad + (-1)^n \operatorname{rank}(\partial_n) + (-1)^n \operatorname{null}(\partial_n) \\
&= 0 + b_0 - b_1 + \cdots + (-1)^{n-1} b_{n-1} + (-1)^n b_n \\
&= \sum_{i=0}^{n}(-1)^i b_i
\end{aligned}
$$

となることがわかる．ここで，2番目の等式は「階数・退化次数定理」により正当化される． ∎

問題 3.24　D を例 1.22 のとんがり帽子とする．すべての整数 $i \geq 0$ に対して $b_i(D)$ を計算せよ．

3.3　縮約の下での不変性

我々は命題 1.42 において，もし2つの単体複体が同じ単純ホモトピー型をもつならば，それらのオイラー標数は等しいことを見た．同様に，単体複体のベッチ数もまた拡張と縮約の下で不変である．次の命題がこの節の主結果である：

命題 3.25　K を n 次元の単体複体としよう．$K \searrow K'$ を基本縮約（したがって，$K' \nearrow K$ である）とする．このとき，すべての $d = 0, 1, 2, \ldots$ に対して $b_d(K) = b_d(K')$ である．

命題 3.25 を証明する前に線形代数の用語をもう一つと補題が必要である．

定義 3.26　U および U' をベクトル空間 V の部分空間とする．ベクトル空間の**和** $U + U' := \{u + u' : u \in U,\ u' \in U'\}$ により定義する．さらに，もし $V = U + U'$ であって，なおかつ $U \cap U' = \{\overrightarrow{0}\}$ であるならば，V は U と U' の**直和**であると言い，$V = U \bigoplus U'$ と書く．$T : U \longrightarrow V$ と $T' : U' \longrightarrow V'$ に対して，$T \bigoplus T' : U \bigoplus U' \longrightarrow V \bigoplus V'$ を，$(T \bigoplus T')(u + u') := T(u) + T'(u')$ により定義する．

線形代数の事実をもう一つ用意しておく．その証明は省略しよう．

命題 3.27 $T : U \longrightarrow V$, $T' : U' \longrightarrow V'$ としよう．このとき，$\mathrm{null}\,(T \bigoplus T') = \mathrm{null}\,(T) + \mathrm{null}\,(T')$ かつ $\mathrm{rank}\,(T \bigoplus T') = \mathrm{rank}\,(T) + \mathrm{rank}\,(T')$ である．

定義 3.28 鎖複体 $(\Bbbk_*, \partial_*)$ が与えられたとき，鎖複体 $(\Bbbk'_*, \partial_*)$ が**部分複体**であるとは，すべての $n \geq 1$ に対して，$\Bbbk'_n$ が $\Bbbk_n$ の部分ベクトル空間であり，さらに $\partial_n(\Bbbk'_n) \subseteq \Bbbk'_{n-1}$ が成り立つときに言う．

鎖複体 $(\Bbbk_*, \partial_*)$ は，すべての i に対して $\Bbbk_i = \Bbbk'_i \oplus \Bbbk''_i$ が成り立つならば，鎖複体 $(\Bbbk'_*, \partial_*)$ と $(\Bbbk''_*, \partial_*)$ に**分裂する**という．

補題 3.29 鎖複体 $(\Bbbk_*, \partial_*)$ が $(\Bbbk'_*, \partial_*)$ と $(\Bbbk''_*, \partial_*)$ に分裂するとせよ．このとき，$b_i(\Bbbk_*) = b_i(\Bbbk'_*) + b_i(\Bbbk''_*)$ である．

問題 3.30 補題 3.29 を証明せよ．

これで命題 3.25 を証明する準備が整った．

命題 3.25 の証明 K を単体複体とし，$\{\tau^{(d-1)}, \sigma^{(d)}\}$ を K の自由対とせよ．$K \searrow K' := K - \{\tau, \sigma\}$ と書こう．K および K' に対する鎖複体をそれぞれ $(\Bbbk_*, \partial_*)$ および $(\Bbbk'_*, \partial'_*)$ で表そう．新しい鎖複体 $(\Bbbk''_*, \partial''_*)$ を，$\Bbbk''_d$ は σ により生成されるベクトル空間，$\Bbbk''_{d-1}$ は $\partial_d(\sigma)$ により生成されるベクトル空間，他のベクトル空間はすべて 0 ベクトル空間であるものとして定義する．さらに $\partial''_d(\sigma) := \partial_d(\sigma)$ と定義し，他のすべての境界作用素は 0 であるとする．我々の主張は $(\Bbbk_*, \partial_*) = (\Bbbk'_* \oplus \Bbbk''_*, \partial'_* \oplus \partial''_*)$ である．もしこの主張が正しいならば，すべての i に対して $b_i(\Bbbk''_*) = 0$ であることから，補題 3.29 により結果が従う．さて，明らかに $i \neq d-1$ に対して，$\Bbbk_i = \Bbbk'_i \oplus \Bbbk''_i$ である．よって $\Bbbk_{d-1} = \Bbbk'_{d-1} \oplus \Bbbk''_{d-1}$ を示すことが残されている．$\alpha \in \Bbbk_{d-1}$ を基底の要素としよう．もし $\alpha \in \Bbbk'_{d-1}$ であるならば何も証明することはない．そうでないとすると，$\alpha = \tau$ である．$\tau = v_0 \cdots \hat{v}_j \cdots v_d$ と書こう．$\tau = \left(\sum_{i \neq j} v_0 \cdots \hat{v}_i \cdots v_d\right) + \partial_d(\sigma) \in \Bbbk'_{d-1} + \langle \partial_d(\sigma) \rangle$ であることがわかる．ただし，$\langle \partial_d(\sigma) \rangle$ は $\partial_d(\sigma)$ により生成されるベクトル空間である．したがって，$\Bbbk_{d-1} \subseteq \Bbbk'_{d-1} + \langle \partial_d(\sigma) \rangle$ である．明らかに逆向きの包含関係が成り立つ．最後に，$\tau \notin \Bbbk'_{d-1}$ であるので，$\Bbbk'_{d-1} \cap \langle \partial_d(\sigma) \rangle = \{0\}$ であり，結果が従う． ∎

系 3.31 $K \sim L$ であるとせよ．このとき，すべての $i \geq 0$ に対して $b_i(K) = b_i(L)$ である．

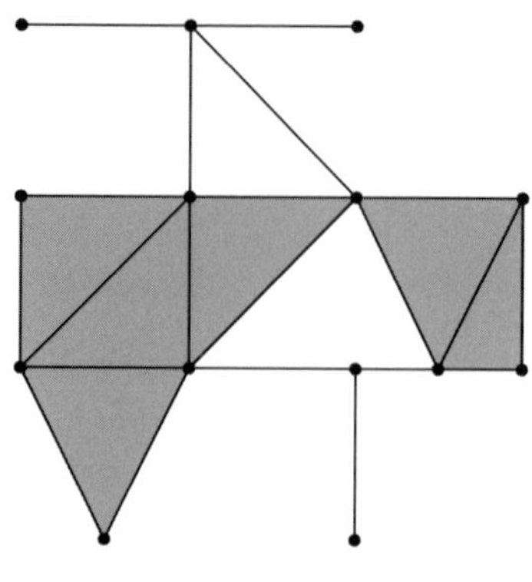

図 3.5

問題 3.32　系 3.31 を証明せよ．さらに，もし K が縮約可能であるならば，すべての $i \geq 1$ に対して $b_i(K) = 0$ かつ $b_0(K) = 1$ であることを証明せよ．

問題 3.33　図 3.5 の単体複体のベッチ数を計算せよ．［ヒント：これを行うには簡単なやり方と煩雑なやり方がある．］

問題 3.34　問題 1.46 において，その時点では答えられなかった問題を片付けよ．すなわち $S^1 \not\simeq S^3$ であることを示せ．

注意 3.35　問題 3.34 で取り組んでもらったことからわかるように，系 3.31 は，異なる単純ホモトピー型をもつ単体複体を区別するための "理論的な" うまい方法である．しかしながら，実際には，計算を手で実行することはきわめて面倒であり，不可能でさえある．複体の単体の数が増えれば増えるほど，そのベッチ数の計算は困難になるのである．我々は 8.4 節において，ある特定の場合にベッチ数を容易に計算する方法を見出し，さらに 8.5 節において，これらの計算を実行しよう．また，9.2 節ではこれらの計算を実行するアルゴリズムも与えよう．

この章を終える前にベッチ数に関する結果をもう一つ証明しておこう．p-単体が一つ付け加わると，b_p が 1 だけ増えるか，もしくは b_{p-1} が 1 だけ減るかのいずれかである（両方が同時に起こることはない）．他のすべてのベッチ数は影響を受けない．この補題は第 4 章および第 5 章において使われるであろう．

補題 3.36　K を単体複体とし，$\sigma^{(p)} \in K$ を K の p 次元ファセットとする．ただし $p \geq 1$ とする．$K' := K - \{\sigma\}$ を単体複体とするとき，次のうちの一つが成り立つ：

(a) $b_p(K) = b_p(K') + 1$ かつ $b_{p-1}(K) = b_{p-1}(K')$;
(b) $b_{p-1}(K) + 1 = b_{p-1}(K')$ かつ $b_p(K) = b_p(K')$.

さらに，すべての $i \neq p, p-1$ に対して $b_i(K) = b_i(K')$ である．

証明 $(\Bbbk_*, \partial_*)$ および $(\Bbbk'_*, \partial'_*)$ をそれぞれ K および K' に付随する鎖複体としよう．σ はファセットであるので，すべての $i \neq p$ に対して，$\partial_i = \partial'_i$ であることが従う．それゆえ $b_p = \mathrm{null}\,(\partial_p) - \mathrm{rank}\,(\partial_{p+1})$ および $b_{p-1} = \mathrm{null}\,(\partial_{p-1}) - \mathrm{rank}\,(\partial_p)$ の他は，すべての i に対して $b_i(K) = b_i(K')$ である．$\sigma \in \ker(\partial_p)$ である場合と $\sigma \notin \ker(\partial_p)$ である場合を考えよう．

$\sigma \in \ker(\partial_p)$ であるとせよ．このとき，$\mathrm{Im}\,(\partial_p) = \mathrm{Im}\,(\partial'_p)$ であるゆえ，$\mathrm{rank}\,(\partial_p) = \mathrm{rank}\,(\partial'_p)$ である．$\sigma \notin \Bbbk'_*$ であるので，明らかに $\sigma \notin \ker(\partial'_p)$ であり，したがって，$\mathrm{null}\,(\partial_p) = 1 + \mathrm{null}\,(\partial'_p)$ である；それゆえ，

$$\begin{aligned} b_p(K) &= \mathrm{null}\,(\partial_p) - \mathrm{rank}\,(\partial_{p+1}) \\ &= 1 + \mathrm{null}\,(\partial'_p) - \mathrm{rank}\,(\partial_{p+1}) \\ &= 1 + b_p(K') \end{aligned}$$

であり，$b_{p-1}(K) = \mathrm{null}\,(\partial_{p-1}) - \mathrm{rank}\,(\partial_p) = \mathrm{null}\,(\partial'_{p-1}) - \mathrm{rank}\,(\partial'_p) = b_{p-1}(K')$ である．

次に，$\sigma \notin \ker(\partial_p)$ であるとしよう．したがって，$0 \neq \partial_p(\sigma) \in \mathrm{Im}\,(\partial_p)$ である．このとき，$\ker(\partial_p) = \ker(\partial'_p)$ であるから，$b_p(K) = \mathrm{null}\,(\partial_p) - \mathrm{rank}\,(\partial_{p+1}) = \mathrm{null}\,(\partial'_p) - \mathrm{rank}\,(\partial'_{p+1}) = b_p(K')$ である．さらに，$\partial_p(\sigma)$ は $\mathrm{Im}\,(\partial_p)$ の非自明な元であり，なおかつ σ は基底の要素であるので，$\mathrm{rank}\,(\partial_p) = \mathrm{rank}\,(\partial'_p) + 1$ である．それゆえ $b_{p-1}(K) = \mathrm{null}\,(\partial_{p-1}) - \mathrm{rank}\,(\partial_p) = \mathrm{null}\,(\partial'_{p-1}) - \mathrm{rank}\,(\partial'_p) - 1 = b_{p-1}(K') - 1$ である．∎

問題 3.37 上の補題と $b_i(\Delta^{n+1})$ についてわかっていることを用いて，各 i について $b_i(S^n)$ を計算せよ．$n \neq m$ ならば，S^n と S^m は同じ単純ホモトピー型をもたないことを結論づけよ．

問題 3.38 $n \geq 0$ を整数とし，$\sigma^{(n)} \in S^n$ を任意の n 次元単体とする．すべての $i \geq 0$ に対して $b_i(S^n - \{\sigma\})$ を計算せよ．

第4章　離散モース理論の主定理

技術的な線形代数の道具立てが揃ったので，この章では，離散モース理論における2つの最も有用な結果を取り上げよう．これらは離散モースの不等式（定理 4.1 と 4.4）と縮約定理（定理 4.27）である．これら2つの結果に加えて，完全離散モース関数やレベル部分複体といった，いくつかの他の話題も議論される．

4.1　離散モースの不等式

既に示唆したように，単体複体のベッチ数と，同じ複体上の任意の離散モース関数の臨界単体の個数の間には強い関係がある．この関係は「弱離散モースの不等式」の中に見られ，いまや我々はそれを証明することができる．

定理 4.1（弱離散モースの不等式）　$f: K \longrightarrow \mathbb{R}$ を，$i = 0, 1, 2, \ldots, n := \dim(K)$ に対して，i 次元に m_i 個の臨界単体をもつ離散モース関数とする．このとき，

1. すべての $i = 0, 1, \ldots, n$ に対して $b_i \leq m_i$ である．
2. $\displaystyle\sum_{i=0}^{n} (-1)^i m_i = \chi(K)$.

証明　前半部分のみ証明しよう．後半部分は問題 4.2 である．補題 2.33 より，一般性を失うことなく，f がエクセレントであると仮定してもよい．そのことが m_i の値に影響を与えることはない．K の単体の個数 ℓ に関する（強い形の）帰納法により示そう．$\ell = 1$ のとき，1個の単体からなる単体複体は $K = *$ のみである．問題 3.32 により，$b_0(K) = 1$ かつ，すべての $i \geq 1$ に対して $b_i(K) = 0$ である．さらに問題 2.26 により，K 上の任意の離散モース関数に対して $m_0 \geq 1$ である．したがって，$\ell = 1$ の場合が示される．

帰納法の仮定により，整数 $\ell \geq 1$ が存在して，$1 \leq j \leq \ell$ 個の単体をもつ任意の単体複体に対して，その上の任意の離散モース関数が $b_i \leq m_i$ を満たすとする．K を $\ell + 1$ 個の単体からなる任意の単体複体とし，$f: K \longrightarrow \mathbb{R}$ をその上の（エクセレントな）離散モース関数としよう．さて，f の最大値 $\max\{f\}$ を考えよう．もしこれが

臨界値であり，対応する（唯一つの）臨界 p-単体を σ とするならば，$K' := K - \{\sigma\}$ および関数 $f' = f|_{K'} : K' \longrightarrow \mathbb{R}$ を考えよう．明らかに f' は離散モース関数であり，$m_p(K') + 1 = m_p(K)$ を満たす．さらに補題 3.36 より，この臨界単体 σ を取り除くと，$b_p(K) = b_p(K') + 1$ もしくは $b_{p-1}(K) + 1 = b_{p-1}(K')$ のいずれかが成り立ち，他のすべての値については $b_i(K) = b_i(K')$ が成り立つ．前者を仮定するとき，K' は $\ell - 1$ 個の単体をもつのであるから，帰納法の仮定により，それは $b_i(K') \leq m_i(K')$ を満たす．したがって，

$$b_p(K) - 1 = b_p(K') \leq m_p(K') = m_p(K) - 1$$

となって，求める結果が得られる．$b_{p-1}(K) + 1 = b_{p-1}(K')$ の場合も同様である．

そうでない場合，σ は臨界的ではなく，σ は正則単体であり，それゆえ自由対の一部である．自由対を取り除くことは基本縮約であり，系 3.31 より，その結果得られる複体は同じベッチ数をもつ．したがって，帰納法の仮定により，すべての i に対して $b_i(K) = b_i(K') \leq m_i(K') = m_i(K)$ である．∎

問題 4.2　定理 4.1 の後半を証明せよ．

4.1.1　強離散モースの不等式

“弱” 離散モースの不等式という名前が示唆しているように，強離散モースの不等式というものもある．残念ながら，それらを証明するためにはホモトピー論の定理がいくつか必要であり，それらは本書が扱う範囲を超えた専門知識を要する．

定理 4.3 では専門的な用語を用いて必要な結果を詳しく述べておこう．その後，それをどのように用いるか議論しよう．興味がある読者は，(i) の証明については [**65**, 系 3.5] を，(ii) の証明については [**137**, 系 4.24] を，(iii) の証明については [**116**, pp.28–30] を参照されたい．

定理 4.3　K を n 次元の単体複体とし，i 次元の単体の個数を c_i とする．$f : K \longrightarrow \mathbb{R}$ を離散モース関数とする．このとき，

(i) K はある CW 複体 X とホモトピー同値であり，X の p-胞体たちは f の臨界 p-単体の集合と 1 対 1 に対応する．

(ii) すべての $i = 0, 1, \ldots$ に対して $b_i(X) = b_i(K)$ である．

(iii) 各 $p = 0, 1, 2, \ldots, n$ に対して，

$$b_p - b_{p-1} + b_{p-2} - \cdots + (-1)^p b_0 \leq c_p - c_{p-1} + c_{p-2} - \cdots + (-1)^p c_0$$

が成り立つ．

c_i は K の i-単体の個数であり，m_i は f の臨界 i-単体の個数であることを思い出そう．定理 4.3 は，K を，そのベッチ数が変わらないように，異なる構造をもつもの（CW 複体と呼ばれる）に取り換えてもよいと言っているのである．CW 複体の基本事項については [**84, 113**] を見よ．この定理の帰結として，K 上の離散モース関数が与えられたとき，すべての i について $c_i = m_i$ と仮定してよい．もちろん，単体複体に限定するならば，このことは一般には不可能である．しかし，この定理のおかげで $c_i = m_i$ と仮定してよく，さらにこのことはベッチ数に影響しないのである．

定理 4.4（**強離散モースの不等式**）　$f : K \longrightarrow \mathbb{R}$ を離散モース関数とする．各 $p = 0, 1, \ldots, n$ に対して，

$$b_p - b_{p-1} + \cdots + (-1)^p b_0 \leq m_p - m_{p-1} + \cdots + (-1)^p m_0$$

が成り立つ．

証明　定理 4.3 より，f の臨界 p-単体たちと 1 対 1 に対応する p-胞体をもつ CW 複体 X が存在する．同定理により，

$$\begin{aligned}
&b_p(K) - b_{p-1}(K) + \cdots + (-1)^p b_0(K) \\
&\quad = b_p(X) - b_{p-1}(X) + \cdots + (-1)^p b_0(X) \\
&\quad \leq c_p - c_{p-1} + c_{p-2} - \cdots + (-1)^p c_0 \\
&\quad = m_p - m_{p-1} + m_{p-2} - \cdots + (-1)^p m_0
\end{aligned}$$

∎

問題 4.5　強離散モースの不等式（定理 4.4）を用いて，弱離散モースの不等式（定理 4.1）を証明せよ．

4.1.2　完全離散モース関数

定理 4.1 において，一体いつ等号が成り立つのかと問うことは道理である．K を n 次元単体複体とする．$f : K \longrightarrow \mathbb{R}$ を i 次元の臨界単体を m_i 個もつ離散モース関数とするならば，f の離散モースベクトルは $\overrightarrow{f} = (m_0, m_1, \ldots, m_n)$ により定義された．

定義 4.6　離散モースベクトルは $\overrightarrow{f} = (b_0, b_1, \ldots, b_n)$ であるとき，**完全**であると呼ばれる．

問題 4.7　$f : K \longrightarrow \mathbb{R}$ を完全離散モースベクトル $\overrightarrow{f}$ をもつ離散モース関数とす

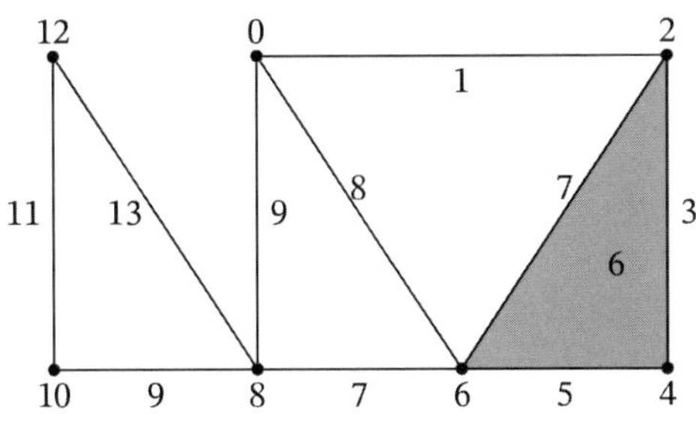

図 4.1

る．次を示せ．

(i) $\overrightarrow{f}$ は一意的である；
(ii) $\overrightarrow{f}$ は最適である．

例 4.8 例 2.88 において，離散モース関数 $g : K \longrightarrow \mathbb{R}$ を図 4.1 により定義した．その離散モースベクトルは $\overrightarrow{g} = (1, 3, 0)$ である．ホモロジーを用いて，この複体のベッチ数を計算すると，$b_0 = 1$, $b_1 = 3$, $b_2 = 0$ であることがわかる．それゆえ，問題 4.7 により，$\overrightarrow{g}$ は最適であるだけでなく一意的である．

問題 4.9 すべての n について，Δ^n および S^n 上に完全離散モース関数が存在することを証明せよ．

すべての単体複体は完全離散モース関数をもつだろうか？　次の結果はアヤラ他 [**13**] により示された．

命題 4.10 K を，$b_0(K) = 1$ かつ，すべての $i > 0$ について $b_i(K) = 0$ である単体複体とする．もし K が縮約不可能ならば，K は完全離散モース関数をもたない．

この結果の証明は 4.2.1 節まで後回しにしよう．それは簡単な系として示される．

例 4.11 D をとんがり帽子とする．問題 3.24 において，$b_0(D) = 1$ かつ，すべての $i > 0$ に対して $b_i(D) = 0$ であることが示されている．加えて，D は自由面をもたないので，明らかに縮約不可能である．命題 4.10 により D は完全離散モース関数をもたない．

もう一つの論文 [**14**] において，同じ著者たちは，完全離散モース関数をもたない高次元単体複体の例を見つけている．例 4.11 は，完全離散モース関数をもたない単体複体の存在を示すものであるが，多くの単体複体のクラスは完全離散モース関数を実際にもつのである．次の問題で，このことを特別な場合に示しておこう．

問題 4.12　K を n 個の孤立点からなる単体複体，すなわち $K := \{v_0, v_1, \ldots, v_{n-1}\}$ としよう．

(i) K のベッチ数を計算せよ．
(ii) K 上のすべての離散モース関数は完全であることを証明せよ．

問題 4.13　G を1次元単体複体で，$b_0(G) = 1$ であるとする．

(i) b_1 本の辺が存在して，これらを G から取り除くと，残りのグラフが木になることを証明せよ．
(ii) 残りの木の上には完全離散モース関数が存在することを証明せよ．
(iii) G 上に完全離散モース関数が存在することを証明せよ．

これらの例に加えて，アディプラシトとベネデッティ [**3**] は，3次元単体複体のあるクラスは完全離散モース関数をもつことを示している．

4.1.3　最適な完全性に向けて

この節では，どのようにして与えられた離散モース関数を改良し，より良いもの，すなわち臨界単体がより少ないもの，したがって最適なもの，もしくは完全なもの（もし後者が存在するならば）を得ることができるか，という問題を取り上げる．方法の一つは**臨界単体のキャンセル**である．この方法では，与えられた勾配ベクトル場を，より大きいものに "拡張する" ことが許される．これを実行するため，一つの離散モース関数を他のものに "変形する" 方法を示そう．この節の考え方はフォーマン [**65**] に帰せられるものであり，[**150**, III.4] のやり方で示される．我々は9.1節のアルゴリズムにおいて，臨界単体をキャンセルする方法を利用するであろう．

定義 4.14　離散モース関数は，(σ, τ) が f の正則対であるならば常に $f(\sigma) = f(\tau)$ が成り立つとき，**平坦**であると言われる．

練習 4.15　すべての基本離散モース関数は平坦な離散モース関数であることを示せ．平坦な離散モース関数であって，基本的ではないものの例を与えよ．

次の命題によると，任意の離散モース関数を平坦なものに変形してもよく，その結果は元の関数とフォーマン同値であることがわかる．

命題 4.16　$f : K \longrightarrow \mathbb{R}$ を離散モース関数とし，V_f を誘導された勾配ベクトル場

とする．このとき，平坦な離散モース関数 $g : K \longrightarrow \mathbb{R}$ であって，f と g がフォーマン同値であるものが存在する．

証明 $f : K \longrightarrow \mathbb{R}$ を離散モース関数とし，f の**平坦化**を，

$$g(\sigma) := \begin{cases} f(\tau) & \text{ある } \tau \text{ に対して } (\sigma,\tau) \in V_f \text{ のとき,} \\ f(\sigma) & \text{そうでないとき} \end{cases}$$

により定義する．

任意の $\sigma \in K$ に対して $g(\sigma) \leq f(\sigma)$ である．c を f の臨界値としよう．このとき，$f(\tau) = c$ である p-単体 $\tau \in K$ であって，任意の $\sigma^{(p-1)} < \tau < \eta^{(p+1)}$ に対して，$f(\sigma) < f(\tau) < f(\eta)$ となるものが存在する．τ は臨界的であるので $g(\tau) = f(\tau)$ であり，したがって $g(\sigma) \leq f(\sigma) < f(\tau) = g(\tau)$ である．よって $g(\tau) < g(\eta)$ を示すことが残されている．もし η が V_f に属するベクトルの尾でないならば $g(\eta) = f(\eta)$ であり，それゆえ所期の結果を得る．したがって $\gamma^{(p+2)} > \eta$ であって，$f(\eta) \geq f(\gamma)$ であるものが存在すると仮定し，$f(\tau) \geq f(\gamma)$ であると仮定しよう．しかし，このとき問題 4.17 により τ は臨界的ではないが，これは矛盾である．f の正則な対は g に対しても正則な対であるので，明らかに f の臨界単体ではない任意の単体は g についても臨界的ではない．さらに，新たに正則な対がもたらされることはないので $V_f = V_g$ であり，したがって定理 2.53 により，f と g はフォーマン同値である． ■

問題 4.17 K を単体複体とし，単体 $\sigma^{(p)} < \tau^{(p+2)}$ であって，$f(\sigma) \geq f(\tau)$ であるものが存在すると仮定する．σ と τ の両者とも臨界的ではないことを証明せよ．

K 上の離散モース関数の族であって，与えられた平坦な離散モース関数を他のものに滑らかに変形できるものを定義することができる．一般に，ある対象を他のものに変形することは**ホモトピー**と呼ばれる．我々は 1.2 節において，変形の一つのヴァージョンを見た．そこでは一連の縮約と拡張により，一つの単体複体が他のものへ変形されている．一つの単体複体 K から出発して，中間にある単体複体たちの列を経由し，単体複体 L を得たのである．さて，我々はこの考え方を使い，それを平坦な離散モース関数へ拡張したい；すなわち，与えられた平坦な離散モース関数 f と g に対して，f から出発して一連の変形を行い，中間にある平坦な離散モース関数たちで，最後には g で終わるようなものを得たいわけである．

補題 4.18 $f, g : K \longrightarrow \mathbb{R}$ を平坦な離散モース関数とし，任意の $\sigma \in K$ と任意の $t \in [0,1]$ に対して，$h_t(\sigma) := (1-t)f(\sigma) + tg(\sigma)$ と定義する．このとき，任意の $t \in [0,1]$ に対して，h_t は K 上の離散モース関数である．さらに，各 $t \in (0,1)$ に対して，$V_{h_t} = V_f \cap V_g$ である．特に V_{h_t} たちはすべてフォーマン同値である．

関数 h_t はホモトピー論における標準的な構成であり，**直線ホモトピー**として知られている．

証明　一般性を失うことなく，$f, g : K \longrightarrow \mathbb{R}^{>0}$ と仮定してよい．h_t が離散モース関数であることは問題4.19で示される．$\sigma < \tau$ としよう．部分集合の包含関係を使って，任意の $t \in (0,1)$ に対して，$V_{h_t} = V_f \cap V_g$ であることを示そう．$(\sigma, \tau) \in V_{h_t}$ としよう．このとき $\sigma^{(p)} < \tau^{(p+1)}$ であり，h_t が平坦であるという事実を用いると，$h_t(\sigma) = h_t(\tau)$ である．常に $\sigma^{(p)} < \tau^{(p+1)}$ であるので，$f(\sigma) = f(\tau)$ かつ $g(\sigma) = g(\tau)$ を示すだけでよい．さて，$\sigma^{(p)} < \tau^{(p+1)}$ であるので，f と g が平坦であるという定義により，$f(\sigma) \not> f(\tau)$ かつ $g(\sigma) \not> g(\tau)$ である．それゆえ $f(\sigma) \leq f(\tau)$ かつ $g(\sigma) \leq g(\tau)$ である．そこで，$f(\sigma) < f(\tau)$ と $g(\sigma) < g(\tau)$ のうちの少なくとも一方が成り立つと仮定しよう．このとき $h_t(\sigma) = (1-t)f(\sigma) + tg(\sigma) < (1-t)f(\tau) + tg(\tau) = h_t(\tau)$ となって，これは矛盾である．したがって $f(\sigma) = f(\tau)$ かつ $g(\sigma) = g(\tau)$ であり，ゆえに $(\sigma, \tau) \in V_f, V_g$ である．

次に，$(\sigma, \tau) \in V_f \cap V_g$ ならば $(\sigma, \tau) \in V_{h_t}$ であることを示そう．$(\sigma, \tau) \in V_f \cap V_g$ であり，なおかつ f と g は平坦であるので，$f(\sigma) = f(\tau)$ かつ $g(\sigma) = g(\tau)$ である；それゆえ $h_t(\sigma) = (1-t)f(\sigma) + tg(\sigma) = (1-t)f(\tau) + tg(\tau) = h_t(\tau)$ が容易に従う．以上から $V_{h_t} = V_f \cap V_g$ かつすべての V_{h_t} がフォーマン同値であることが結論される．■

問題 4.19　補題4.18において定義された関数 h_t が離散モース関数であることを証明せよ．

例 4.20　補題4.18を説明するため，メビウスの帯 $\mathcal{M}$ 上の2つのまったく異なる離散モース関数の間のホモトピーを見つけよう．離散モース関数 f および誘導される勾配ベクトル場は図4.2に示されているものとする．g およびその勾配ベクトル場は図4.3で与えられるものとしよう．補題4.18にあるように，任意の $t \in (0,1)$ に対する単体 σ の値は $(1-t)f(\sigma) + tg(\sigma)$ により与えられる．$\mathcal{M}$ にこれらのラベルが与えられたとき，その結果得られる勾配ベクトル場は図4.4となり，それはちょうど $V_f \cap V_g$ であることが確認できる．

K 上の勾配ベクトル場 V が与えられたとき，V-道 γ とは，V における単体の列 $\alpha_0^{(p)}, \beta_0^{(p+1)}, \alpha_1^{(p)}, \beta_1^{(p+1)}, \alpha_2^{(p)}, \ldots, \beta_k^{(p+1)}, \alpha_{k+1}^{(p)}$ であって，$0 \leq i \leq k$ に対して，$(\alpha_i^{(p)}, \beta_i^{(p+1)}) \in V$ であり，なおかつ $\beta_i^{(p+1)} > \alpha_{i+1}^{(p)} \neq \alpha_i^{(p)}$ となるものであったことを思い出そう．さらに，勾配ベクトル場 V をある離散モース関数 f から誘導されたもの，もしくは，抽象的には閉 V-道をもたない離散モースベクトル場（定理2.51）と思ってよいのであった．

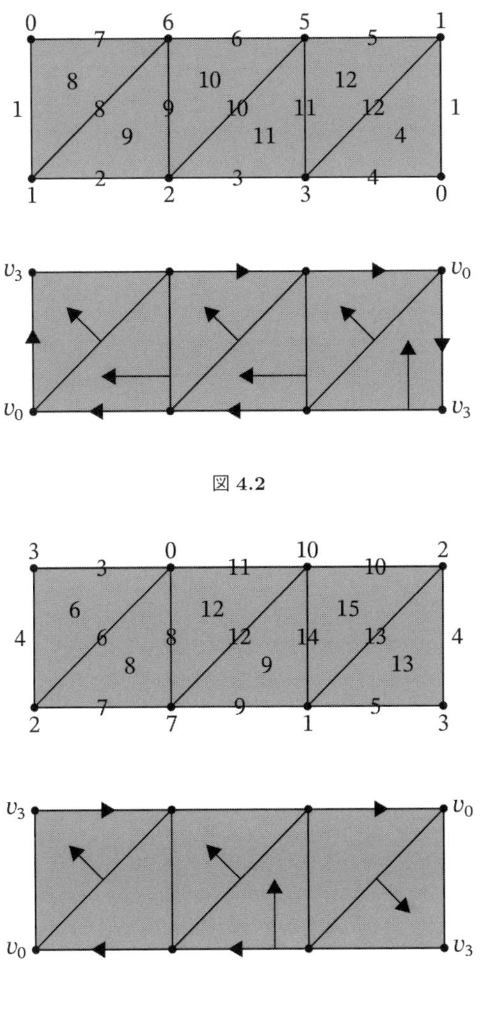

図 **4.2**

図 **4.3**

例 4.21 例 4.20 で取り上げた勾配ベクトル場 $V_f \cap V_g$ をもう一度考えよう．ここで，σ と τ は図 4.5 でラベル付けされたものである．さて，σ と τ はともに臨界的であり，さらに，それらの間には道

$$\tau, v_0v_1, v_0v_1v_3, \sigma$$

がある．図 4.6 のように，この道を延長し，道の矢印を逆にすることによって，これら臨界単体を同時に除去することができる．

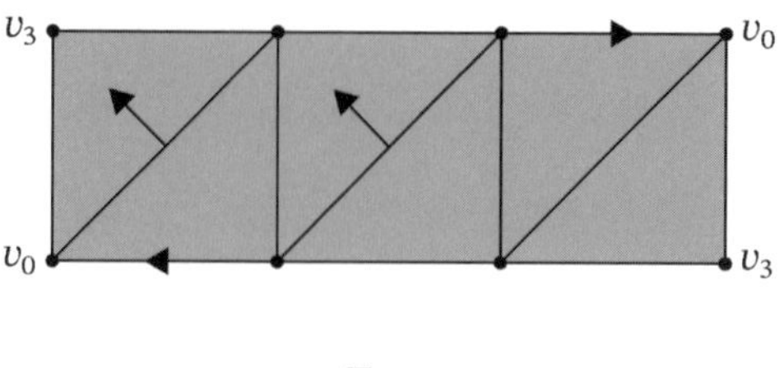

図 4.4

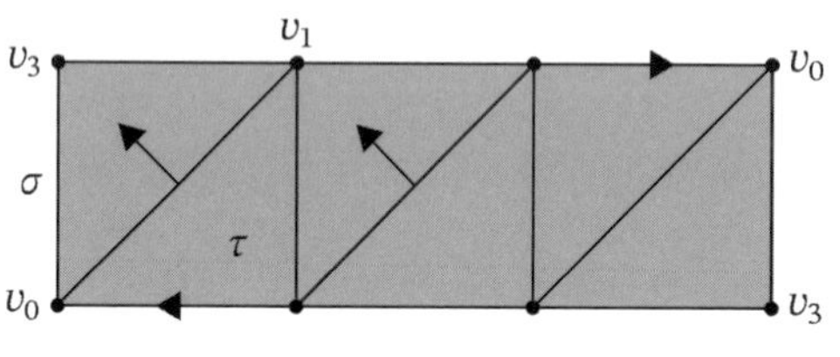

図 4.5

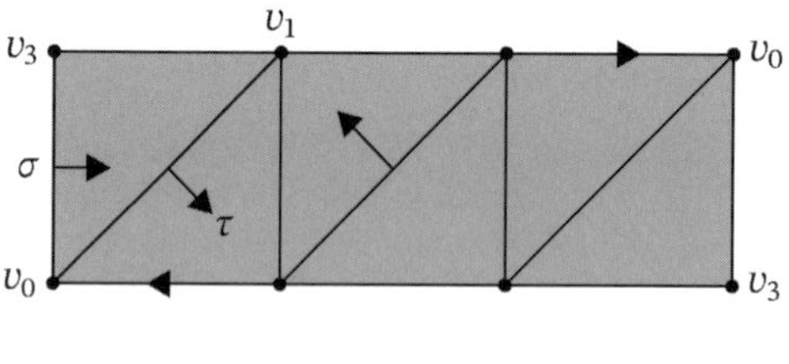

図 4.6

一般に，正しい設定の下で，道の矢印を逆にすることは常に可能であり，その結果，2つの臨界単体を非臨界単体に変えることができる．この主張の正確な意味は下の命題 4.22 で与えられる．

命題 4.22（**臨界単体のキャンセル**）　V を K 上の勾配ベクトル場とし，2つの臨界単体 $\sigma^{(p)} = \sigma$ と $\tau^{(p+1)} = \tau$ であって，ただ一つの V-道

$$\gamma := \{(\gamma_0^{(p)}, \tau_0^{(p+1)}), (\gamma_1^{(p)}, \tau_1^{(p+1)}), \ldots, (\gamma_{n-1}^{(p)}, \tau_{n-1}^{(p+1)}), \gamma_n = \sigma\},$$

（ただし $\gamma_0^{(p)} < \tau$）が存在するという性質をもつものと仮定する．$\overline{V}$ を次の3つの性質を満たすものとして定義する：

(a) $\overline{V} - \gamma = V - \gamma$;

(b) $(\gamma_0,\tau)\in\overline{V}$;
(c) $i=0,\ldots,n-1$ に対して $(\gamma_{i+1},\tau_i)\in\overline{V}$.

このとき，$\overline{V}$ は勾配ベクトル場である．さらに σ から γ_0 への $\overline{V}$-道はただ一つ存在する．

証明 （以下では $(\sigma,\tau)\in V$ であるとき，$\tau=V(\sigma)$ とも書くことにする（定義 8.1 を見よ).）初めに，$\overline{V}$ の作り方より，V の臨界単体は τ と σ を除いて $\overline{V}$ の臨界単体とちょうど同じである．$\overline{V}$ が離散ベクトル場であることは明らかである．定理 2.51 により，$\overline{V}$ がいかなる閉 $\overline{V}$-道も含まないことを示すことが残されている．(a) により，$\overline{V}$ と V は γ 上でのみ異なっているだけなので，$\overline{V}$ は $\overline{V}-\gamma$ 上では閉 $\overline{V}$-道を含まない（そうでないとすると閉 V-道が存在することになる)．それゆえ，もし $\overline{V}$ が閉道をもつならば，それは

$$\gamma_i,\overline{V}(\gamma_i),\delta_0,\overline{V}(\delta_0),\ldots,\delta_r,\overline{V}(\delta_r),\gamma_j$$

（ただし，$(\delta_k,\overline{V}(\delta_k))\notin\gamma$ $(0\le k\le r)$ である）という部分を含まなければならない．$(\gamma_{i-1},\tau_{i-1})\in V$ かつ $(\gamma_i,\tau_{i-1})\in\overline{V}$ であるので，

$$\gamma_0,\tau_0,\ldots,\gamma_{i-1},\tau_{i-1},\delta_0,V(\delta_0),\ldots,\delta_r,V(\delta_r),\gamma_j,\tau_j,\ldots,\gamma_{n-1},\tau_{n-1},\gamma_n=\sigma$$

は τ から σ への V-道になるが，それは γ の一意性に矛盾する．

道 $\sigma=\gamma_n,\tau_{n-1},\ldots,\gamma_0$ が σ と γ_0 の間のただ一つの $\overline{V}$-道であることを見るために，そのような $\overline{V}$-道がもう一つあると仮定しよう．このとき，上と同じく，それは

$$\gamma_i,\overline{V}(\gamma_i),\epsilon_0,\overline{V}(\epsilon_0),\ldots,\epsilon_\ell,\overline{V}(\epsilon_\ell),\gamma_j,$$

（ただし，$(\epsilon_i,\overline{V}(\epsilon_i))\notin\gamma$ $(0\le i\le\ell)$ かつ $i>j$）という形の部分を含まなければならない（そうでないとすると閉 $\overline{V}$-道が存在することになる)．しかし，そうすると，

$$\epsilon_0,V(\epsilon_0),\ldots,\epsilon_\ell,V(\epsilon_\ell),\gamma_j,\tau_j,\gamma_{j+1},\tau_{j+1},\ldots,\gamma_{i-1},\tau_{i-1},\epsilon_0$$

が閉 V-道となり，これは矛盾である．それゆえ σ と γ_0 の間の $\overline{V}$-道は一意的である． ∎

命題 4.22 の方法は**臨界単体のキャンセル**として知られているものであり，その見かけよりはずっと容易に理解できるものである．キャンセルがいつ可能であるかを見つける基準は，臨界単体の間の一意的な V-道の存在である．このとき V-道における矢印の向きを単純に逆向きにし，もう一つ矢印を付け加えよう．はい，ご覧あれ——臨界単体が 2 つ少ないものができあがる！ 問題 4.23 で示されるように，V-道が一

意的であることが必要であることを覚えておこう.

問題 4.23　2 つの臨界単体の間に 2 つ以上の V-道があるならば，なぜそれらをキャンセルすることができないのだろうか？　例を一つ与えよ.

4.2 縮約定理

もう一つ，基本的な結果であって，多くの応用をもつものが縮約定理である．第 2 章の初めに，単体複体上の矢印の集まりがいかにして縮約の列を言い換えたものと思えるかについて見た．時には一連の縮約の後に行き詰ってしまい，縮約を続ける前に単体を一つ "切り取ら" なければならないこともあるだろう．離散モース関数が与えられたとき，縮約定理は，いつこれらの縮約を行うことができるか，いつ "行き詰るか" を教えてくれるのである．この定理を述べ，証明する前に，レベル部分複体というものを導入しよう．レベル部分複体により，縮約定理を正確にするための言葉が与えられ，それに加えて，5.1.1 節において離散モース関数の同値についての新しい概念が定義できるのである.

4.2.1 レベル部分複体

$f : K \longrightarrow \mathbb{R}$ を離散モース関数とする．任意の $c \in \mathbb{R}$ に対して，**レベル部分複体** $K(c)$ とは，$f(\tau) \leq c$ であるすべての単体と，その面たちからなる K の部分複体である；

$$K(c) = \bigcup_{f(\tau)\leq c} \bigcup_{\sigma\leq\tau} \sigma.$$

通常，我々は次の例が示すように，離散モース関数の臨界値から誘導されたレベル部分複体の研究に関心がある.

例 4.24　K を図 4.7 で与えられる単体複体と離散モース関数としよう．我々は臨界値から誘導されるレベル部分複体に関心がある．臨界値を増大する順に並べたものは，容易にわかるように $0, 2, 3, 5, 6, 7, 10, 11$ である．これらの臨界値のそれぞれがレベル部分複体を誘導する．それらを各段階ごとに K を構成するものと思う．レベル部分複体 $K(0)$ とは 0，もしくはそれ以下でラベル付けされたものの全体である．すなわち頂点一つである（図 4.8(i)）．レベル部分複体 $K(2)$ は，2 つの孤立した頂点のみからなるものであるので，ほとんどつまらないものである（図 4.8(ii)）．図 4.8(iii) はレベル部分複体 $K(3)$ である．さて，$K(5)$ は図 4.8(iv) である．$K(6)$ は図

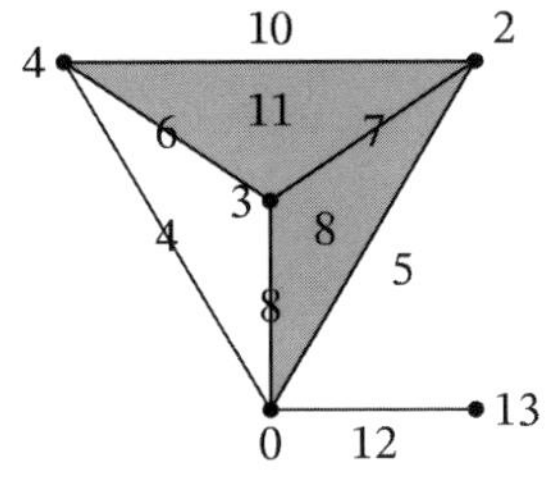

図 4.7

4.8(v) である．レベル部分複体 $K(7)$ になると，サイクルが一つできる（図 4.8(vi)）．2-単体が $K(10)$ に現れることがわかる（図 4.8(vii)）．最後は $K(11)$ である（図 4.8 (viii)）．

次の補題によると，与えられた離散モース関数 f に対して，それを少し動かし，いくつかの指定されたレベル部分複体を変えることなく，1-1 にできるのである．

補題 4.25 $f : K \longrightarrow \mathbb{R}$ を離散モース関数とし，$[a,b] \subseteq \mathbb{R}$ は臨界値を含まない区間とする．このとき，離散モース関数 $f' : K \longrightarrow \mathbb{R}$ であって，次の性質を満たすものが存在する：

(i) f' は，その値が $[a,b]$ に含まれる範囲では 1-1 である．
(ii) f' は $[a,b]$ に臨界値をもたない．
(iii) $K_f(b) = K_{f'}(b)$ であり，$K_f(a) = K_{f'}(a)$ である．
(iv) $[a,b]$ の外では $f = f'$ である．

問題 4.26 補題 4.25 を証明せよ．

次の定理においては，レベル部分複体の間に（位相的に言えば）“面白いことは何もない” ことがわかる．言い換えると，臨界値（正則値，もしくは離散モース関数の値域に属さない値とは対照的に）によって誘導されたレベル部分複体を考察することのみ意味があることなのである．

定理 4.27（縮約定理） $f : K \longrightarrow \mathbb{R}$ を離散モース関数とし，$[a,b] \subseteq \mathbb{R}$ を臨界値を含まない区間とする．このとき $K(b) \searrow K(a)$.

証明 補題 4.25 を適用すると，記号の乱用ではあるが同じ記号を用いて，f は 1-1 であると仮定してよい．もし任意の $\sigma \in K$ に対して，$f(\sigma) \notin [a,b]$ であるならば $K(a) = K(b)$ であるから，何も示すことはない．そうでないとすると，f の像は

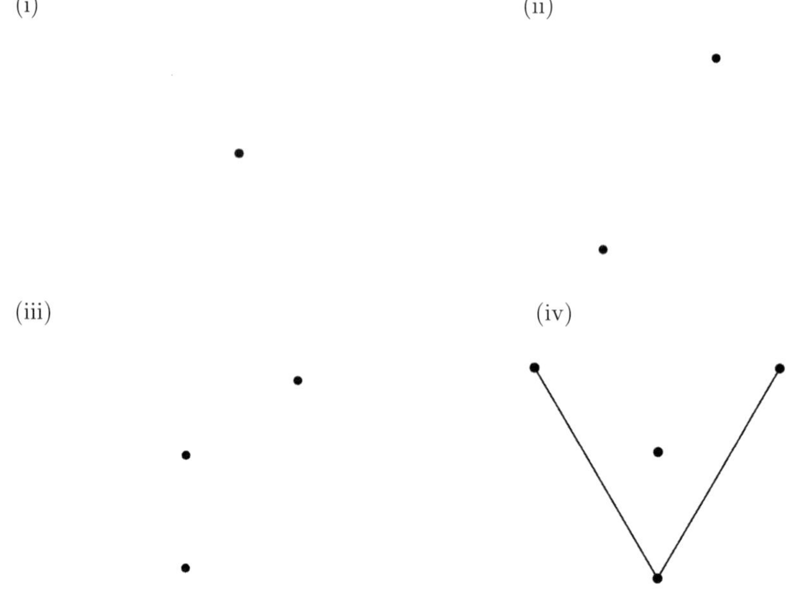

図 4.8

離散的であり，1-1 であると仮定されているので，$[a,b]$ を部分区間に分け，各区間がちょうど一つの正則値を含むようにする．再び，記号の乱用であるが，単体 σ を $f(\sigma)$ が $[a,b]$ における f のただ一つの正則値であるものと仮定しよう．補題 2.24 により，次のうちのちょうど一つが成り立つ：

- $f(\tau) \le f(\sigma)$ となるような $\tau^{(p+1)} > \sigma$ が存在する．
- $f(\nu) \ge f(\sigma)$ となるような $\nu^{(p-1)} < \sigma$ が存在する．

後者の場合，$f(\nu) \ge f(\sigma)$ となるような $\nu^{(p-1)} < \sigma$ が存在する．このとき $\{\nu,\sigma\}$ は $K(b)$ における自由対である．もしそうでないと仮定すると，もう一つ余面 $\tilde{\sigma}^{(p)} > \nu$ であって，$\tilde{\sigma} \in K(b)$ であるものが存在する．$f(\nu) \ge f(\sigma)$ であり，かつ f は離散モース関数であるので，$f(\nu) < f(\tilde{\sigma})$ となる．$\tilde{\sigma} \in K(b)$ の定義により，$f(\tilde{\sigma}) \le b$，もしくは $\alpha > \tilde{\sigma}$ であって，$f(\alpha) \le b$ であるものが存在する．もし $f(\tilde{\sigma}) \le b$ であるならば，$a \le f(\sigma) \le f(\nu) < f(\tilde{\sigma}) \le b$ である．仮定により，$f(\tilde{\sigma})$ は臨界値になり得ないので，$f(\tilde{\sigma})$ は正則値でなければならず，これは $f(\sigma)$ が $[a,b]$ におけるただ一つの正則値であるという仮定に反する．同じ議論により，そのような α はまた $[a,b]$ にお

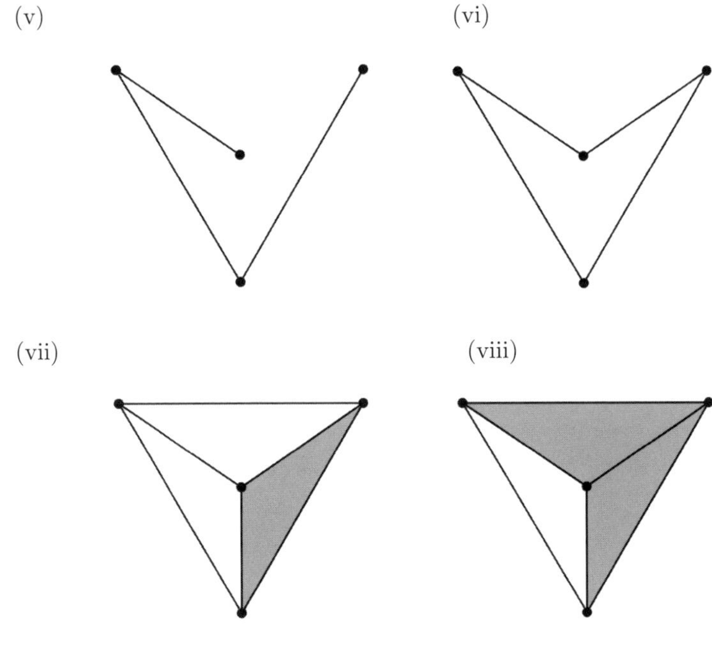

図 4.8 つづき

ける新たな正則値を生み出すことになる．したがって $\{\nu, \sigma\}$ は $K(b)$ における自由対であり，ゆえに $K(b) \searrow K(b) - \{\nu, \sigma\}$ は基本縮約である．このことを部分区間ごとに行うと $K(b) \searrow K(a)$ であることがわかる．前者の場合も同様である． ■

問題 4.28 $f : K \longrightarrow \mathbb{R}$ をちょうど一つだけ臨界単体をもつ離散モース関数とする．K は縮約可能であることを証明せよ．（これは問題 2.34 の逆であることに注意せよ．）

ようやく命題 4.10 を証明することができる．それは完全離散モース関数をもたない単体複体が存在することを主張するものである．

命題 4.10 の証明 K が完全離散モースベクトル $\overrightarrow{f}$ をもつとすると，定義により，$\overrightarrow{f} = (1, 0, 0, \ldots, 0)$ である．K は縮約不可能であるので，問題 4.28 により，K 上の任意の離散モース関数は少なくとも 2 つの臨界単体をもつ．したがって K は完全離散モース関数をもち得ない． ■

定理 4.27 を，2.2.3 節にあるように，f が一般離散モース関数である場合に一般化することもできる．まず簡単な補題を述べ，これを証明しよう．

補題 4.29　すべての一般離散ベクトル場に対して，（標準的な）離散ベクトル場であって，すべての非特異かつ空でない区間を対たちに細分するものが存在する．

証明　$[\alpha, \beta]$ を非特異かつ空でない区間としよう．このとき，$\alpha < \beta$ である．それゆえ，頂点 $v \in \beta - \alpha$ を選び，すべての $\gamma \in [\alpha, \beta]$ に対して，$[\alpha, \beta]$ を対 $\{\gamma - \{v\}, \gamma \cup \{v\}\}$ たちに分割せよ．■

補題 4.29 の証明の中で使われている技法は，分割の**頂点細分**として知られている．これは単に，一般離散モースベクトル場の各区間を基本縮約たちへ分解するものなのである．

次の系は補題 4.29 と定理 4.27 から直ちに従うものである．

系 4.30（一般化された縮約定理）　K を単体複体とし，V を一般勾配ベクトル場，$K' \subseteq K$ を部分複体とする．もし $K - K'$ が V における非特異な区間たちの和集合であるならば $K \searrow K'$ である．

練習 4.31　一般に，補題 4.29 の頂点細分は必ずしも一意的ではないことを示す例を一つ挙げよ．

第5章　離散モース理論とパーシステントホモロジー

この章では，パーシステントホモロジーを導入する．それは強力な計算ツールであり，データ解析 [**133**] を含む豊富な応用をもっている [**40**, **44**, **141**, **149**]．パーシステントホモロジーは，そこに現れる考え方が既に [**73**] やモース自身の研究 [**125**] に見出せるが，元来はエーデルスブルナー，レッシャー，ゾモロディアン [**56**] により，2002 年に導入されたものである．

5.1 節では，その理論的な基礎付けを気にせず，パーシステントホモロジーを計算する．離散モース理論とパーシステントホモロジーの間の理論的な関係について，より深く掘り下げたい読者に向けて，5.2.4 節では U. バウアーの博士論文 [**24**] に従い，離散モース理論を用いてパーシステントホモロジーの理論的枠組みを展開する．

5.1　離散モース関数のパーシステンス

パーシステントホモロジーの計算の実行を始める前に，離散モース理論の同値性についての新しい概念を導入しよう．2.1 節では，離散モース関数の同値性について，誘導された勾配ベクトル場の観点から定義された，そのような概念の一つを見た．もう一つの同値性の概念は，誘導されるレベル部分複体に基づいている．

5.1.1　ホモロジー同値

例 5.1　例 4.24 の離散モース関数 f を考えよう．これはエクセレントな離散モース関数であり，臨界値は $0, 2, 3, 5, 6, 7, 10, 11$ である．各レベル部分複体 $K(0)$, $K(2)$, $K(3)$, $K(5)$, $K(6)$, $K(7)$, $K(10)$, $K(11)$ に対して，対応するベッチ数を記録することにより，次のホモロジー列が得られる：

$$
\begin{array}{lcccccccc}
b_0\colon & 1 & 2 & 3 & 2 & 1 & 1 & 1 & 1 \\
b_1\colon & 0 & 0 & 0 & 0 & 0 & 1 & 2 & 1 \\
b_2\colon & 0 & 0 & 0 & 0 & 0 & 0 & 0 & 0
\end{array}
$$

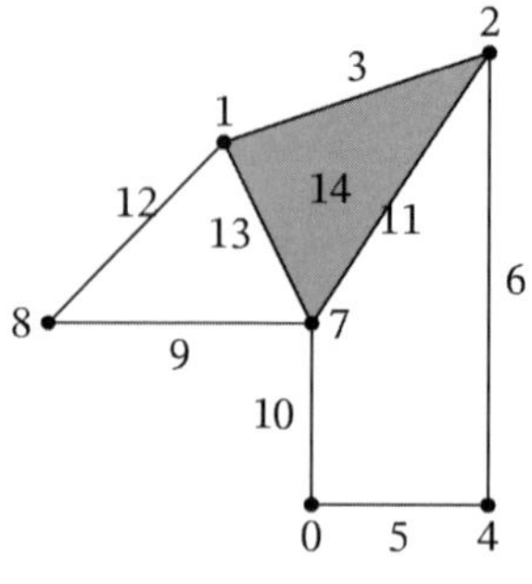

図 5.1

列から列へ移る際，値がただ一つだけ変わること，および最後の列は元の複体 K のホモロジーである ($K \neq K(11)$ ではあるけれども) ことに注意しよう．こうした観察はエクセレントな離散モース関数のホモロジー列については正しい．我々は，定理 5.9 においてこのことを証明しよう．

定義 5.2 f を n 次元単体複体 K 上の離散モース関数であって，m 個の臨界値 $c_0, c_1, \ldots, c_{m-1}$ をもつものとする．f の**ホモロジー列**とは，$B_k^f(i) := b_k(K(c_i))$ $(0 \leq k \leq n,\ 0 \leq i \leq m-1)$ によって定義される $n+1$ 個の関数

$$B_0^f, B_1^f, \ldots, B_n^f : \{0, 1, \ldots, m-1\} \longrightarrow \mathbb{N} \cup \{0\}$$

により与えられる．離散モース関数 f が文脈から明らかな場合には，通常 $B_k^f(i)$ を $B_k(i)$ と書くことにする．

問題 5.3 $f : K \longrightarrow \mathbb{R}$ を図 5.1 により与えられる離散モース関数とする．f のホモロジー列を求めよ．

練習 5.4 $f : K \longrightarrow \mathbb{R}$ を完全離散モース関数とする．任意の k に対して $B_k(i) \leq B_k(i+1)$ $(0 \leq i \leq m-2)$ であることを証明せよ．

定義 5.5 m 個の臨界値をもつ 2 つの離散モース関数 $f, g : K \longrightarrow \mathbb{R}$ は，すべての $0 \leq i \leq m-1$ と $0 \leq k$ に対して $B_k^f(i) = B_k^g(i)$ であるならば，**ホモロジー同値**であるという．

例 5.6 図 5.2 の左側および右側に，それぞれ示された複体 K 上の 2 つの離散モース関数 f と g を考えよう．レベル部分複体を書き下し，計算することにより，両者の離散モース関数が次のホモロジー列をもつことが容易にわかる：

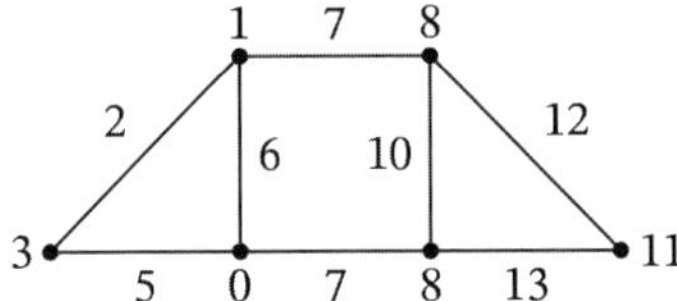

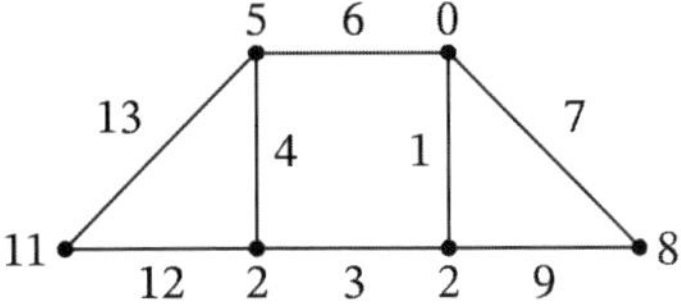

図 5.2

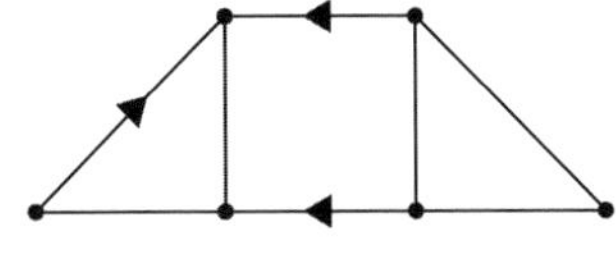

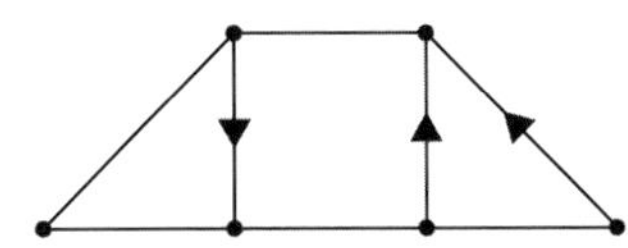

図 5.3

$$
\begin{array}{lcccccccc}
B_0: & 1 & 2 & 1 & 1 & 1 & 2 & 1 & 1 \\
B_1: & 0 & 0 & 0 & 1 & 2 & 2 & 2 & 3
\end{array}
$$

それゆえ f と g はホモロジー同値である．しかしながら，それらの勾配ベクトル場へ移ると（図 5.3），$V_f \neq V_g$ であり，それゆえ命題 2.53 により，f と g はフォーマン同値ではないことがわかる．

練習 5.7　f が離散モース関数ならば，f の平坦化 g は f とホモロジー同値であることを証明せよ．平坦化の定義については命題 4.16 の証明を見よ．

問題 5.8　K をエクセレントな離散モース関数 f をもつ単体複体とし，a を f の最小値とする．$f(\sigma) = a$ となる臨界 0-単体 σ がただ一つ存在することを証明せよ．

ホモロジー同値な離散モース関数は，無限個の半直線をもつグラフの文脈において，アヤラ他 [**6, 12**] により最初に導入され，研究された．それらはさらに，向き付け可能な曲面 [**11**] や 2 次元の縮約可能な複体 [**5**] に対して研究された．パーシステントホモロジー [**112**] やグラフ同型 [**1**] に対するヴァージョンもある．

エクセレントな離散モース関数は取り分け良い振舞いをする．

定理 5.9　f を m 個の臨界値 $c_0, c_1, \ldots, c_{m-1}$ をもつ連結 n 次元単体複体 K 上のエクセレントな離散モース関数とする．このとき次の各々が成り立つ：

(i) $B_0(0) = B_0(m-1) = 1$ かつ，任意の $d \in \mathbb{Z}^{\geq 1}$ に対して $B_d(0) = 0$ である．

(ii) 任意の $0 \leq i < m-1$ に対して，$0 \leq d \leq n$ であるときは常に $|B_d(i+1) - B_d(i)| = 0$ もしくは 1 である．また，$d \geq n+1$ であるときは常に $B_d(i) = 0$ である．

(iii) 任意の $d \in \mathbb{Z}^{\geq 0}$ に対して，$B_d(m-1) = b_d(K)$ である．

(iv) 各 $i = 0, 1, \ldots, m-2$ とすべての $p \geq 1$ に対して，

$$B_{p-1}(i) = B_{p-1}(i+1) \quad \text{もしくは} \quad B_p(i) = B_p(i+1)$$

のいずれかである．いずれの場合も，任意の $d \neq p, p-1$, $1 \leq d \leq n$ に対して，$B_d(i) = B_d(i+1)$ である．

証明　順を追って証明しよう．(i) について，$K(c_{m-1} + y) = K$ となるような $y \in \mathbb{N}$ を選ぶ．定理 4.27 により，$b_0(K(c_{m-1})) = b_0(K(c_{m-1} + y)) = b_0(K)$ である．K は連結であるので，$b_0(K(c_{m-1})) = B_0(m-1) = 1$ である．問題 5.8 により，$K(c_0)$ は一つの 0-単体からなる．したがって，すべての $d \in \mathbb{Z}^{\geq 1}$ に対して $B_d(0) = 0$ である．これにより，最初の主張が示される．

(ii) について，定理 4.27 により，任意の $x \in [c_i, c_{i+1})$ に対して $b_d(K(c_i)) = b_d(K(x))$ であることに注意しよう．f がエクセレントであるので，$K(c_{i+1}) = K(c_{i+1} - \varepsilon) \cup \sigma^{(p)}$ となるような $\varepsilon > 0$ が存在する．ただし，$\sigma^{(p)}$ は $f(\sigma^{(p)}) = c_{i+1}$ となるような臨界 p-単体である．ここで，次の各々の場合に補題 3.36 を適用しよう：$p = d$ ならば，$B_{d+1}(i) - B_d(i) = 0$ もしくは 1 である．$p = d+1$ ならば，$B_d(i+1) - B_d(i) = -1$ もしくは 0 である．それ以外の場合は $B_d(i+1) - B_d(i) = 0$ であり，このことから (ii) が示される．

(iii) について，c_{m-1} が最大の臨界値であることに注意しよう．定理 4.27 により，B_d は $x > c_{m-1}$ であるすべての値について定数関数である．$K(c_{m-1} + y) = K$ となる $y \in \mathbb{N}$ が存在するので，$B_d(m-1) = b_d(K)$ であることがわかる．

最後に，定理 4.27 を適用することにより，すべての $x \in [c_i, c_{i+1})$ に対して $b_d(K(c_i)) = b_d(K(x))$ であることを見よう．f がエクセレントであるので，(ii) の証明にあるように，$K(c_{i+1}) = K(c_{i+1} - \varepsilon) \cup \sigma^{(p)}$ となるような $\varepsilon > 0$ が存在する．補題 3.36 により，p 次元単体を付け加えると，B_p もしくは B_{p-1} は変わるが，他のすべての値はそのままであることに注意せよ．■

練習 5.10　図 5.4 の単体複体上の離散モース関数であって，次のホモロジー列を引き起こすものを見つけよ．

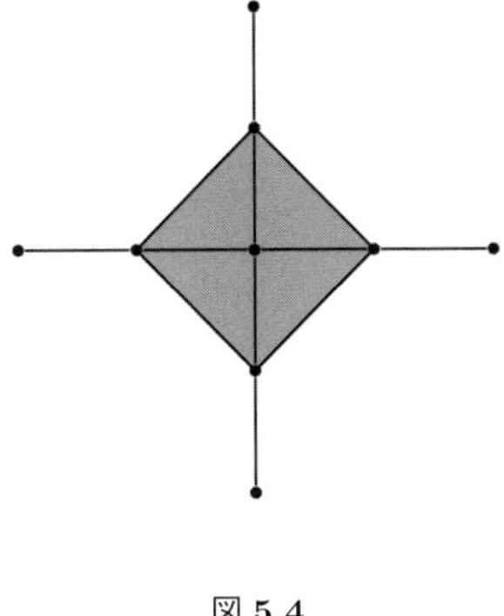

図 5.4

B_0:	1	2	3	3	2	1	1
B_1:	0	0	0	1	1	1	0

練習 5.11 次のホモロジー列を与えるような単体複体 K と，K 上の離散モース関数の例を与えよ．

B_0:	5	10	20	30	36	43

この例が定理 5.9 に矛盾しないのはなぜか？

5.1.2 古典的パーシステンス

ホモロジー列は，単体複体のトポロジーが与えられた離散モース関数に関してどのように変化するかについての重要な情報を与えてくれるものではあるが，我々はもっと情報が欲しいのである．次の例は，他のどのような情報を我々が求めているかを示すものである．

例 5.12 ある単体複体上の離散モース関数 f から次のホモロジー列が生じるとしよう．

	c_0	c_1	c_2	c_3	c_4	c_5	c_6	c_7	c_8	c_9	c_{10}	c_{11}	c_{12}	c_{13}	c_{14}	c_{15}	c_{16}
B_0:	1	2	3	2	3	2	3	4	3	2	3	2	2	2	1	1	1
B_1:	0	0	0	0	0	0	0	0	0	0	0	0	1	2	2	3	2
B_2:	0	0	0	0	0	0	0	0	0	0	0	0	0	0	0	0	0

ホモロジー列は f について手短な情報を与えてくれるものである．しかし，我々

はより多くの情報を求めているのである．B_0 は，かなりの間激しく変動することが見て取れる．例えば c_9 のところで連結成分が一つ失われる——あるいはより正確には，合わさって一つになる——ことがわかる．しかし，どの連結成分が合わさったのだろうか？　臨界値 c_7 のところで生じた連結成分なのだろうか？　それとも，臨界値 c_4 のところで生じた連結成分なのだろうか？　同様の疑問はサイクルについても問うことができる．最後の臨界値のところではサイクルが一つ消されるが，どのサイクルなのだろうか？　c_{12}，c_{13}，それとも c_{15} のところで生じたサイクルなのだろうか？　ホモロジー列は，なるほど離散モース関数の概要を良く表すものではあるけれども，これについてのいかなる情報をも含んではいないのである．これらの疑問がパーシステントホモロジーの考え方を導くのである．我々はホモロジー列がどのようなものであるかを知りたいだけでなく，どのトポロジカルな情報が生き残り，どれがただの"雑音"であるかを知りたいのである．

5.1.1 節において，我々は臨界値から引き起こされたレベル部分複体の列が，どのようにして各段階において単体複体を構成するかを見た．これはある種の**フィルトレーション**である；K を単体複体とするとき，K の**フィルトレーション**とは，部分複体の列

$$K_0 \subseteq K_1 \subseteq \cdots \subseteq K_{m-1}$$

のことである．パーシステントホモロジーの計算を実行するために，基本離散モース関数 (定義 2.3 を見よ) から引き起こされたフィルトレーションを調べよう．$f: K \longrightarrow \mathbb{R}$ を基本離散モース関数とせよ．技術的な事柄の詳細はすべて 5.2.4 節で示すとして，ひとまずパーシステントホモロジーの定義に進もう．差し当たり，トポロジーの変化について必要な情報はすべて一つの，とはいえ巨大なものであるが，行列に格納できることを知っていれば十分である．まず，単体たちの上に基本離散モース関数から誘導される全順序を導入しよう．任意の 2 つの単体 $\sigma, \tau \in K$ に対して，もし $f(\sigma) < f(\tau)$ であるならば $\sigma \prec \tau$ と定義する．$f(\sigma) = f(\tau)$ である場合は，$\dim(\sigma) < \dim(\tau)$ であるならば $\sigma \prec \tau$ と定義する．[1]

練習 5.13　上の定義は K 上の全順序であることを示せ；すなわち，すべての $\sigma, \tau \in K$ について，$\sigma \prec \tau$ もしくは $\tau \prec \sigma$ のいずれかが成り立つ．

この全順序を用いて我々の行列を構成しよう．例を一つ見てみよう．

---

[1] 原注：単体 σ に順序対 $(f(\sigma), \dim(\sigma))$ を付随させれば，実際には辞書式順序を定義していることになる．

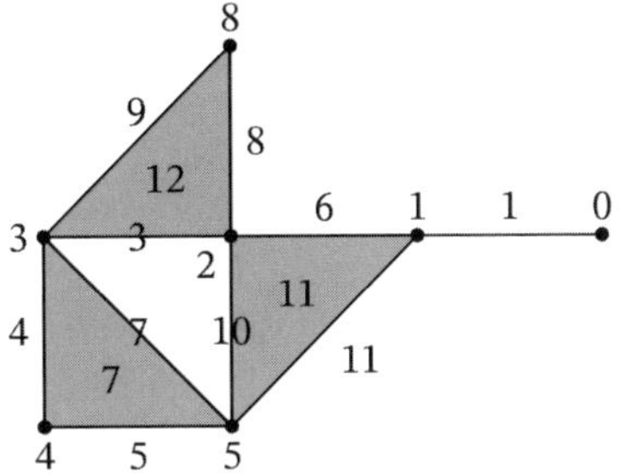

図 **5.5**

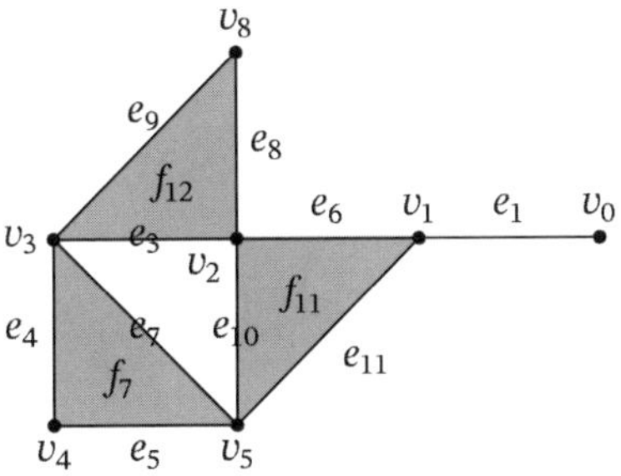

図 **5.6**

例 5.14　K を図 5.5 の基本離散モース関数を備えた単体複体としよう．読者はこの離散モース関数が「基本的」であることが確かめられるであろう．さて，あらゆる“パーシステントな”，つまり“生き残る”情報を内包する 線形変換を構成しよう．行列のサイズは K の単体の個数により決定され，いま，K は 20 個の頂点をもっているので，これは 20×20 行列になる．σ_i を i でラベル付けされた単体としよう（図 5.6）．σ_i が σ_j の余次元 1 の面であるとき，かつその時に限り，行列の (i, j)-成分 a_{ij} を 1 とし，それ以外のすべての成分は 0 としよう．実際のところ，次の行列が得られる．

$$
\begin{array}{c|cccccccccccccccccccc|}
 & v_0 & v_1 & e_1 & v_2 & v_3 & e_3 & v_4 & e_4 & v_5 & e_5 & e_6 & e_7 & f_7 & v_8 & e_8 & e_9 & e_{10} & e_{11} & f_{11} & f_{12} \\
v_0 & 0 & 0 & 1 & 0 & 0 & 0 & 0 & 0 & 0 & 0 & 0 & 0 & 0 & 0 & 0 & 0 & 0 & 0 & 0 & 0 \\
v_1 & 0 & 0 & 1 & 0 & 0 & 0 & 0 & 0 & 0 & 0 & 1 & 0 & 0 & 0 & 0 & 0 & 0 & 1 & 0 & 0 \\
e_1 & 0 & 0 & 0 & 0 & 0 & 0 & 0 & 0 & 0 & 0 & 0 & 0 & 0 & 0 & 0 & 0 & 0 & 0 & 0 & 0 \\
v_2 & 0 & 0 & 0 & 0 & 0 & 1 & 0 & 0 & 0 & 0 & 1 & 0 & 0 & 0 & 1 & 0 & 1 & 0 & 0 & 0 \\
v_3 & 0 & 0 & 0 & 0 & 0 & 1 & 0 & 1 & 0 & 0 & 0 & 1 & 0 & 0 & 0 & 1 & 0 & 0 & 0 & 0 \\
e_3 & 0 & 0 & 0 & 0 & 0 & 0 & 0 & 0 & 0 & 0 & 0 & 0 & 0 & 0 & 0 & 0 & 0 & 0 & 0 & 1 \\
v_4 & 0 & 0 & 0 & 0 & 0 & 0 & 0 & 1 & 0 & 1 & 0 & 0 & 0 & 0 & 0 & 0 & 0 & 0 & 0 & 0 \\
e_4 & 0 & 0 & 0 & 0 & 0 & 0 & 0 & 0 & 0 & 0 & 0 & 0 & 1 & 0 & 0 & 0 & 0 & 0 & 0 & 0 \\
v_5 & 0 & 0 & 0 & 0 & 0 & 0 & 0 & 0 & 0 & 1 & 0 & 1 & 0 & 0 & 0 & 0 & 1 & 1 & 0 & 0 \\
e_5 & 0 & 0 & 0 & 0 & 0 & 0 & 0 & 0 & 0 & 0 & 0 & 0 & 1 & 0 & 0 & 0 & 0 & 0 & 0 & 0 \\
e_6 & 0 & 0 & 0 & 0 & 0 & 0 & 0 & 0 & 0 & 0 & 0 & 0 & 0 & 0 & 0 & 0 & 0 & 0 & 1 & 0 \\
e_7 & 0 & 0 & 0 & 0 & 0 & 0 & 0 & 0 & 0 & 0 & 0 & 0 & 1 & 0 & 0 & 0 & 0 & 0 & 0 & 0 \\
f_7 & 0 & 0 & 0 & 0 & 0 & 0 & 0 & 0 & 0 & 0 & 0 & 0 & 0 & 0 & 0 & 0 & 0 & 0 & 0 & 0 \\
v_8 & 0 & 0 & 0 & 0 & 0 & 0 & 0 & 0 & 0 & 0 & 0 & 0 & 0 & 0 & 1 & 1 & 0 & 0 & 0 & 0 \\
e_8 & 0 & 0 & 0 & 0 & 0 & 0 & 0 & 0 & 0 & 0 & 0 & 0 & 0 & 0 & 0 & 0 & 0 & 0 & 0 & 1 \\
e_9 & 0 & 0 & 0 & 0 & 0 & 0 & 0 & 0 & 0 & 0 & 0 & 0 & 0 & 0 & 0 & 0 & 0 & 0 & 0 & 1 \\
e_{10} & 0 & 0 & 0 & 0 & 0 & 0 & 0 & 0 & 0 & 0 & 0 & 0 & 0 & 0 & 0 & 0 & 0 & 0 & 1 & 0 \\
e_{11} & 0 & 0 & 0 & 0 & 0 & 0 & 0 & 0 & 0 & 0 & 0 & 0 & 0 & 0 & 0 & 0 & 0 & 0 & 1 & 0 \\
f_{11} & 0 & 0 & 0 & 0 & 0 & 0 & 0 & 0 & 0 & 0 & 0 & 0 & 0 & 0 & 0 & 0 & 0 & 0 & 0 & 0 \\
f_{12} & 0 & 0 & 0 & 0 & 0 & 0 & 0 & 0 & 0 & 0 & 0 & 0 & 0 & 0 & 0 & 0 & 0 & 0 & 0 & 0
\end{array}
$$

各 j について，$\mathrm{low}(j)$ を次の性質をもつものとして定義しよう：$\mathrm{low}(j)$ は第 j 列にある 1 の行番号であって，第 j 列の他のどの 1 も，その行番号が $\mathrm{low}(j)$ より真に小さい．その他，第 j 列がすべて 0 からなるならば，$\mathrm{low}(j)$ は定義されない．例えば，第 6 列（e_3 でラベル付けされている）において，最も下にある 1 は 5 行目（v_3 でラベル付けされている）にあるので，$\mathrm{low}(6) = 5$ である；$\mathrm{low}(9)$（v_5 でラベル付けされた列を考える）は定義されない．上の行列を，次の性質をもつように簡約化しよう：第 i 列と第 j 列 $(j \neq i)$ が 2 つの零でない列であるときは常に $\mathrm{low}(i) \neq \mathrm{low}(j)$ である．このことは，実際に左から右へ見ていけば容易にわかる．左から右へ見ていくと，第 12 列（e_7 でラベル付けされている）まではまったく問題なく，第 12 列では $\mathrm{low}(12) = \mathrm{low}(10) = 9$ となっている．このとき，単に第 10 列を第 12 列に，2 を法として足し，第 12 列を置き換えるだけでよい．これにより次が得られる．

$$
\begin{array}{c}
\\
v_0\\ v_1\\ e_1\\ v_2\\ v_3\\ e_3\\ v_4\\ e_4\\ v_5\\ e_5\\ e_6\\ e_7\\ f_7\\ v_8\\ e_8\\ e_9\\ e_{10}\\ e_{11}\\ f_{11}\\ f_{12}
\end{array}
\begin{array}{c}
\begin{array}{cccccccccccccccccccc}
v_0 & v_1 & e_1 & v_2 & v_3 & e_3 & v_4 & e_4 & v_5 & e_5 & e_6 & e_7 & f_7 & v_8 & e_8 & e_9 & e_{10} & e_{11} & f_{11} & f_{12}
\end{array}\\
\begin{pmatrix}
0 & 0 & 1 & 0 & 0 & 0 & 0 & 0 & 0 & 0 & 0 & 0 & 0 & 0 & 0 & 0 & 0 & 0 & 0 & 0\\
0 & 0 & 1 & 0 & 0 & 0 & 0 & 0 & 0 & 0 & 1 & 0 & 0 & 0 & 0 & 0 & 0 & 1 & 0 & 0\\
0 & 0 & 0 & 0 & 0 & 0 & 0 & 0 & 0 & 0 & 0 & 0 & 0 & 0 & 0 & 0 & 0 & 0 & 0 & 0\\
0 & 0 & 0 & 0 & 0 & 1 & 0 & 0 & 0 & 0 & 1 & 0 & 0 & 0 & 1 & 0 & 1 & 0 & 0 & 0\\
0 & 0 & 0 & 0 & 0 & 1 & 0 & 1 & 0 & 0 & 0 & 1 & 0 & 0 & 0 & 1 & 0 & 0 & 0 & 0\\
0 & 0 & 0 & 0 & 0 & 0 & 0 & 0 & 0 & 0 & 0 & 0 & 0 & 0 & 0 & 0 & 0 & 0 & 0 & 1\\
0 & 0 & 0 & 0 & 0 & 0 & 0 & 1 & 0 & 1 & 0 & 1 & 0 & 0 & 0 & 0 & 0 & 0 & 0 & 0\\
0 & 0 & 0 & 0 & 0 & 0 & 0 & 0 & 0 & 0 & 0 & 0 & 1 & 0 & 0 & 0 & 0 & 0 & 0 & 0\\
0 & 0 & 0 & 0 & 0 & 0 & 0 & 0 & 0 & 1 & 0 & 0 & 0 & 0 & 0 & 0 & 1 & 1 & 0 & 0\\
0 & 0 & 0 & 0 & 0 & 0 & 0 & 0 & 0 & 0 & 0 & 0 & 1 & 0 & 0 & 0 & 0 & 0 & 0 & 0\\
0 & 0 & 0 & 0 & 0 & 0 & 0 & 0 & 0 & 0 & 0 & 0 & 0 & 0 & 0 & 0 & 0 & 0 & 1 & 0\\
0 & 0 & 0 & 0 & 0 & 0 & 0 & 0 & 0 & 0 & 0 & 0 & 1 & 0 & 0 & 0 & 0 & 0 & 0 & 0\\
0 & 0 & 0 & 0 & 0 & 0 & 0 & 0 & 0 & 0 & 0 & 0 & 0 & 0 & 0 & 0 & 0 & 0 & 0 & 0\\
0 & 0 & 0 & 0 & 0 & 0 & 0 & 0 & 0 & 0 & 0 & 0 & 0 & 0 & 1 & 1 & 0 & 0 & 0 & 0\\
0 & 0 & 0 & 0 & 0 & 0 & 0 & 0 & 0 & 0 & 0 & 0 & 0 & 0 & 0 & 0 & 0 & 0 & 0 & 1\\
0 & 0 & 0 & 0 & 0 & 0 & 0 & 0 & 0 & 0 & 0 & 0 & 0 & 0 & 0 & 0 & 0 & 0 & 0 & 1\\
0 & 0 & 0 & 0 & 0 & 0 & 0 & 0 & 0 & 0 & 0 & 0 & 0 & 0 & 0 & 0 & 0 & 0 & 1 & 0\\
0 & 0 & 0 & 0 & 0 & 0 & 0 & 0 & 0 & 0 & 0 & 0 & 0 & 0 & 0 & 0 & 0 & 0 & 1 & 0\\
0 & 0 & 0 & 0 & 0 & 0 & 0 & 0 & 0 & 0 & 0 & 0 & 0 & 0 & 0 & 0 & 0 & 0 & 0 & 0\\
0 & 0 & 0 & 0 & 0 & 0 & 0 & 0 & 0 & 0 & 0 & 0 & 0 & 0 & 0 & 0 & 0 & 0 & 0 & 0
\end{pmatrix}
\end{array}
$$

しかし，そうすると，$\mathrm{low}(12) = \mathrm{low}(8)$ となることに注意しよう．大丈夫，この同じ手続きを繰り返そう．今度は第 8 列を第 12 列に足し，第 12 列を置き換えよう．すると第 12 列の成分はすべて 0 となり，したがって $\mathrm{low}(12)$ は定義されない．それはまったく問題ないので先へ進もう．行列を簡約化した後，次の行列が得られるはずである．

$$
\begin{array}{c}
\\ v_0 \\ v_1 \\ e_1 \\ v_2 \\ v_3 \\ e_3 \\ v_4 \\ e_4 \\ v_5 \\ e_5 \\ e_6 \\ e_7 \\ f_7 \\ v_8 \\ e_8 \\ e_9 \\ e_{10} \\ e_{11} \\ f_{11} \\ f_{12}
\end{array}
\begin{array}{c}
\begin{array}{cccccccccccccccccccc}
v_0 & v_1 & e_1 & v_2 & v_3 & e_3 & v_4 & e_4 & v_5 & e_5 & e_6 & e_7 & f_7 & v_8 & e_8 & e_9 & e_{10} & e_{11} & f_{11} & f_{12}
\end{array} \\
\begin{pmatrix}
0 & 0 & 1 & 0 & 0 & 0 & 0 & 0 & 0 & 0 & 0 & 0 & 0 & 0 & 0 & 0 & 0 & 0 & 0 & 0 \\
0 & 0 & 1 & 0 & 0 & 0 & 0 & 0 & 0 & 0 & 1 & 0 & 0 & 0 & 0 & 0 & 0 & 0 & 0 & 0 \\
0 & 0 & 0 & 0 & 0 & 0 & 0 & 0 & 0 & 0 & 0 & 0 & 0 & 0 & 0 & 0 & 0 & 0 & 0 & 0 \\
0 & 0 & 0 & 0 & 0 & 1 & 0 & 0 & 0 & 0 & 1 & 0 & 0 & 0 & 1 & 0 & 0 & 0 & 0 & 0 \\
0 & 0 & 0 & 0 & 0 & 1 & 0 & 1 & 0 & 0 & 0 & 0 & 0 & 0 & 0 & 0 & 0 & 0 & 0 & 0 \\
0 & 0 & 0 & 0 & 0 & 0 & 0 & 0 & 0 & 0 & 0 & 0 & 0 & 0 & 0 & 0 & 0 & 0 & 0 & 1 \\
0 & 0 & 0 & 0 & 0 & 0 & 0 & 1 & 0 & 1 & 0 & 0 & 0 & 0 & 0 & 0 & 0 & 0 & 0 & 0 \\
0 & 0 & 0 & 0 & 0 & 0 & 0 & 0 & 0 & 0 & 0 & 0 & 1 & 0 & 0 & 0 & 0 & 0 & 0 & 0 \\
0 & 0 & 0 & 0 & 0 & 0 & 0 & 0 & 0 & 1 & 0 & 0 & 0 & 0 & 0 & 0 & 0 & 0 & 0 & 0 \\
0 & 0 & 0 & 0 & 0 & 0 & 0 & 0 & 0 & 0 & 0 & 0 & 1 & 0 & 0 & 0 & 0 & 0 & 0 & 0 \\
0 & 0 & 0 & 0 & 0 & 0 & 0 & 0 & 0 & 0 & 0 & 0 & 0 & 0 & 0 & 0 & 0 & 0 & 1 & 0 \\
0 & 0 & 0 & 0 & 0 & 0 & 0 & 0 & 0 & 0 & 0 & 0 & 1 & 0 & 0 & 0 & 0 & 0 & 0 & 0 \\
0 & 0 & 0 & 0 & 0 & 0 & 0 & 0 & 0 & 0 & 0 & 0 & 0 & 0 & 0 & 0 & 0 & 0 & 0 & 0 \\
0 & 0 & 0 & 0 & 0 & 0 & 0 & 0 & 0 & 0 & 0 & 0 & 0 & 0 & 1 & 0 & 0 & 0 & 0 & 0 \\
0 & 0 & 0 & 0 & 0 & 0 & 0 & 0 & 0 & 0 & 0 & 0 & 0 & 0 & 0 & 0 & 0 & 0 & 0 & 1 \\
0 & 0 & 0 & 0 & 0 & 0 & 0 & 0 & 0 & 0 & 0 & 0 & 0 & 0 & 0 & 0 & 0 & 0 & 0 & 1 \\
0 & 0 & 0 & 0 & 0 & 0 & 0 & 0 & 0 & 0 & 0 & 0 & 0 & 0 & 0 & 0 & 0 & 0 & 1 & 0 \\
0 & 0 & 0 & 0 & 0 & 0 & 0 & 0 & 0 & 0 & 0 & 0 & 0 & 0 & 0 & 0 & 0 & 0 & 1 & 0 \\
0 & 0 & 0 & 0 & 0 & 0 & 0 & 0 & 0 & 0 & 0 & 0 & 0 & 0 & 0 & 0 & 0 & 0 & 0 & 0 \\
0 & 0 & 0 & 0 & 0 & 0 & 0 & 0 & 0 & 0 & 0 & 0 & 0 & 0 & 0 & 0 & 0 & 0 & 0 & 0
\end{pmatrix}
\end{array}
$$

さて，この行列を解釈する必要がある．low(i) の値が鍵である．それは，ある単体がベッチ数を生み出す時点を特定し，また，いつそのベッチ数が消えるかを教えてくれるのである．基本離散モース関数の値たちを時間の単位と考えると便利であろう．low$(11) = 4$ となる状況を取り上げよう．これはそれぞれ e_6 と v_2 によりラベル付けされた列と行に対応するものである．このことは時刻 2 において，v_2 が新たなベッチ数を生み出すことを意味する．v_2 は頂点であるので，それは新しい連結成分を生み出している．しかしながら，その生涯は短い：辺 e_6 が時刻 6 において，それを消すのである．こうして，その連結成分は時刻 2 で生まれ，時刻 6 で死ぬのである．もう一つ，low$(20) = 16$ となる状況を考えよう．それは f_{12} と e_9 に対応するものである．同じ解釈の仕方をすると，e_9 は時刻 9 においてホモロジーを生み出し，時刻 12 において面 f_{12} の手によって死ぬのである．このような分析を，low(i) が存在する任意の列において行うことができる．

v_2 に対する列のように，low(i) が定義されない列についてはどうだろうか？　特に，そのような列について心配する必要はないのである．なぜなら，上で見たように v_2 は生まれて，既に死んでいるからである．また第 6 列のように，low$(i) = i - 1$ を

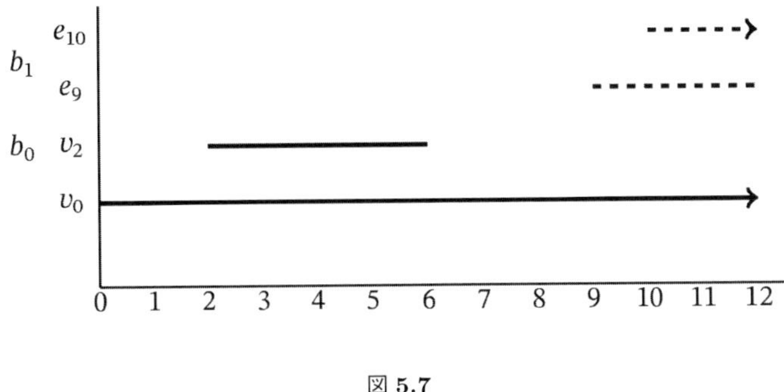

図 **5.7**

満たす列がある．これは正則対に対応するものである．すなわち，生まれると同時に死ぬものである．そのような瞬間において，トポロジーの変化は起こらないので，それらを無視することができる．最後に，low(i) が定義されない列（この例では v_0 や e_{10} に対応するもの）がいくつかあり，それは "low 関数" による探索を通して，その "出生" を追跡できないものである．これらは生まれてから，決して死ぬことはないホモロジー——最後まで生き残る——に対応するものである．そのようなホモロジーは，そのラベルに対応する時刻に生まれ，決して死ぬことはない．このように，列 v_0 は v_0 によって生み出される連結成分に対応し，決して死ぬことはない．また，列 e_{10} は e_{10} により生み出されるサイクルに対応し，決して死ぬことはない．このことは完全に理に適ったものであり，つまるところ，生き残ったホモロジーは，まさに元の複体のホモロジーになるのである．「生」と「死」に関する情報はすべて図 5.7 の**バーコード**にまとめられる．太線は連結成分（すなわち b_0）を表し，点線はサイクル（すなわち b_1）を表している．

基本離散モース関数から誘導されたバーコードが与えられると，各臨界値 c_j において縦線を引くことにより，f のホモロジー列が復元されることに注意しよう．縦線が b_i に対応する水平なバーと交わる回数（死ぬ時刻を除いて）がちょうど $B_i(j)$ になるのである．

例 5.15　さて，例 5.12 のホモロジー列を誘導する離散モース関数を調べるため，パーシステントホモロジーを利用しよう．このホモロジー列は図 5.8 の離散モース関数から誘導される．この離散モース関数は「基本的」であるが，正則単体をもたない．上と同様にして，i でラベル付けされた列を表す K の単体を σ_i とし，σ_i が σ_j の固有の面であるとき，かつその時に限り，成分 a_{ij} を 1 とし，他の成分はすべて 0 とする，という規則に従って "境界行列" を決定しよう．

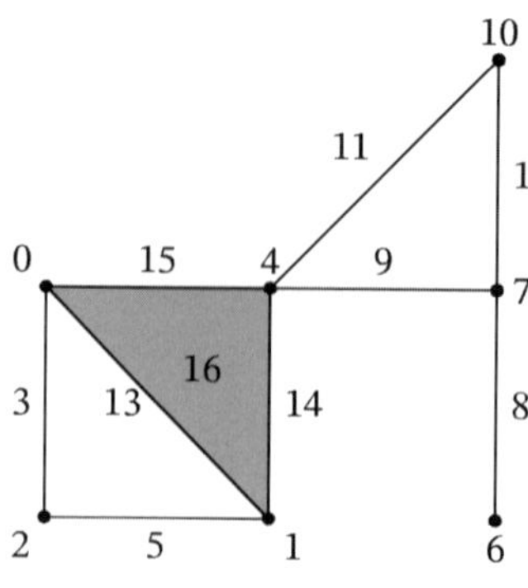

図 5.8

	v_0	v_1	v_2	e_3	v_4	e_5	v_6	v_7	e_8	e_9	v_{10}	e_{11}	e_{12}	e_{13}	e_{14}	e_{15}	f_{16}
v_0	0	0	0	1	0	0	0	0	0	0	0	0	0	1	0	1	0
v_1	0	0	0	0	0	1	0	0	0	0	0	0	0	1	1	0	0
v_2	0	0	0	1	0	1	0	0	0	0	0	0	0	0	0	0	0
e_3	0	0	0	0	0	0	0	0	0	0	0	0	0	0	0	0	0
v_4	0	0	0	0	0	0	0	0	0	1	0	1	0	0	1	1	0
e_5	0	0	0	0	0	0	0	0	0	0	0	0	0	0	0	0	0
v_6	0	0	0	0	0	0	0	0	1	0	0	0	0	0	0	0	0
v_7	0	0	0	0	0	0	0	0	1	1	0	0	1	0	0	0	0
e_8	0	0	0	0	0	0	0	0	0	0	0	0	0	0	0	0	0
e_9	0	0	0	0	0	0	0	0	0	0	0	0	0	0	0	0	0
v_{10}	0	0	0	0	0	0	0	0	0	0	0	1	1	0	0	0	0
e_{11}	0	0	0	0	0	0	0	0	0	0	0	0	0	0	0	0	0
e_{12}	0	0	0	0	0	0	0	0	0	0	0	0	0	0	0	0	0
e_{13}	0	0	0	0	0	0	0	0	0	0	0	0	0	0	0	0	1
e_{14}	0	0	0	0	0	0	0	0	0	0	0	0	0	0	0	0	1
e_{15}	0	0	0	0	0	0	0	0	0	0	0	0	0	0	0	0	1
f_{16}	0	0	0	0	0	0	0	0	0	0	0	0	0	0	0	0	0

さて，先に指定したやり方で，この行列を簡約化しよう：

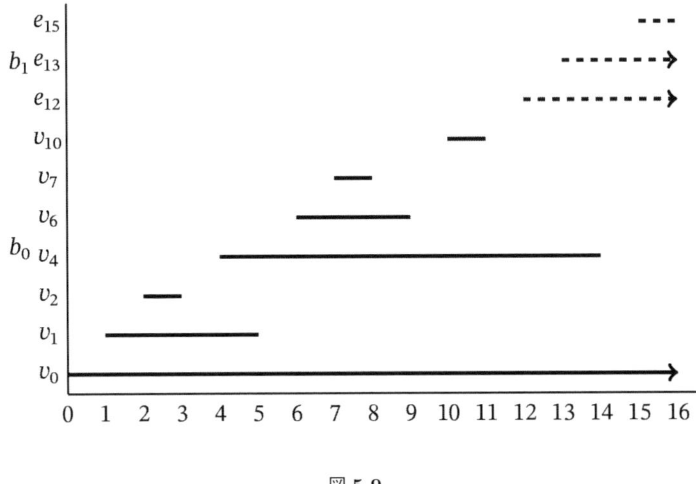

図 **5.9**

	v_0	v_1	v_2	e_3	v_4	e_5	v_6	v_7	e_8	e_9	v_{10}	e_{11}	e_{12}	e_{13}	e_{14}	e_{15}	f_{16}
v_0	0	0	0	1	0	1	0	0	0	0	0	0	0	0	0	0	0
v_1	0	0	0	0	0	1	0	0	0	0	0	0	0	0	1	0	0
v_2	0	0	0	1	0	0	0	0	0	0	0	0	0	0	0	0	0
e_3	0	0	0	0	0	0	0	0	0	0	0	0	0	0	0	0	0
v_4	0	0	0	0	0	0	0	0	0	1	0	1	0	0	1	0	0
e_5	0	0	0	0	0	0	0	0	0	0	0	0	0	0	0	0	0
v_6	0	0	0	0	0	0	0	0	1	1	0	0	0	0	0	0	0
v_7	0	0	0	0	0	0	0	0	1	0	0	0	0	0	0	0	0
e_8	0	0	0	0	0	0	0	0	0	0	0	0	0	0	0	0	0
e_9	0	0	0	0	0	0	0	0	0	0	0	0	0	0	0	0	0
v_{10}	0	0	0	0	0	0	0	0	0	0	0	1	0	0	0	0	0
e_{11}	0	0	0	0	0	0	0	0	0	0	0	0	0	0	0	0	0
e_{12}	0	0	0	0	0	0	0	0	0	0	0	0	0	0	0	0	0
e_{13}	0	0	0	0	0	0	0	0	0	0	0	0	0	0	0	0	1
e_{14}	0	0	0	0	0	0	0	0	0	0	0	0	0	0	0	0	1
e_{15}	0	0	0	0	0	0	0	0	0	0	0	0	0	0	0	0	1
f_{16}	0	0	0	0	0	0	0	0	0	0	0	0	0	0	0	0	0

バーコードは図 5.9 のようになる．

問題 5.16　問題 5.3 の離散モース関数のバーコードを求めよ．

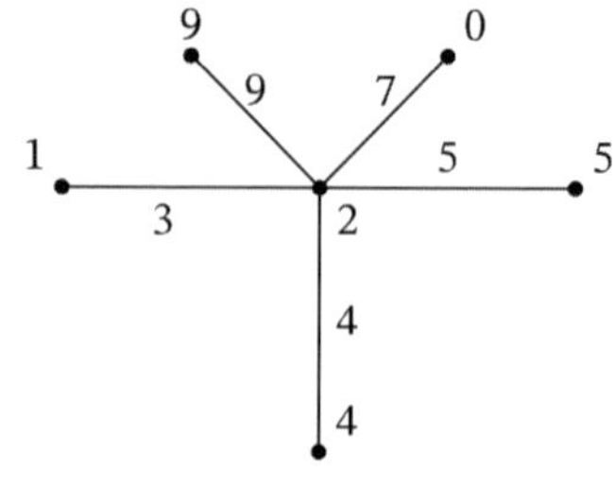

図 5.10

問題 5.17　図 5.10 で与えられる離散モース関数のバーコードを求めよ.

注意 5.18　統計学の分野では，異なる表示方法が，同じデータについての様々な洞察をもたらすことはよくあることである．こうしたデータは，ヒストグラムや円グラフ，あるいは他の図表により表示することができ，一つの図表から読み取れる傾向が他のものからは読み取ることができないということもある．同じように，バーコードは，我々の簡約化された行列から得られたデータの良い図表現ではあるが，これが唯一の方法というわけではない．他の方法としては，我々のデータを**パーシステンス図**として表示するものがある．これを行うために $\mathbb{R}^2$ の第一象限を考えよう．まず，すべての点 (x, x) からなる対角線を引こう．ここで与えられるデータの点は第一成分が「誕生時刻」であり，第二成分が「死亡時刻」である．生まれたのち，決して死なないベッチ数は**無限遠点**であり，図の一番上に打つ．例えば，例 5.14 のバーコードは，図 5.11 で与えられるパーシステンス図に対応する．ここで，黒丸は連結成分に対応し，白丸はサイクルに対応している．パーシステンス図の解釈の一つは，対角線から遠く離れた点がより重要であり，対角線に近い点は雑音と見なされるということである．我々は 5.2.4 節において，パーシステンス図をより詳しく見ることにしよう．

練習 5.19　パーシステンス図において，対角線の下に点が打たれることがあり得るだろうか？　なぜか，あるいはなぜそうでないか？

問題 5.20　問題 5.3 の離散モース関数のパーシステンス図を描け.

問題 5.21　問題 5.17 の複体のパーシステンス図を求めよ.

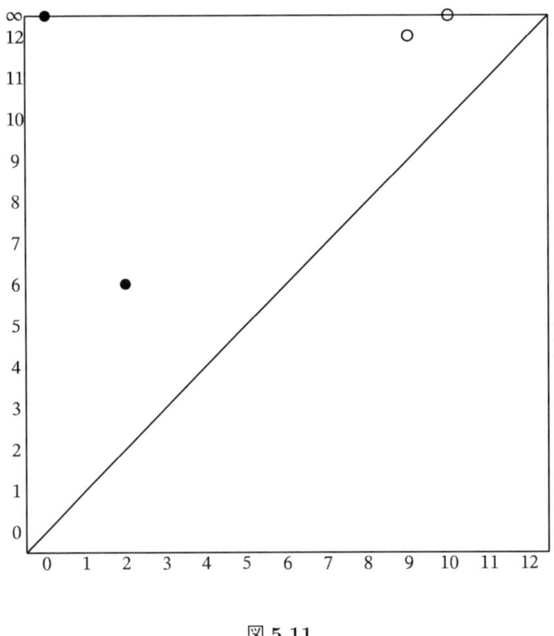

図 5.11

5.2 離散モース関数のパーシステントホモロジー

前節では，パーシステントホモロジーを用いて，離散モース関数から誘導されたフィルトレーションについて調べた．この節では，離散モース理論からパーシステントホモロジーの枠組みを構築したい．これについてはウリ・バウアーの考え方に負うところが大きい．この節の内容は，彼の素晴らしい学位論文 [**24**] の一部に基づいている．

5.2.1 離散モース関数の間の距離

$\mathbb{R}$ に値を取る 2 つの関数の間の距離に関しては，自然な概念がいくつかある．我々は一様ノルムと呼ばれるものを用いよう．$f: K \longrightarrow \mathbb{R}$ を有限集合 K 上の任意の関数としよう．（特に，単体複体上の離散モース関数）f の**一様ノルム** $\|f\|_\infty$ は，

$$\|f\|_\infty := \max\{|f(\sigma)| : \sigma \in K\}$$

により定義される．

練習 5.22　問題5.3および5.17において定義された離散モース関数 f に対して，$\|f\|_\infty$ を計算せよ．

一様ノルムを用いて，与えられた単体複体上の離散モース関数の間の**距離**を次のようにして定義することができる：$f, g: K \longrightarrow \mathbb{R}$ を離散モース関数とする．f と g の間の距離を $d(f,g) := \|f-g\|_\infty$ により定義する．これが距離を与えるためには，次の命題の4つの性質を満たさねばならない．

問題 5.23　$f, g: K \longrightarrow \mathbb{R}$ を離散モース関数とする．このとき，

(i) $d(f,g)=0$ であるのは，$f=g$ のとき，かつそのときに限る；
(ii) $d(f,g) \geq 0$；
(iii) $d(f,g)=d(g,f)$；
(iv) $d(f,h)+d(h,g) \geq d(f,g)$.

証明　$d(f,g)=0$ であるとせよ．このとき $0=\max\{|f(\sigma)-g(\sigma)| : \sigma \in K\}$ であり，したがって，すべての $\sigma \in K$ に対して $|f(\sigma)-g(\sigma)|=0$ である．それゆえ $f=g$ である．逆に，もし $f=g$ であるならば，$d(f,g)=\max\{|f(\sigma)-g(\sigma)| : \sigma \in K\}=0$ である．(ii) については，$|f(\sigma)-g(\sigma)| \geq 0$ であるので，$d(f,g) \geq 0$ である．(iii) については，$|f(\sigma)-g(\sigma)|=|g(\sigma)-f(\sigma)|$ であるので，$d(f,g)=d(g,f)$ である．最後に，通常の三角不等式より，

$$|f(\sigma)-g(\sigma)| \leq |f(\sigma)-h(\sigma)|+|h(\sigma)-g(\sigma)|$$

であることがわかり，それゆえ $d(f,g) \leq d(f,h)+d(h,g)$ である．■

我々は5.2.3節の最後および5.2.4節の主結果において，離散モース関数の間の距離を使おう．

例 5.24　$f, g: K \longrightarrow \mathbb{R}$ を2つの離散モース関数とし，任意の $t \in [0,1]$ に対して，$f_t := (1-t)f + tg$ と定義しよう．この距離の扱いに慣れるためのちょっとした練習として，任意の $s, t \in [0,1]$ に対して，$\|f_r - f_s\|_\infty = |s-r|\|f-g\|_\infty$ が成り立つことを直接計算により示そう．

$$\begin{aligned}
\|f_r - f_s\|_\infty &= \max\{|f_r(\sigma)-f_s(\sigma) : \sigma \in K\} \\
&= \max\{|f(\sigma)[(1-r)-(1-s)]-g(\sigma)[s-r] : \sigma \in K\} \\
&= \max\{|s-r||f(\sigma)-g(\sigma)| : \sigma \in K\} \\
&= |s-r|\max\{|f(\sigma)-g(\sigma)| : \sigma \in K\}
\end{aligned}$$

$$= |s-r|\|f-g\|_\infty.$$

5.2.2 擬離散モース関数

離散モース関数 f が与えられたとき，f は一意的に定まる勾配ベクトル場 V_f を誘導することを2.2節で見た．一方では，与えられた離散モース関数に対して，これに付随する勾配ベクトル場が一意的に定まるので，このこと自体は良いことである．他方で，与えられた離散モース関数が唯一つの勾配ベクトル場しかもたないという事実は，離散モース関数の定義が，ある意味で厳しすぎることを意味している．離散モース関数の定義を，それが複数の勾配ベクトル場をもつように緩めることにより，**擬離散モース関数**の概念を導入しよう．

定義 5.25 関数 $f : K \longrightarrow \mathbb{R}$ は，次の条件が成り立つとき，**擬離散モース関数**であるという：勾配ベクトル場 V が存在して，$\sigma^{(p)} < \tau^{(p+1)}$ であるときは常に次の条件が成り立つ：

- $(\sigma, \tau) \notin V$ であるならば $f(\sigma) \leq f(\tau)$ であり，
- $(\sigma, \tau) \in V$ であるならば $f(\sigma) \geq f(\tau)$ である．

そのような V と f は**両立している**と言われる．

単体複体上に擬離散モース関数を与えるためのうまいやり方は，お好みの勾配ベクトル場から出発して，それに従って単体たちにラベルを付けることである．

練習 5.26 定義 5.25 の流儀に従った離散モース関数の定義を与えよ．

すぐにわかるように，擬離散モース関数は離散モース関数とはかなり違って見えることがある．

例 5.27 G を図 5.12 の単体複体とし，$f : G \longrightarrow \mathbb{R}$ を図のラベル付けで与えられるものとしよう．これが擬離散モース関数であることを確かめるためには，すべての $\sigma^{(p)} < \tau^{(p+1)}$ に対して，$(\sigma, \tau) \notin V_f$ ならば $f(\sigma) \leq f(\tau)$ であり，$(\sigma, \tau) \in V_f$ ならば $f(\sigma) \geq f(\tau)$ が成り立つような勾配ベクトル場を見出す必要がある．図 5.13 の勾配ベクトル場がこの性質を満たすものである．図 5.14 の勾配ベクトル場もそうである．

実際のところ，G 上の任意の勾配ベクトル場は f と両立している．より一般に，任意の単体複体 K に対して，すべての $\sigma \in K$ について $f(\sigma) = 2$ で定義される関数 $f : K \longrightarrow \mathbb{R}$ は，K 上のあらゆる可能な勾配ベクトル場と両立する擬離散モース関数である．この場合，そのような勾配ベクトル場の中で，定数関数と両立するものがど

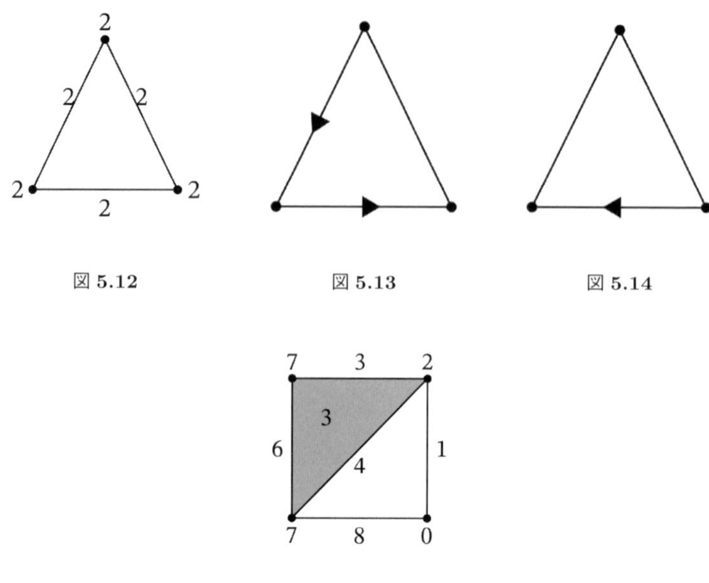

図 5.12　図 5.13　図 5.14

図 5.15

れくらいあるかを問うてみるのも面白い．第 7 章において，K が 1 次元，すなわちグラフの場合に，この問題に対する部分的な解答を与えよう．

これとは対照的に，問題 5.29 では，擬離散モース関数と両立するベクトル場がいつ一意的になるかについて調べよう．

問題 5.28　擬離散モース関数 f は，空であるベクトル場と両立するとき，かつそのときに限り平坦であることを示せ．

問題 5.29　いつ擬離散モース関数が一意的な勾配ベクトル場をもつかについての特徴付けを見出し，これを証明せよ．

擬離散モース関数でないものは，どのように見えるであろうか？

問題 5.30　図 5.15 で与えられる単体複体 K およびラベル付け $f : K \longrightarrow \mathbb{R}$ を考えよう．これは擬離散モース関数でないことを示せ．

4.1.3 節において，平坦な離散モース関数の線形結合はまた別の離散モース関数を生み出すことを見た．これは擬離散モース関数についても成り立つことであり，したがって，古いものから新しい擬離散モース関数が得られるのである．

補題 5.31 f と g を勾配ベクトル場 V と両立する擬離散モース関数とし，$t_1, t_2 \geq 0$ を実数とする．このとき，$t_1 f + t_2 g$ は V と両立する擬離散モース関数である．

問題 5.32 補題 5.31 を証明せよ．

擬離散モース関数は，基本離散モース関数と同じく，単体の集合上に**狭義の全順序**を誘導する．すなわち，K 上の関係 $\prec$ であって，次の 3 つの性質を満たすものである：

(a) 非反射律：すべての $\sigma \in K$ に対して $\sigma \not\prec \sigma$.
(b) 非対称律：$\sigma \prec \tau$ ならば $\tau \not\prec \sigma$.
(c) 推移律：$\sigma \prec \tau$ かつ $\tau \prec \gamma$ ならば $\sigma \prec \gamma$.

順序は，任意の $\sigma, \tau \in K$ に対して $\sigma \prec \tau$ もしくは $\tau \prec \sigma$ のいずれかが成り立つとき，全順序であるという．簡単に言えば，すべての単体が比較可能ということである．次の半順序から全順序を作ろう．

定義 5.33 V を K 上の勾配ベクトル場とせよ．K 上の関係 $\leftarrow_V$ を，すべての $\sigma^{(p)} < \tau^{(p+1)}$ に対して，次が成り立つものとして定義する：

(a) もし $(\sigma, \tau) \notin V$ であるならば $\sigma \leftarrow_V \tau$；
(b) もし $(\sigma, \tau) \in V$ であるならば $\tau \leftarrow_V \sigma$.

$\prec_V$ を $\leftarrow_V$ の推移閉包としよう．このとき $\prec_V$ が **V から誘導された狭義の半順序**である．

「関係」の推移閉包とは，強制的に推移性が成り立つようにした新たな「関係」のことである．すなわち，$a < b$ かつ $b < c$ であるならば，推移閉包 $<'$ はその定義より，$a <' c$ を満たす．

例 5.34 例 2.48 の勾配ベクトル場 V を考えよう（図 5.16）．単体の対を取り，それらが関係付けられているかどうかと問うことにより，$\prec_V$ を調べよう．例えば v_3 と e_4 を考えよう．$(v_3, e_4) \in V$ であるので，このことは $e_4 \leftarrow_V v_3$ を意味し，したがって $e_4 \prec_V v_3$ である．また $(v_4, e_4) \notin V$ であるので，$v_4 \leftarrow_V e_4$ であり，それゆえ $v_4 \prec_V e_4$ である．$\prec_V$ は $\leftarrow_V$ の推移閉包であるので，ただちに推移的な関係が得られる；すなわち，$v_4 \prec_V v_3$．このようなやり方を続けると，K 上の半順序が得られる（問題 5.35 を見よ）．

問題 5.35 例 5.34 の V から誘導される半順序関係を示すハッセ図を描け．

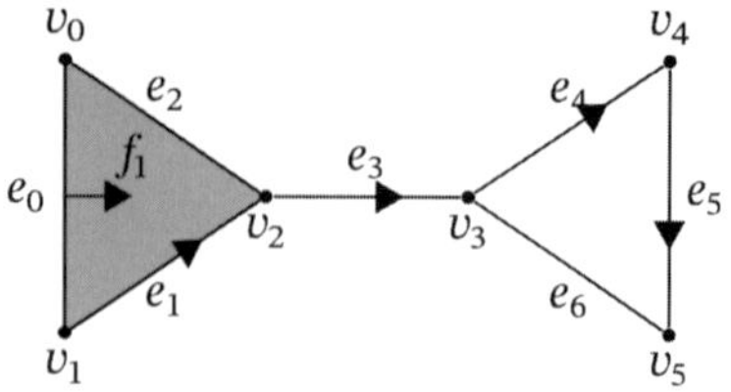

図 5.16

問題 5.36　定義 5.33 により，与えられた単体複体 K の単体の集合上に狭義半順序が与えられることを示せ．

読者はもう気付いているかも知れないが，半順序 $\prec_V$ の考え方は，半順序が増えるにつれて f の値も増えるということである．

命題 5.37　もし $\alpha \prec_V \beta$ ならば $f(\alpha) \leq f(\beta)$ である．

証明　$\alpha \prec_V \beta$ であるとしよう．このとき，列

$$\alpha = \alpha_n \leftarrow_V \alpha_{n-1} \leftarrow_V \cdots \leftarrow_V \alpha_0 = \beta$$

が存在する．任意の対 $\alpha_i \leftarrow_V \alpha_{i-1}$ に対して，$\leftarrow_V$ の定義より，

(a) $\alpha_i < \alpha_{i-1}$ であり，$(\alpha_i, \alpha_{i-1}) \notin V$ であるか，もしくは
(b) $\alpha_{i-1} < \alpha_i$ であり，$(\alpha_{i-1}, \alpha_i) \in V$

のいずれかが成り立つ．

もし前者の場合であれば，離散モース関数の定義により，$f(\alpha_i) < f(\alpha_{i-1})$ である．もし後者ならば，勾配ベクトル場の元であるという定義により，$f(\alpha_{i-1}) \geq f(\alpha_i)$ である．いずれの場合でも，任意の i に対して $f(\alpha_{i-1}) \geq f(\alpha_i)$ であり，それゆえ $f(\alpha) \leq f(\beta)$ である．■

$\prec_V$ の他に，$\prec_f$ と書かれるもう一つの半順序が考えられる．これは擬離散モース関数 $f : K \longrightarrow \mathbb{R}$ から誘導されるものであり，任意の単体 $\alpha, \beta \in K$（必ずしも余次元 1 の対とは限らない）に対して，$\alpha \prec_f \beta$ であるのは $f(\alpha) < f(\beta)$ であるとき，かつそのときに限る，という条件により定義される．$\sigma \prec_V \tau$ かつ $\tau \prec_f \sigma$ となるような 2 つの単体 σ と τ が存在しないならば，2 つの順序は**両立する**という．我々は，K の単体上の狭義全順序を定義する上で「両立する順序」を用いることにしよう．

定義 5.38　半順序集合 (P, V) の**線形拡張**とは，すべての元 $p_1, p_2, \ldots, p_m \in P$ の

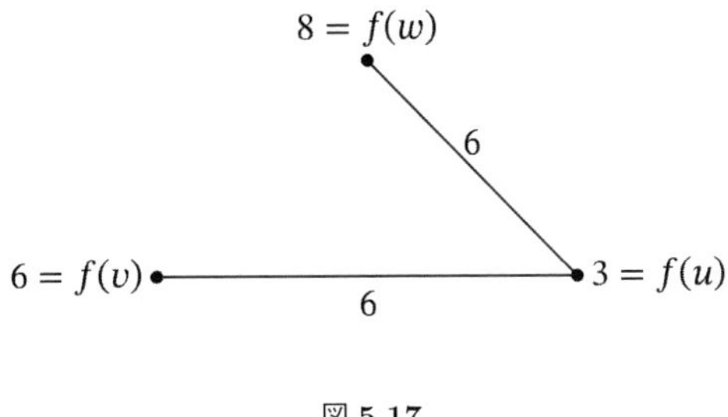

図 5.17

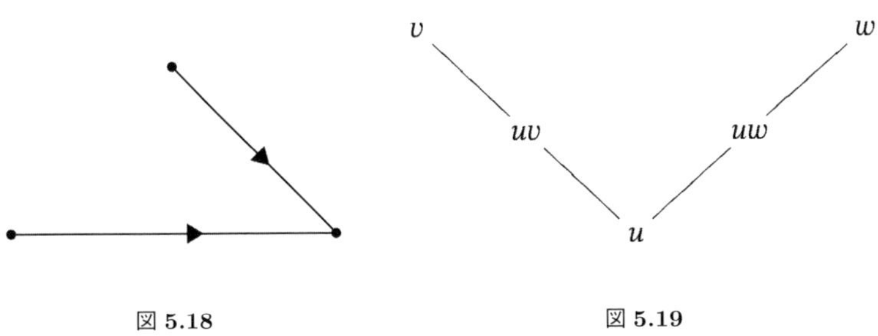

図 5.18

図 5.19

置換であって，$p_i < p_j$ ならば $i < j$ であるようなもののことである．$f : K \longrightarrow \mathbb{R}$ を擬離散モース関数とし，V を f と両立する勾配ベクトル場としよう．$\boldsymbol{f}$ **および** $\boldsymbol{V}$ **と両立する狭義全順序** $\boldsymbol{\prec}$ とは，$\prec_V$ の（それゆえ $\prec_f$ の）線形拡張のことである．

$\prec_V$ の線形拡張とは実のところ，半順序 $\prec_V$ を保つ全順序を一つ選ぶことである．例を用いて説明しよう．

例 5.39　$f : K \longrightarrow \mathbb{R}$ を図 5.17 で与えられる擬離散モース関数としよう．f と両立する V の一つは図 5.18 であり，対応する半順序は図 5.19 のハッセ図で与えられる．線形拡張 $\prec$ は，単にこの図の順序を保つ全順序のことである．そのいくつかを以下に挙げておこう：

- $u \prec uv \prec v \prec uw \prec w$
- $u \prec uw \prec w \prec uv \prec v$
- $u \prec uv \prec uw \prec w \prec v$
- $u \prec uw \prec uv \prec w \prec v$

ベクトル場 V および擬離散モース関数 f と両立する全順序 $\prec$ という新たな言葉を用いると，定理 4.27（縮約定理）の言い換えに役立つことがわかる．$\beta \prec \alpha$ であるすべての β を含む，K の最小の部分複体を $K(\alpha)$ と書こう．

定理 5.40（定理 4.27 の言い換え） V を擬離散モース関数 f と両立する勾配ベクトル場とし，$\prec$ を $\prec_V$ の線形拡張とする．もし $\alpha \prec \beta$ であり，なおかつ $\alpha \prec \gamma \prec \beta$ である臨界単体 γ が存在しないならば，$K(\beta) \searrow K(\alpha)$ である．

5.2.3　平坦な擬離散モース関数

4.1.3 節において，離散モース関数 f は，(σ, τ) が正則対であるときは常に $f(\sigma) = f(\tau)$ が成り立つとき，平坦であると定義したことを思い出そう．ここでは勾配ベクトル場を用いて，平坦な擬離散モース関数を定義しよう．

定義 5.41　$f : K \longrightarrow \mathbb{R}$ を勾配ベクトル場 V と両立する擬離散モース関数とする．f は $\sigma^{(p)} < \tau^{(p+1)}$ であるならば常に，

- もし $(\sigma, \tau) \notin V$ ならば $f(\sigma) \leq f(\tau)$;
- もし $(\sigma, \tau) \in V$ ならば $f(\sigma) = f(\tau)$

が成り立つならば，**平坦**であるという．

問題 5.30 では，単体複体上の“最小な”矢印の集合を計算する必要があった．一般に，このことを任意の擬離散モース関数に対して定義することができる．

定義 5.42　f を擬離散モース関数とする．**f と両立する最小の勾配ベクトル場**を，

$$V := \{(\sigma, \tau) : \sigma^{(p)} < \tau^{(p+1)} \text{ かつ } f(\sigma) > f(\tau)\}$$

と定義する．

形容詞“最小な”は次により正当化される：

命題 5.43　f と両立する最小な勾配ベクトル場は，f と両立するすべての勾配ベクトル場の共通部分という意味で最小である．

証明　$V' = \bigcap V_i$ を f と両立するすべての勾配ベクトル場の共通部分とせよ．明らかに，f と両立する任意の勾配ベクトル場 V に対して $V' \subseteq V$ である．$(\sigma, \tau) \in V$ としよう．このとき，定義により $f(\sigma) > f(\tau)$ である．それゆえ，定義 5.25 の一つ目の条件の対偶を用いると，f と両立するすべての勾配ベクトル場 V_i に対して，$(\sigma, \tau) \in V_i$ である．ゆえに結果が従う．■

例 5.44　f を図 5.20 により定義される擬離散モース関数とするとき，f と両立する最小な勾配ベクトル場は図 5.21 により与えられる．上図のベクトルたちはまさに，

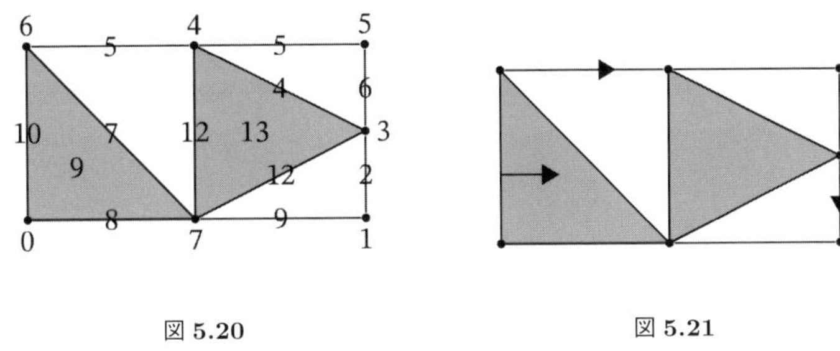

図 5.20　　図 5.21

そこになければならないものになっている．言い換えると，それらは $f(\sigma) > f(\tau)$ を満たす正則対 (σ, τ) に対応している．

練習 5.45　例 5.44 の擬離散モース関数と両立する勾配ベクトル場をすべて求めよ．その例の中で求めた最小な勾配ベクトル場が，求めたすべてのベクトル場に含まれていることを確かめよ．

擬離散モース関数と両立する勾配ベクトル場がきちんと定義されたことで，任意の擬離散モース関数に対して，“平坦化” の操作を定義することができる．これはすなわち，元の関数と同じレベル部分複体をもつ平坦な擬離散モース関数を生み出す操作である．f を擬離散モース関数とし，V を f と両立する最小の勾配ベクトル場とするとき，f の**平坦化** $\overline{f}$ を，

$$\overline{f}(\sigma) := \begin{cases} f(\tau) & \text{ある}\tau\text{に対して } (\sigma, \tau) \in V \text{ であるとき,} \\ f(\sigma) & \text{それ以外のとき,} \end{cases}$$

により定義する．

命題 5.46　$\overline{f}$ を擬離散モース関数 $f : K \longrightarrow \mathbb{R}$ の平坦化とする．このとき f と $\overline{f}$ は同じ臨界値の集合 $c_0, \ldots, c_n$ をもつ．さらに，すべての臨界値 c_i に対して $K_f(c_i) = K_{\overline{f}}(c_i)$ である．特に f と $\overline{f}$ とはホモロジー同値である．

問題 5.47　命題 5.46 を証明せよ．

練習 5.48　f が擬離散モース関数ではあるが，離散モース関数ではないとき，f を**純**擬離散モース関数と呼ぶ．f が純擬離散モース関数であるとき，$\overline{f}$ は常に純擬離散モース関数となるか，もしくは離散モース関数となるか，もしくはそのいずれでもないか？

平坦化は離散モース関数を次の意味で互いに “近づける” ものである．

定理 5.49　$f, g : K \longrightarrow \mathbb{R}$ を擬離散モース関数とし，$\overline{f}$ および $\overline{g}$ をそれぞれの平坦化とする．このとき $\|\overline{f} - \overline{g}\|_\infty \leq \|f - g\|_\infty$ である．

証明　$\tau \in K$ とし，V_f を f と両立する勾配ベクトル場とする．$|\overline{f}(\tau) - \overline{g}(\tau)| \leq \|f - g\|_\infty$ を示そう．$(\tau, \eta) \in V_f$ となる η が存在する場合は $\sigma := \eta$ とし，そうでない場合は $\sigma := \tau$ と定義しよう．σ と同様のやり方で，g に対して ϕ を定義する．

平坦化の定義より，$\overline{f}(\tau) = f(\sigma)$ である．擬離散モース関数の定義より，$f(\sigma) \leq f(\phi)$ である．したがって $\overline{f}(\tau) = \min\{f(\sigma), f(\phi)\}$ である．同様に $\overline{g}(\tau) = \min\{g(\sigma), g(\phi)\}$ である．問題 5.50 より，

$$
\begin{aligned}
|\overline{f}(\tau) - \overline{g}(\tau)| &\leq |\min\{f(\sigma), f(\phi)\} - \min\{g(\sigma) - g(\phi)\}| \\
&\leq \max\{|f(\sigma) - g(\sigma)|, |f(\phi) - g(\phi)|\} \\
&\leq \|f - g\|_\infty
\end{aligned}
$$

である．■

問題 5.50　$a, b, c, d \in \mathbb{R}$ に対して，

$$
|\min\{a, b\} - \min\{c, d\}| \leq \max\{|a - c|, |b - d|\}
$$

を証明せよ．

5.2.4　擬離散モース関数のパーシステンス図

5.1.2 節において，我々は単体複体のある種のフィルトレーションに適用可能なパーシステントホモロジー論について吟味した．この観点からすると，パーシステントホモロジーについて，特段“離散モース理論”と言えるものは何もない．ある離散モース関数が，たまたま適切なフィルトレーションを与えており，したがって，離散モース関数を見出すことは，我々がパーシステントホモロジー計算を実行し得る数多くのやり方の一つに過ぎないのである．これとは対照的に，この節ではもっぱら擬離散モース関数に基づいて，パーシステンスの理論を構成することにしよう．まずは擬離散モース関数のパーシステントホモロジーの言葉を書き換えることから始めよう．

定理 5.40 より，トポロジカルには正則単体の間には何も面白いことは起こらず，肯定的な言い方をすれば，ちょうど臨界単体のところで面白いことが起きるのである．それゆえ，σ と τ を $\sigma \prec \tau$ である臨界単体としよう（それらの間に他の臨界単体があるかも知れない）．このとき，**包含写像** $i^{\sigma,\tau} : K(\sigma) \longrightarrow K(\tau)$ が $i^{\sigma,\tau}(\alpha) = \alpha$ により定義される．さて，我々は 3.2 節から，任意の $K(\sigma)$ に対して，ベクトル空間 $H_p(K(\sigma))$ が定まることを知っている．また同じく 3.2 節にあるように，$\alpha^{(p)} \in$

$K(\sigma)$ であるならば，α を $\Bbbk^{|K_p(\sigma)|}$ の基底の要素と思うことができる．α がホモロジー類 $[\alpha] \in H_p(K(\sigma))$ を定めるとしよう．このとき，$i^{\sigma,\tau}$ を用いて線形変換 $i_p^{\sigma,\tau}$: $H_p(K(\sigma)) \longrightarrow H_p(K(\tau))$ を $i_p^{\sigma,\tau}([\alpha]) = [i_p^{\sigma,\tau}(\alpha)]$ により定義することができる．

p 次パーシステントホモロジーベクトル空間とは $H_p^{\sigma,\tau}$ と書かれ，$H_p^{\sigma,\tau} := \mathrm{Im}(i_p^{\sigma,\tau})$ により定義されるものである．**p 次パーシステントベッチ数**とは，対応するベッチ数 $\beta_p^{\sigma,\tau} := \lim H_p^{\sigma,\tau}$ のこととする．$\prec$ により与えられる全順序に関して，σ の一つ前の元を σ_- と書こう．$[\alpha] \in H_p(K(\sigma))$ であるとき，もし $[\alpha] \notin H_p^{\sigma_-,\sigma}$ であるならば，**$[\alpha]$ は正の単体 σ で生まれる**といい，もし $i_p^{\sigma,\tau_-}([\alpha]) \notin H_p^{\sigma_-,\tau_-}$ であるが $i_p^{\sigma,\tau}([\alpha]) \in H_p^{\sigma_-,\tau}$ であるならば，**$[\alpha]$ は負の単体 τ で死ぬ**という．ホモロジー類 $[\alpha]$ が σ で生まれ，そして τ で死ぬとき，(σ,τ) を**パーシステンス対**と呼ぶ．差 $f(\tau)-f(\sigma)$ が (σ,τ) の**パーシステンス**である．もし正の単体 σ がどの負の単体 τ とも対にならない（すなわち，σ は生まれたのち，決して死なない）ならば，σ は**エッセンシャル**もしくは**無限遠点**と呼ばれる．

これらの定義はきわめて技術的ではあるが，5.1.2 節において，既にすべて行ってきたものばかりである．現時点では，その節の中の具体的な計算の一つに戻ってみて，上の定義がまさに，そこでの計算になっていることを理解することは有用であろう．

擬離散モース関数のパーシステンス図を定義することから始めよう．集合 S 上の**多重集合**とは，順序対 (S,m) のことである．ここで，$m : S \longrightarrow \mathbb{N}$ は S の各元の**重複度**を記録する関数である．言い換えると，多重集合とは同じ値が複数回生じることも許した集合のことである．

定義 5.51 $f : K \longrightarrow \mathbb{R}$ を擬離散モース関数とし，$\overline{\mathbb{R}} := \mathbb{R} \cup \{\infty, -\infty\}$ とする．f の**パーシステンス図** $D(f)$ とは，$\overline{\mathbb{R}}^2$ 上の多重集合であって，f の各パーシステンス対 (σ,τ) ごとに $(f(\sigma), f(\tau))$ を，また，各エッセンシャル単体 σ ごとに $(f(\sigma),\infty)$ を含んでおり，さらに，対角線上の各点を可算無限な重複度で含むようなもののことである．

我々は注意 5.18 において，パーシステンス図の具体例を見た．もう一度さかのぼって，この注意と定義 5.51 とが互いにいかに関連し合っているかを理解するとよいであろう．

この時点で生じるかも知れない懸念は，パーシステンス図 $D(f)$ が擬離散モース関数 f と勾配ベクトル場 V のみならず，全順序 $\prec$ の取り方にも依存するかも知れないということであろう．幸いなことに，次の定理で示されるように，$D(f)$ は f のみに依存するのである：

定理 5.52　パーシステンス図 $D(f)$ は矛盾なく定義される；すなわち，それは f と両立する勾配ベクトル場 V の選び方，f および V と両立する全順序 $\prec$ の双方から独立である．

証明　パーシステンス図の定義に記録されている情報は V もしくは $\prec$ の選び方に関係なく同じである，すなわちパーシステンス対，エッセンシャル単体，そして対角線上の点に対して同じ値を取るということを示す必要がある．定義より，$D(f)$ は f の選び方に関係なく，対角線上の各点を可算無限な多重度で含んでいる．

f と両立する全順序 $\prec$ を一つ固定し，0 でないパーシステンスをもつ k 個の正の d-単体 σ_i があると仮定し，$f(\sigma_i) = s$ としよう．f と両立する他の任意の全順序 $\prec'$ に対して，0 でないパーシステンスをもつ k 個の正の d-単体 σ_i であって，$f(\sigma_i) = s$ であるものが取れることを示そう．このことを見るため，$s_- := \max\{f(\alpha) : \alpha \in K, f(\alpha) < s\}$ と定義しよう．このとき，$\beta_d(K(s)) = \beta_d(K(s_-)) + k$ である．これらのベッチ数は，しかしながら $\prec$ とは独立であり，したがって f と両立する他の任意の全順序 $\prec'$ に対して，0 でないパーシステンスをもつ k 個の正 d-単体 σ_i であって，$f(\sigma_i) = s$ であるものが存在せねばならない．

さて，k 個のパーシステンス対 $(\sigma_i^{(d)}, \tau_i^{(d+1)})$ であって，$(f(\sigma_i), f(\tau_i)) = (s, t)$ であるものがあるとしよう．$\beta_d^{s,t}$ を $K(t)$ における $K(s)$ の d 次パーシステントベッチ数とする．このとき，ちょうど $\beta_d^{s,t} - \beta_d^{s_-,t}$ 個のホモロジー類が s で生まれ，パーシステント対の定義より，s で生まれるホモロジー類が生成する部分ベクトル空間の次元は，t において“すぐ下の値” $t_- = \max\{f(\phi) : \phi \in K,\ f(\phi) < t\}$ から k だけ減少する．それゆえ，

$$\beta_d^{s,t} - \beta_d^{s_-,t} = (\beta_d^{s,t_-} - \beta_d^{s_-,t_-}) - k$$

となる．

パーシステントベッチ数は全順序 $\prec$ とは独立であり，したがって，パーシステンス図は f のみに依存する．■

さて，2つのパーシステンス図が互いにどれくらい“離れているか”，あるいは異なっているかを測る方法を定義しよう．$a \in X$ の多重度が $m(a)$ であるとき，これを $a_1, a_2, \ldots, a_{m(a)}$ と見ることにしよう．これらの各項を**個別要素**と呼ぶことにしよう．

定義 5.53　X および Y を $\mathbb{R}^2$ の2つの多重集合としよう．**ボトルネック距離**を $d_B(X,Y) := \inf_{\gamma} \sup_{x \in X} \|x - \gamma(x)\|_\infty$ により定義する．ここで，γ は X の個別要素から Y の個別要素へのすべての全単射を動くものとする．

約束として，任意の $a, b, c \in \mathbb{R}$ に対して，$(a,\infty) - (b,\infty) = (a-b, 0)$, $(a,\infty) - (b,c) = (a-b,\infty)$, また $\|(a,\infty)\|_\infty = \infty$ と定義しておく．

ボトルネック距離は 2 つの擬離散モース関数がどれくらい離れているかを測る，もう一つの方法を与えるものである．この場合，それは対応するパーシステンス図がどれくらい離れているかを測っている．ボトルネック距離がもつ良い性質の一つは，2 つの擬離散モース関数が近ければ，対応するパーシステンス図も近いということである．これは以下に示すように，いわゆる**安定性定理**と呼ばれるものである．擬離散モース関数を少し変化させてもパーシステンス図が激しく変わるということがないため，安定性定理と呼ばれるのである；言い換えると，擬離散モース関数を少しだけ変化させるとパーシステンス図も少しだけ変化するのである．その意味でボトルネック距離は安定している．まず補題を一つ提示しよう．

補題 5.54 f および g を 2 つの平坦な擬離散モース関数とし，両立する勾配ベクトル場をそれぞれ V_f および V_g としよう．このとき $f_t := (1-t)f + tg$ は，勾配ベクトル場 $V := V_f \cap V_g$ と両立する平坦な擬離散モース関数である．

補題 4.18 との類似性に注意しよう．

証明 補題 5.31 より，f_t が擬離散モース関数であることがわかる．残るは，それが勾配ベクトル場 $V = V_f \cap V_g$ と両立することを示すのみである．f および g は平坦であるので，任意の対 $\sigma^{(p)} < \tau^{(p+1)}$ に対して，$f(\sigma) \leq f(\tau)$ かつ $g(\sigma) \leq g(\tau)$ である．補題 4.18 と同じ議論を用いることにより，f_t が V と両立することが示される． ■

さて，ようやく安定性定理を証明することができる．

定理 5.55（安定性定理） $f, g : K \longrightarrow \mathbb{R}$ を 2 つの擬離散モース関数とする．このとき，$d_B(D(f), D(g)) \leq \|f - g\|_\infty$ である．

証明 一般性を失うことなく，f および g が平坦な擬離散モース関数である場合に，結果を証明すれば十分である（問題 5.56 を見よ）．写像の族 $f_t := (1-t)f + tg$ $(t \in [0,1])$ を考えよう．補題 5.54 より，f_t は平坦な擬離散モース関数である．しかしながら，全順序 $\prec_{f_t}$ は異なる t に対して異なるものになるかも知れない．そこで $[0,1]$ を部分区間に分割し，与えられた区間上では f_t と両立する全順序を見出そう．この目的のため，$\sigma^{(p)} < \tau^{(p+1)}$ であって，$f(\sigma) - g(\sigma) \neq f(\tau) - g(\tau)$ であるものを取ろう．このとき，$f_t(\sigma) = f_t(\tau)$ であるような t が一意的に存在する．この値は，

$$t_{\sigma,\tau} := \frac{f(\sigma) - f(\tau)}{f(\sigma) - f(\tau) - g(\sigma) + g(\tau)}$$

により与えられる．もし $f(\sigma)-g(\sigma) = f(\tau)-g(\tau)$ ならば，任意の t に対して $f_t(\sigma) = f_t(\tau)$ であるのは，$f(\sigma) = f(\tau)$ であるとき，かつそのときに限る．それゆえ，順序 $\prec_{f_t}$ は値 $t_{\sigma,\tau}$ のところでのみ変化する．このような値は有限個しかなく，また全順序は，これら $t_{\sigma,\tau}$ の間では一定であるので，求める分割および K 上の全順序 $\prec_i$ であって，任意の $t \in [t_i, t_{i+1}]$ に対して f_t と両立するものが得られる．これらはすべて同じ全順序を定めるので，同じ勾配ベクトル場を定め，したがって特に，区間 $[t_i, t_{i+1}]$ において，f_t は同じパーシステンス対 P_i をもつ．それゆえ，各パーシステンス図 $D(f_t)$ の間に自然な点の対応が存在する．σ がエッセンシャルであるとき，$(\sigma, \infty) \in P_i$ と書き，$f_t(\sigma) = \infty$ としよう．$r, s \in [t_i, t_{i+1}]$ とする．パーシステンス対が特定できたので，ボトルネック距離は，

$$\begin{aligned} d_B(D(f_r), D(f_s)) &\leq \max_{(\sigma,\tau)\in P_i} \|(f_r(\sigma), f_r(\tau)) - (f_s(\sigma), f_s(\tau))\| \\ &\leq \|f_r - f_s\|_\infty = |s-r|\|f-g\|_\infty \end{aligned}$$

を満たすことがわかる．ここで最後の不等式は例 5.24 から導き出せる．この事実を用いると，分割全体に渡って足し合わせ，ボトルネック距離についての三角不等式を用いることにより，

$$\begin{aligned} d_B(D(f), D(g)) &\leq \sum_{i=0}^{k-1} d_B(D(f_{t_i}), D(f_{t_{i+1}})) \\ &\leq \sum_{i=0}^{k-1} (t_{i+1} - t_i)\|f-g\|_\infty \\ &= \|f-g\|_\infty \end{aligned}$$

が得られ，これが求める結果である．∎

問題 5.56　定理 5.55 の証明において，平坦な擬離散モース関数を考察すれば十分であることを証明せよ．

練習 5.57　定理 5.55 の証明の中で与えられている $t_{\sigma,\tau}$ の値が正しいものであり，かつ一意的であることを確かめよ．

問題 5.58　K を複体とする．任意の $\epsilon > 0$ に対して，K 上の 2 つのパーシステンス図 $D(f)$ および $D(g)$ であって，$d_B(D(f), D(g)) < \epsilon$ であるものを見出せ．

第6章　ブール関数と回避性

この章は，“回避性”（これは元来フォーマン [**67**] によるものである）を含むコンピューターサイエンスの探索問題への興味深い応用に充てられる．途中，ブール関数を導入し，それらがどのように単体複体や「回避問題」に関係するかを見よう．この章で議論されているような離散モース理論の他の興味深い応用については [**59**] を見よ．

6.1　ブール関数ゲーム

一つ，ゲームをしよう．[1] 任意の整数 $n \geq 0$ に対して，インプットが $n+1$ 個の 0 と 1 の組（これは通常，ベクトルの記法 $\vec{x}$ で書かれる）であるような関数 f を一つ考えよう．アウトプットは 0 もしくは 1 のいずれかである．言い換えると，次のような形の関数 $f : \{0,1\}^{n+1} \longrightarrow \{0,1\}$, $f(\vec{x}) = 0$ もしくは 1, を考えるのである．そのような関数は**ブール関数**と呼ばれる．「**出題者** (hider)」はインプット $\vec{x} := (x_0, x_1, \ldots, x_n)$ のための戦略を考えるわけである．「**挑戦者** (seeker)」は，出題者が何をインプットしたかはわからず，特定のインプットの値（すなわちインプットベクトルの成分）を聞き出すために出題者に質問することによって，アウトプットを言い当てなければならないのである．ただし出題者には「$x_i = 0$ ですか？」とか「$x_i = 1$ ですか？」といった形の「はい，または，いいえ」式の質問だけが許されているものとする．また，選ばれたブール関数は両方のプレーヤーとも知っているものとする．ゲームの目的は，挑戦者ができる限り少ない数の質問でアウトプットを言い当てることである．挑戦者は，すべてのインプットの値を聞き出すことなく正確にアウトプットを言い当てることができるならば勝ちである．挑戦者は出題者がどのような戦略を取ろうともすべてのインプットの値を聞き出すことなく正しいアウトプットを常に言い当てることができるならば，**必勝戦略**を持っていると言われる．出題者は，挑戦者がインプットベクトルのすべての成分を聞き出さねばならないことになれば勝ちであ

[1] 原注：ありがたいことに，「ジグソー遊び」のようなものではない．

る．以下の例と練習問題では，このゲームで実際に誰かと“対戦”してみるとよいであろう．

例 6.1　$n = 99$ とし，$f : \{0,1\}^{100} \longrightarrow \{0,1\}$ を，すべての $\vec{x} \in \{0,1\}^{100}$ に対して $f(\vec{x}) = 0$ により定義しよう．このとき，挑戦者は一つも質問することなく，このゲームに常に勝つことができる；つまりアウトプットは常に 0 であるため，勝敗は出題者がインプットを与える戦略には関係しないのである．

例 6.2　$P_3^4 : \{0,1\}^{4+1} \longrightarrow \{0,1\}$ を，$P_3^4(x_0, x_1, x_2, x_3) = x_3$ により与えよう．この場合，挑戦者は「$x_3 = 1$ ですか？」と一つ質問するだけで常に勝つことができる．一般に，「**射影関数**」$P_i^n; \{0,1\}^{n+1} \longrightarrow \{0,1\}$ を，$0 \leq i \leq n$ に対して $P_i^n(\vec{x}) = x_i$ により定義する．

練習 6.3　ブール関数 P_i^n に対しては，挑戦者は一つの質問で常に勝つことができることを証明せよ．

例 6.2 において，挑戦者は「$x_4 = 1$ ですか？」のような役に立たない質問をすることもできることに注意しよう．しかしながら我々は可能な最善の戦略を見つけようとしているのである．

練習 6.4　$P_{j,\ell}^n : \{0,1\}^{n+1} \longrightarrow \{0,1\}$ を，$0 \leq j \leq \ell \leq n$ に対して $P_{j,\ell}^n(x_0, \ldots, x_n) = x_j + x_\ell \mod 2$ により定義されるものとしよう．このとき挑戦者は必勝戦略を持つことを証明し，勝つために必要となる質問数の最小値を求めよ．

上で述べたことはただのゲームと考えてもよいが，実はそれ以上に重要なものなのである．ブール関数は，コンピューターサイエンスや論理回路，暗号理論，社会的選択理論，さらに他の多くの応用において，広範囲にわたって使われている．例えば [**139**]，[**92**]，[**154**] を見よ．コンピューターがブール関数の膨大な数のアウトプットを計算せねばならない場合に，もしコンピューターが最小のインプットだけを処理することによってアウトプットを計算できるのであれば，膨大な量の時間とメモリーの節約になることが想像できるだろう．つまらないけれどもわかりやすい例として，例 6.1 のブール関数を考えよう．このブール関数は 100 個の 0 と 1 の列が与えられると常に 0 を返すものである．もしもコンピューターが 200 個の異なるインプットに対して，この関数を計算しなければならないならば，メモリーから 200 個のインプットをそれぞれ呼び出し，計算を実行することは恐ろしく非効率的であろう．なぜならインプットは何でもよいからである．アウトプットは常に 0 である．同じように，1000 個のインプットに対して P_3^{999} を計算しなければならないならば，各インプットの 1000 個の成分すべてではなく，3 番目の成分だけを呼び出すだけでよいのである．

それゆえ，ブール関数のアウトプットを決定するために必要な最小量の情報を確定することにより，時間と多くの資源を節約でき得るのである．

他方で，一つ一つのインプットの値すべてを知る必要があるブール関数は少々厄介である．出題者が常に勝利するような戦略が存在するブール関数 $f : \{0,1\}^{n+1} \longrightarrow \{0,1\}$ は**回避的**と呼ばれる．言い換えると，そのような関数ではアウトプットを決定するためにインプットの各々の成分すべての値を知る必要があるのである．

$T_2^4 : \{0,1\}^{4+1} \longrightarrow \{0,1\}$ を，インプットの中に 2 個以上の 1 がある場合は $T_2^4(x_0, x_1, x_2, x_3, x_4) = 1$，そうでない場合は 0，により定義しよう．このゲームのシミュレーションを一つやってみよう．

SEEKER: $x_1 = 1$ ですか？

HIDER: はい

SEEKER: $x_3 = 1$ ですか？

HIDER: はい

SEEKER: インプットには少なくとも 2 個の 1 があるので，アウトプットは 1 ですね．私の勝ちです！

挑戦者はこのゲームに勝ったわけであるが，出題者はあまり良い戦略を使ったとは言えない．2 番目の質問で $x_3 = 1$ であることがわかると，インプットには 2 個の 1 があることになり，アウトプットが決まってしまったわけである．それよりも，出題者は最後の最後までインプットに 2 個の 1 があるかどうかがわからないような戦略を持つべきだったのである．もう一度やってみよう．

SEEKER: $x_1 = 1$ ですか？

HIDER: はい

SEEKER: $x_3 = 1$ ですか？

HIDER: いいえ

SEEKER: $x_2 = 1$ ですか？

HIDER: いいえ

SEEKER: $x_0 = 1$ ですか？

HIDER: いいえ

SEEKER: $x_4 = 1$ ですか？

HIDER: はい

SEEKER: アウトプットは 1 ですね，でも，すべてのインプットが必要だったので，私の負けです．

それゆえブール関数が T_2^4 の場合，出題者は常に勝つことができるのである．言い換えると T_2^4 は回避的である．

問題 6.5　**閾値関数** $T_i^n = T_i : \{0,1\}^{n+1} \longrightarrow \{0,1\}$ を，インプットに i 個以上の 1 がある場合は 1，そうでない場合は 0，により定義する．閾値関数は回避的であることを証明せよ．

6.2　単体複体はブール関数である

面白いゲームだったかも知れないが，一体それが単体複体にどう関係するというのだろうか？　実は単体複体に「単調性」という性質を満たすブール関数を対応させる自然なやり方がある．

定義 6.6　$f : \{0,1\}^{n+1} \longrightarrow \{0,1\}$ をブール関数としよう．このとき，$\vec{x} \le \vec{y}$ であるならば常に $f(\vec{x}) \le f(\vec{y})$ が成り立つならば，f は**単調**であるという．

練習 6.7　2 つの定値ブール関数 $\mathbf{0}(\vec{x}) = 0$ と $\mathbf{1}(\vec{x}) = 1$ は単調である．

練習 6.8　問題 6.5 で定義された閾値関数 $T_i^n; \{0,1\}^{n+1} \longrightarrow \{0,1\}$ は単調である．

後で見るように，単調であるという条件は，次の構成が部分集合を取るという操作で閉じていることを保証するものである．この構成はカーン他 [**95**] に依るものである．

定義 6.9　f を単調なブール関数とする．**f から誘導された単体複体 $\mathbf{\Gamma_f}$** とは，次のようなすべての「座標（ただし，$(1, 1, \ldots, 1)$ を除く）の集合」からなる集合のことである：$\vec{x} \in \{0,1\}^{n+1}$ がこれらの座標上でちょうど 0 であるならば，$f(\vec{x}) = 1$ である．もし $x_{i_0} = \cdots = x_{i_k} = 0$ がインプットの「0 座標」であるならば，Γ_f における対応する単体を $\sigma_{\vec{x}} := \{x_{i_0}, \ldots, x_{i_k}\}$ で表すことにする．

例 6.10　練習 6.8 において閾値関数は単調であることを証明した．それゆえ，それは何らかの単体複体に対応している．$T_2^3 = T_2$ について調べてみよう．Γ_{T_2} の単体は $T_2(\vec{x}) = 1$ となるようなベクトル $\vec{x}$ の 0 座標に対応している．したがって，

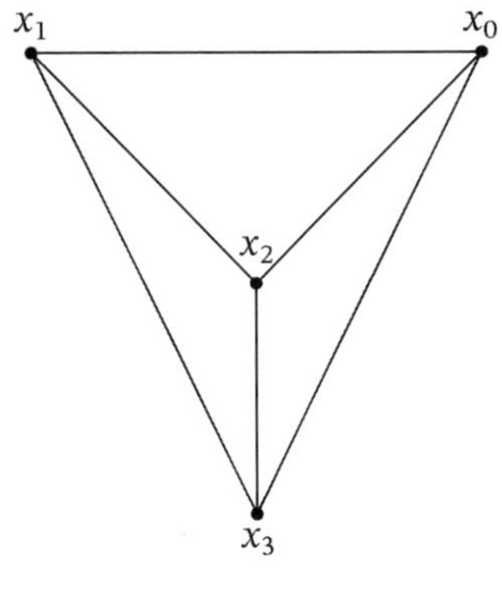

図 6.1

$T_2(\vec{x}) = 1$ であるようなすべての $\vec{x}$ を見出す必要がある．例えば $T_2((1,0,0,1)) = 1$ である．x_1 と x_2 が 0 であるから，このベクトルは単体 x_1x_2 に対応するのである．同じく $T_2((0,1,1,1)) = 1$ であるので，これは単体 x_0 に対応するのである．そのような単体をすべて見出すことにより，T_2 から図 6.1 の単体複体が得られる．

練習 6.11 定義 6.9 において，ベクトル $(1,1,\ldots,1)$ が除かれているのはなぜか？

上で述べたように，Γ_f が単体複体であることを保証するためには単調性が必要である．

問題 6.12 $f(\vec{x}) = x_0 + x_1 + \cdots + x_n \mod 2$ によって定義されたブール関数 $f : \{0,1\}^{n+1} \longrightarrow \{0,1\}$ は単調ではないことを示せ．また，対応する Γ_f を構成することを試み，それがなぜ単体複体にならないかを示せ．

練習 6.13 練習 6.7 で定義された定値関数から誘導される単体複体 $\Gamma_{\mathbf{0}}$ および $\Gamma_{\mathbf{1}}$ を求めよ．

問題 6.14 $P_i^n(\vec{x}) = x_i$ により定義される射影写像 $P_i^n : \{0,1\}^{n+1} \longrightarrow \{0,1\}$ が単調であることを示し，$\Gamma_{P_i^n}$ を計算せよ．

問題 6.15 Γ_f が図 6.2 の単体複体であるようなブール関数 f を一つ見出せ．

さて，単調なブール関数と単体複体が 1 対 1 対応であることを示そう．言い換えると，単調ブール関数と単体複体とは同じコインの裏表なのである．

命題 6.16 $n \geq 0$ を固定された整数とする．このとき単調ブール関数 $f : \{0,1\}^{n+1}$

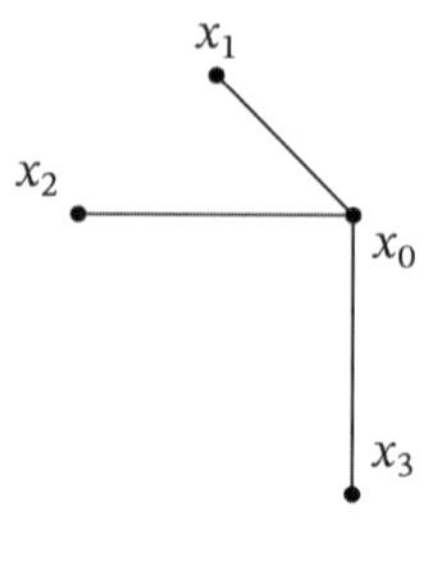

図 6.2

$\longrightarrow \{0,1\}$ と $[x_n]$ 上の単体複体の間には全単射が存在する．

証明　$f:\{0,1\}^{n+1} \longrightarrow \{0,1\}$ を単調ブール関数とせよ．もし $f(\vec{x})=1$ であって，「0 座標」が $x_{i_0},\ldots,x_{i_k}$ であるならば，$\sigma_{\vec{x}} := \{x_{i_0},\ldots,x_{i_k}\}$ と書くことにし，そのような $\sigma_{\vec{x}}$ すべての集まりを Γ_f としよう．Γ_f が単体複体であることを見るために，$\sigma_{\vec{x}} \in \Gamma_f$ とし，$\sigma_{\vec{y}} := \{y_{j_0},y_{j_1},\ldots,y_{j_\ell}\}$ が $\sigma_{\vec{x}}$ の部分集合であるとしよう．ベクトル $\vec{y}$ を $\sigma_{\vec{y}}$ に対応する座標上でちょうど 0 であるものと定義する．このとき $f(\vec{y})=1$ であることを示す必要がある．そこで $f(\vec{y})=0$ と仮定しよう．$\sigma_{\vec{x}} \in \Gamma_f$ であるから $f(\vec{x})=1$ である．$\sigma_{\vec{y}} \subseteq \sigma_{\vec{x}}$ であるから，$\vec{y}$ は，$\vec{x}$ から $\sigma_{\vec{x}} - \sigma_{\vec{y}}$ のすべての座標を 0 から 1 へ変えることにより得られることに注意しよう．しかし，このときインプットは 0 から 1 へ変わったのに対して，アウトプットは 1 から 0 へ変わったことになり（いま，$f(\vec{y})=0$ と仮定している），これは f が単調であるという仮定に反している．したがって $f(\vec{y})=1$ であり，Γ_f は単体複体である．

次に K を $[x_n]$ 上の単体複体としよう．$\sigma \in K$ とし，$\sigma=\{x_{i_0},\ldots,x_{i_k}\}$ としよう．$\vec{x}_\sigma \in \{0,1\}^{n+1}$ を，座標 $x_{i_0},\ldots,x_{i_k}$ 上では 0 とし，他のすべての座標上では 1 であるものとして定義しよう．$f:\{0,1\}^{n+1} \longrightarrow \{0,1\}$ を，すべての $\sigma \in K$ に対して $f(\vec{x}_\sigma)=1$，それ以外の場合は 0 として定義する．f が単調であることを見るため，$f(\vec{x}_\sigma)=1$ であって，0 座標が $x_0,\ldots,x_k$ であるとし，$\vec{x}'$ は，$\{x_0,\ldots,x_k\}$ の部分集合 S 上に 0 座標をもつものとしよう．K が単体複体であることから，$S \in K$ である．それゆえ，0 座標が S であるベクトルは，アウトプットが 1 である．しかし，このベクトルはまさに $\vec{x}'$ である．

これらの構成が互いに逆を与えていることは明らかであり，それゆえ求める結果が成り立つ．■

問題 6.17　$T_i^n:\{0,1\}^{n+1} \longrightarrow \{0,1\}$ を閾値関数とする．$\Gamma_{T_i^n}$ を求めよ．

6.3 回避性の定量化

命題 6.16 より，単調ブール関数と単体複体の間には 1 対 1 対応がある．それゆえ，単調ブール関数に対して定義されるあらゆる概念は，単体複体へ “輸入” することができるのである．特に，単体複体に対して，それが回避的であることが意味するものを定義することができる．さらに，複体に対して「それが回避的であることにどれくらい近いか？」を量る数を付随させることにより，回避性の概念を一般化しよう．

Δ^n を $v_0, v_1, \ldots, v_n$ を頂点集合とする n-単体としよう．$M \subseteq \Delta^n$ を部分複体とし，それを両方のプレーヤーが知っているものとしよう．$\sigma \in \Delta^n$ を出題者のみが知っている単体としよう．挑戦者の目標は，できる限り少ない数の質問で $\sigma \in M$ かどうかを決定することである．ただし挑戦者には「頂点 v_i は σ に属するか？」といった形の質問のみが許されているものとしよう．挑戦者は，どの頂点について尋ねるかを決めるため，それ以前のすべての答えに基づいた「アルゴリズム A」を利用するのである．そのような「アルゴリズム A」は**決定木アルゴリズム**と呼ばれる．

例 6.18 単体複体を用いたこのゲームがブール関数を用いたゲームと同じであることを見よう．例 6.1 のブール関数から始めよう．これは，すべての $\vec{x} \in \{0,1\}^{99+1}$ に対して $f(\vec{x}) = 0$ により定義されるブール関数 $f : \{0,1\}^{99+1} \longrightarrow \{0,1\}$ である．この場合，$n = 99$ であるので Δ^{99} を考えるわけである．両方のプレーヤーが知っている部分複体 M は，このブール関数から誘導される単体複体であり，この場合，再び Δ^{99} である．このことについて考えてみよう．この場合，隠された面 $\sigma \in \Delta^{99}$ が何であろうとまったく違いは生じない．$\sigma \in \Delta^{99}$ であり，なおかつ $M = \Delta^{99}$ であるので，σ は確かに M に属するのである．したがって，挑戦者は例 6.1 とまったく同じように，何ら質問をすることなく直ちに勝利するであろう．

例 6.19 次に，もっと面白い例として閾値関数 T_2^3 を取り上げよう．この場合 $\Delta^n = \Delta^3$ であり，$M \subseteq \Delta^3$ を例 6.10 の単体複体において 4 個の頂点からなる完全グラフ K_4，あるいは同じことであるが Δ^3 の 1-切片としよう，このとき問題 6.5 の前にあるようなやり取りと同じようなゲームを考えることができる．

SEEKER: $x_1 \in \sigma$ ですか？

HIDER: いいえ

SEEKER: $x_3 \in \sigma$ ですか？

HIDER: いいえ

SEEKER: $\sigma \in M$ であることがわかりました．なぜなら残りのものはすべて1-切片に含まれており，それはまさに M だからです．

以前と同じように，この例でも出題者は下手な戦略を選んでしまっている（“いつでもいいえ”[2]アルゴリズムに従っている）．より良い戦略を示そう：

SEEKER: $x_1 \in \sigma$ ですか？

HIDER: いいえ

SEEKER: $x_3 \in \sigma$ ですか？

HIDER: はい

SEEKER: $x_2 \in \sigma$ ですか？

HIDER: はい

SEEKER: $x_0 \in \sigma$ ですか？

HIDER: いいえ

SEEKER: $\sigma = x_2x_3 \in M$ であることがわかりましたが，もう遅いですね．すべてのインプットが必要だったので．

出題者は最後の最後まで挑戦者に当て推量させていることに注意しよう．やってみるとわかることであるが，$\sigma \in M$ かどうかは質問「$x_0 \in \sigma$ ですか？」に対する答えに依るのである．

記号 $Q(\sigma, A, M)$ により，挑戦者がアルゴリズム A を用いて σ が M に属するかどうかを決定する質問の回数を表そう．M の**複雑さ**を記号 $c(M)$ により表し，

$$c(M) := \min_A \max_\sigma Q(\sigma, A, M)$$

により定義する．

もし特定の M に対して $c(M) = n + 1$ であるならば M は**回避的**であると呼ばれ，そうでない場合は**非回避的**であると呼ばれる．先の例で Δ^{99} が非回避的であるのに

2　原注：ジョー・ガリアン (Joe Gallian) の不興を買うことになる．
（訳者注：スコーヴィル氏によると，ジョー・ガリアンはアメリカ人数学者 (1942〜) であり，若手数学者たちに，ことあるごとに（例えば「この論文のレフェリーをお願いできないか」とか「パネルセッションを企画してみないか」，「私の論文について何かフィードバックをしてくれないか」など）「いつでもはいと言いなさい！」とアドバイスすることで知られているそうである．）

対し，K_4 は回避的であることを見た．もちろん，この用語は対応するブール関数の用語に意図的に合わせている．さらには，回避性がまったくもって $c(M) = n + 1$ である特別な場合であるのに対し，非回避的な複体では $c(M)$ が 0（極端に非回避的である）から n（実際には回避的ではないが，可能な限り回避的に近い）までの任意の値を取り得ることに注意しよう．

$Q(\sigma, A, M) = n + 1$ である任意の σ は A の**回避者**と呼ばれる．例 6.19 では，出題者が $\sigma = x_2x_3$ を選んだことを見たわけであり，したがって x_2x_3 は回避者である．しかしながら，出題者は，挑戦者の最後の質問に対して「はい」と答える可能性だってあったのであり，その場合は $\sigma = x_2x_3x_0$ が回避者だったことになる．それゆえ，回避者は，挑戦者が $n + 1$ 個目の質問に至るまでに，2 つの単体 σ_1 と σ_2 とを区別しようと試みているという意味において，対の形で現れるのである．もし $\sigma_1 < \sigma_2$ であり，$\dim(\sigma_1) = p$ であるならば，p は回避者の対 $\{\sigma_1, \sigma_2\}$ の**指数**と言われる．

練習 6.20　回避者の対 $\{\sigma_1, \sigma_2\}$ に対して，$\sigma_1 < \sigma_2$（一般性を失うことなく），$\dim(\sigma_2) = \dim(\sigma_1) + 1$ であり，なおかつ $\sigma_1 \in M$ であるのに対し，$\sigma_2 \notin M$ であることを示せ．このことから何か思い起こすことはないだろうか？[3]

6.4　離散モース理論と回避性

読者は練習 6.20 において，回避者の対が基本縮約のようなものに思えたかも知れない．さらに縮約はどこか簡単なものを表しているのに対し，回避者の対は，ほとんど臨界単体と同じように何かしら複雑なものを表しているように思えたかも知れない．離散モース理論を用いて次を証明しよう：

定理 6.21　A を決定木アルゴリズムとし，$e_p(A)$ を指数が p である A の回避者の対の個数とする．各 $p = 0, 1, 2, \ldots, n$ に対して $e_p(A) \geq \tilde{b}_p(M)$ が成り立つ．ここで $\tilde{b}_p(M)$ は M の p 次簡約ベッチ数である．［訳者注：原書では p 次ベッチ数となっているところを，p 次簡約ベッチ数 $\tilde{b}_p(M)$ に改めた．Forman の論文 [67] を参照．］

---

[3] 原注：理論的には，「サベリウス主義」から「ポップ・タルト」にいたるまで，何かしら思い浮かべるのではないかと思う．しかしながら，ここでは「妥当な答え」を探してみよう．
(訳者注：スコーヴィル氏によると，「このことから何を思い浮かべるか？」というようなきわめて主観的な問いに対しては，理論上，なんでも答になり得る．そこで，完全にランダムなものの例として「サベリウス主義 (Sabellianism)」（キリスト教の思想の 1 つ）と「ポップ・タルト (pop-tarts)」（アメリカで長く愛されているお菓子）を挙げたということだそうである．

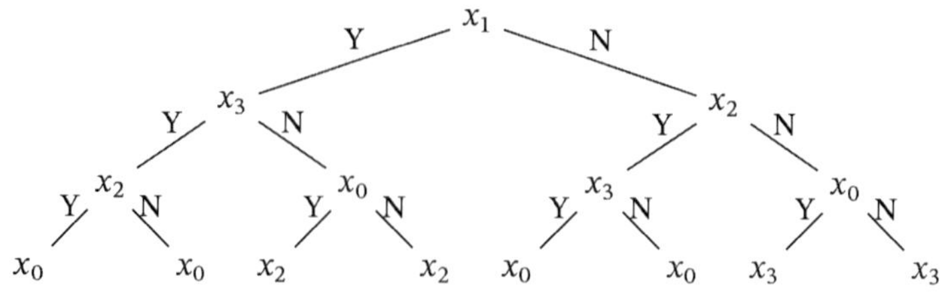

図 6.3

定理 6.21 を証明するため，挑戦者が選んだ決定木アルゴリズムと離散モース理論の間の関係を注意深く調べる必要がある．そのため，我々の実行例 6.19 の場合に，挑戦者が実行し得る可能な決定木アルゴリズム A を具体的に書き下してみよう．図 6.3 の木において，節点 x_i とは質問「頂点 $x_i \in \sigma$ ですか？」を省略したものである．挑戦者は，まさに一番下の列まできたとき，一つ前の頂点が σ に属するかどうかを知ることになるが，いま考えている頂点が σ に属するかどうかは定かではない．例えば，挑戦者が左から 3 つ目，つまり x_2 にいると仮定しよう．さかのぼって考えると，挑戦者は $x_0x_1 \in \sigma$ であることはわかるが，$x_2 \in \sigma$ であるかどうかはわからない．言い換えると，挑戦者は x_0x_1 と $x_0x_2x_1$ とを見分けることができないのである．このアルゴリズムを離散モース理論と結びつける鍵は，練習 6.20 で示したことを使い，$(x_0x_1, x_0x_2x_1)$ を勾配ベクトル場のベクトルと見ることである．実際，このことを一番下の列のすべての節点について行うと，Δ^3 上の勾配ベクトル場が得られる．実際のところは，もう少し注意しないといけない．一番下の列の右端の節点は "ベクトル" $(\emptyset, x_3)$ に対応するわけであるが，これを勾配ベクトル場の一部とは考えないことに注意しよう．しかし，これを捨てれば Δ^3 を頂点 x_3 に縮約する勾配ベクトル場が得られるのである．

問題 6.22 ブールの射影関数 $P_3^4 : \{0,1\}^{4+1} \longrightarrow \{0,1\}$ に対して，可能な決定木アルゴリズムを具体的に書き下せ．（そのためには，これを単体複体の問題に読み替える必要があることに注意しよう．）対応する，Δ^4 上に誘導された勾配ベクトル場を求めよ．

一般に，任意の決定木アルゴリズム A は，次のようにして Δ^n 上に勾配ベクトル場 $V_A = V$ を誘導する：決定木のそれぞれの道に対して，挑戦者が n 個の質問を行い，$\alpha \subseteq \sigma$ であることがわかったと仮定しよう．$(n+1)$ 番目の（そして最後の）質問が「$v_i \in \sigma$ ですか？」であるとしよう．$\beta = \alpha \cup \{v_i\}$ とし，$\alpha \neq \emptyset$ のとき，かつそのときに限り $\{\alpha, \beta\} \in V$ と定めよう．我々は 5.2.2 節において，単体複体の単体たちの間の半順序および全順序を考えた．次の補題の証明の中で，Δ^n の単体たちの間に，もう一つ全順序を構成しよう，

補題 6.23 A を決定木アルゴリズムとする．このとき，$V = V_A$ は Δ^n 上の勾配ベクトル場である．

証明 定理 2.51 より，V が閉 V-道をもたない離散ベクトル場であることを示せば十分である．決定木アルゴリズムのそれぞれの道はただ一つの単体に対応しているので，V が離散ベクトル場であることは明らかである．

閉 V-道をもたないことを示すために，Δ^n の単体たちの上に全順序 $\prec$ を定め，もし $\alpha_0, \beta_0, \alpha_1, \beta_1, \ldots$ が V-道であるならば，$\alpha_0 \succ \beta_0 \succ \alpha_1 \succ \beta_1 \succ \cdots$ であることを示そう．これで十分であることは問題 6.24 から従う．Y とラベル付けされた辺ごとに，矢印の先端の節点の「深さ」を付与しよう．「根頂点」から葉（辺が 1 つだけの頂点）へ至るそれぞれの道に対して，Y でラベル付けされた辺を通る度に，その辺に付与された値たちを成分とする組を構成しよう．このようにして，各単体 $\alpha^{(p)}$ に対して組 $n(\alpha) := (n_0(\alpha), n_1(\alpha), \ldots, n_p(\alpha))$ を付随させる．ここで $n_i(\alpha)$ は i 番目の「答え Y」の値であり，$n_0(\alpha) < \cdots < n_p(\alpha)$ である．任意の 2 つの単体 $\alpha^{(p)}$ と $\beta^{(q)}$ に対し，すべての $i < k$ に対して $n_i(\alpha) = n_i(\beta)$ であって，$n_k(\alpha) < n_k(\beta)$ となる k が存在するならば $\alpha \succ \beta$ であると定義する．もしそのような k が存在せず，なおかつ $q > p$ であるならば，すべての $0 \leq i \leq p$ に対して $n_i(\alpha) = n_i(\beta)$ となるので，その場合は $\alpha \succ \beta$ と定義する．問題 6.25 において，この順序は推移的であることが示される．

さて，上で定義した全順序が V-道に沿って“保たれる”ことを示そう．そのため，$\alpha_0^{(p)}$, $\beta_0^{(p+1)}$, $\alpha_1^{(p)}$ が V-道の一部であるとしよう．このとき $\alpha_0^{(p)} \succ \beta_0^{(p+1)} \succ \alpha_1^{(p)}$ であることを示そう．$(\alpha_0, \beta_0) \in V$ であるので，$\alpha_0 \neq \alpha_1$ かつ $\alpha_1 \subseteq \beta_0$ である．さて，α_0 と β_0 とは頂点一つだけの違いしかなく，その違いは決定木の一番下の列に至るまで決定されることはない．それゆえ我々の全順序の定義より，すべての $1 \leq i \leq p$ に対して，$n_i(\alpha_0) = n_i(\beta_0)$ であり，$n_{p+1}(\beta_0) = n+1$ かつ $n_{p+1}(\alpha_0)$ は定義されない．したがって $\alpha_0 \succ \beta_0$ である．

$\beta_0^{(p+1)} \succ \alpha_1^{(p)}$ を示すことが残されている．$\beta_0 = u_0 u_1 \cdots u_p u_{p+1}$ と頂点に番号を付けておこう．$\sigma = \alpha_0$ もしくは β_0 に対して，$n_i(\sigma)$ 番目の質問は「$u_i \in \sigma$ ですか？」である．いま $\alpha_1 \subseteq \beta_0$ であるので，$\alpha_1 = u_0 u_1 \cdots u_{k-1} u_{k+1} \cdots u_{p+1}$ であるような k が存在する．最初の $n_k(\beta_0) - 1$ 個の質問には $u_0, \cdots u_{k-1}$ および β_0 には属さない頂点たち（したがって，それらはまた α_0 にも α_1 にも属さない）のみが関係している．それゆえ，最初の $n_k(\beta_0) - 1$ 個の答えは，$\sigma = \alpha_0, \alpha_1$ もしくは β_0 のいずれであろうと同じである；すなわち，対応する列は n_k 番目のところまではすべて同じである．

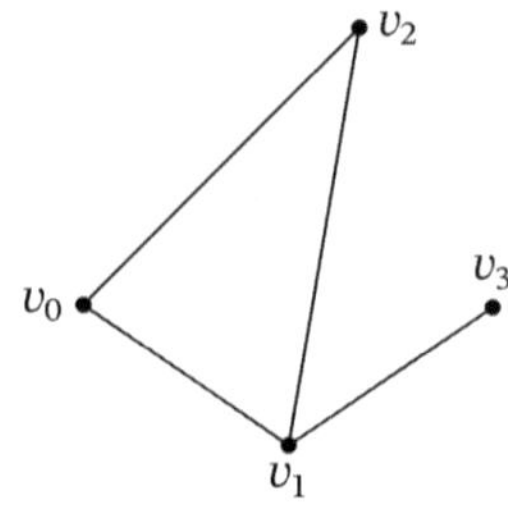

図 6.4

n_k 番目に対しては，質問は「$u_k \in \sigma$ ですか？」となる．もし $\sigma = \beta_0$ であるならば，答えは「はい」である．もし $\sigma = \alpha_1$ であるならば，答えは「いいえ」である．したがって，α_1 に対する列における次の値は，$n_k(\beta_0)$ のところで与えられた値よりも大きい．よって $i < k$ に対して $n_i(\alpha_1) = n_i(\beta_0)$ かつ $n_k(\alpha_1) > n_k(\beta_0)$ であり，それゆえ $\beta_0 \succ \alpha_1$ が結論される． ∎

補題 6.23 における構成を理解するためには，例を描き，これらの列のいくつかを具体的に求めてみるとよい．

問題 6.24　Δ^n 上に，$\alpha_0, \beta_0, \alpha_1, \beta_1, \ldots$ が V-道ならば $\alpha_0 \succ \beta_0 \succ \alpha_1 \succ \beta_1 \succ \cdots$ であるような全順序 $\prec$ があると仮定する．このとき V は閉 V-道を含まないことを証明せよ．

問題 6.25　補題 6.23 で定義された順序は推移的であることを証明せよ．

練習 6.26　A を決定木アルゴリズムとし，対応する勾配ベクトル場を V とする．このとき，どの頂点へ縮約するかを，どのようにすれば決定木アルゴリズム A から直ちに判断することができるか？

定理 6.21 を証明するためには，もう一つ，かなり込み入った結果を補題 6.23 と結び付ける必要がある．この結果を用いることにより，求める定理が証明できるだけでなく，他のいくつかの系が難なく得られるのである．この結果を例により示そう．

例 6.27　$M \subseteq \Delta^3$ を図 6.4 で与えられるものとし，図 6.5 の決定木 A を考えよう．補題 6.23 より，A は Δ^3 上に勾配ベクトル場を誘導することがわかっており，この場合，それは v_1 への縮約になっている．さて，容易にわかるように，回避者の対は $\{v_0v_1, v_0v_1v_3\}$，$\{v_1v_2, v_1v_2v_3\}$，および $\{v_2, v_2v_3\}$ であり，明らかに，各対において，一方は M に含まれているが，他方は M の外にある．それゆえ，回避者を

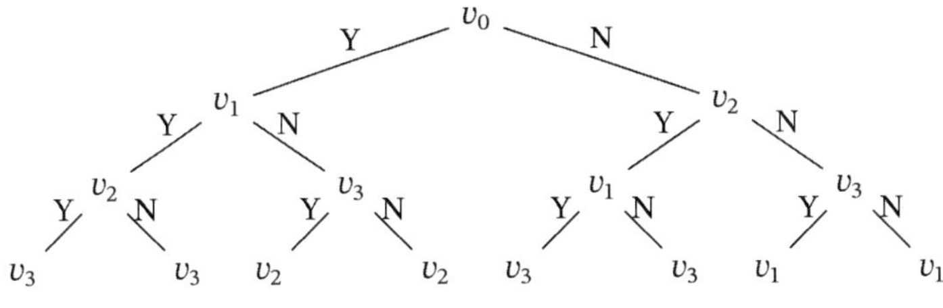

図 6.5

"臨界的なもの" と考えるならば，v_1 から出発して，基本拡張を施し，M の中にある 3 つの回避者を合わせれば M が得られることに注意しよう．さらに，M から出発して，基本拡張を施し，M の外にある 3 つの回避者を合わせることにより Δ^3 が得られるのである．これらの基本拡張とは何だろうか？ それらは，ちょうど誘導された勾配ベクトル場の元であって，回避者ではないものなのである．上の決定木では，これらは $\{v_0v_1v_2, v_0v_1v_2v_3\}$，$\{v_0v_3, v_0v_3v_2\}$，$\{v_0, v_0v_2\}$，そして $\{v_3, v_3v_1\}$ である．$\{\emptyset, v_1\}$ が除かれていることから，どこから始めるべきかがわかることに注意しよう．はっきり書くと，一連の拡張と回避者の付加は，一頂点 v_1 から出発して，図 6.6(i) のように与えられる．次に回避者 v_2 を付け加える（図 6.6(ii)）．次に回避者 v_1v_2 を付け加え，基本拡張 $\{v_0, v_0v_2\}$ を施す（図 6.6(iii)）．M を得るために，回避者 v_0v_1 を付け加え，拡張 $\{v_3, v_3v_1\}$ を行おう（図 6.6(iv)）．このような操作を M から Δ^3 に至るまで続けよう．回避者 v_2v_3 を付け加え，その後，拡張 $\{v_0v_3, v_0v_3v_2\}$ を行おう（図 6.6(v)）．次に回避者 $v_1v_3v_2$ を付け加えよう（図 6.6(vi)）．最後に $v_0v_1v_3$ を付け加え，続けて拡張 $\{v_0v_1v_2, v_0v_1v_2v_3\}$ を行おう（図 6.6(vii)）．これにより A から Δ^3 を構成することが完了するのである．

さて，例 6.27 の考え方を利用して，決定木 A の情報を用いながら，拡張と回避者の付加により，Δ^n を構成することへ一般化しよう．

定理 6.28 A を決定木アルゴリズムとし，A の回避者の対の個数を k とする．もし $\emptyset$ が A の回避者ではないとすると，M に含まれる A の回避者 $\sigma_1^1, \sigma_1^2, \ldots, \sigma_1^k$ と，M に含まれない A の回避者 $\sigma_2^1, \sigma_2^2, \ldots, \sigma_2^k$ が存在し，合わせて Δ^n の部分複体からなる包含列

$$v = M_0 \subseteq M_1 \subseteq \cdots \subseteq M_k \subseteq M = S_0 \subseteq S_1 \subseteq \cdots \subseteq S_k \subseteq \Delta^n$$

であって，次の図式が成り立つようなものが存在する．ただし，v は M の頂点で

(i) v_1

(ii) v_2 v_1

(iii)

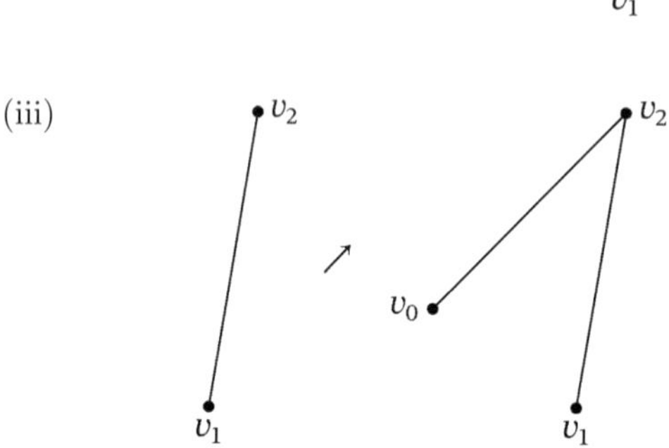

(iv)

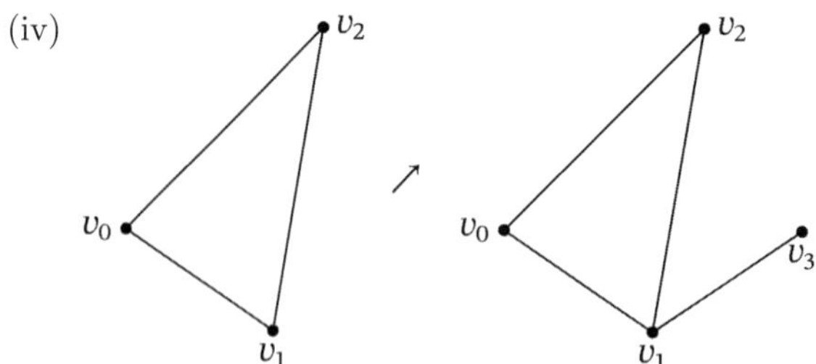

(v)

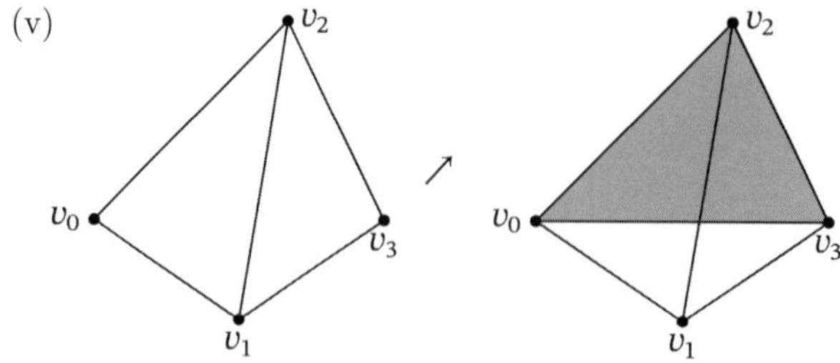

図 6.6

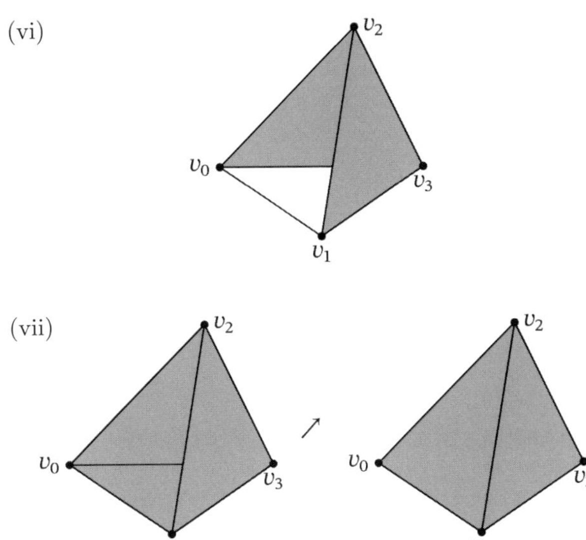

図 **6.6**　つづき

あって，A の回避者ではないものである．

$$
\begin{aligned}
v &\nearrow M_1 - \sigma_1^1 \\
M_1 &\nearrow M_2 - \sigma_1^2 \\
M_2 &\nearrow M_3 - \sigma_1^3 \\
&\vdots \\
M_{k-1} &\nearrow M_k - \sigma_1^k \\
M_k &\nearrow M = S_0 \\
S_0 &\nearrow S_1 - \sigma_2^1 \\
&\vdots \\
S_{k-1} &\nearrow S_k - \sigma_2^k \\
S_k &\nearrow \Delta^n
\end{aligned}
$$

もし $\emptyset$ が A の回避者であるならば，$\sigma_1^1 = \emptyset$ かつ $M_0 = M_1 = \emptyset$ とすれば定理が成り立つ．この場合 $M_2 = \sigma_1^2$ は頂点でなければならない．

証明　まず，$\emptyset$ が A の回避者ではないと仮定しよう．Δ^n 上の離散モース関数であって，臨界単体が A の回避者であり，かつ誘導された勾配ベクトル場が「$V_A = V$ から回避者の対を除いたもの」であるものを構成しよう．$W \subseteq V$ を，対 $(\alpha, \beta) \in V$ であって，「α, β ともに M に属する」か，もしくは「α, β いずれも M に属さない」のいずれかであるもの全体からなる集合としよう．補題 6.23 により，W は Δ^n 上の勾配ベクトル場である．W の臨界単体たちを決定しよう．作り方から，V の単体の対 (α, β) は「$\alpha \in M$ かつ $\beta \notin M$」もしくは「$\alpha \notin M$ かつ $\beta \in M$」であるとき，かつそのときに限り，W には属さない；すなわち，A のすべての回避者は W の臨界単体である．さらに，頂点 v (これは $\emptyset$ と対になる) はまた臨界的である．この頂点と A の回避者たちが W の臨界単体のすべてである．後は，定理の主張の中で与えられている拡張と付加の順序が保存されることを確かめるのみである．

そのため，$f : \Delta^n \longrightarrow \mathbb{R}$ を誘導された勾配ベクトル場が W となるような任意の離散モース関数としよう．定義より，$\alpha^{(p)} \in M$ かつ $\gamma^{(p+1)} \notin M$ である $\alpha < \gamma$ に対して $(\alpha, \gamma) \notin W$ であり，したがって $f(\gamma) > f(\alpha)$ である．さて

$$
\begin{aligned}
a &:= \sup_{\alpha \in M} f(\alpha), \\
b &:= \inf_{\alpha \notin M} f(\alpha), \\
c &:= 1 + a - b, \\
d &:= \inf_{\alpha \in \Delta^n} f(\alpha),
\end{aligned}
$$

と定義し，新しい離散モース関数

$$g : \Delta^n \longrightarrow \mathbb{R}$$

を，

$$
g(\alpha) := \begin{cases} f(\alpha) & \text{if}\, \alpha \in M - v, \\ f(\alpha) + c & \text{if}\, \alpha \notin M, \\ d - 1 & \text{if}\, \alpha = v \end{cases}
$$

により定義する．g が f と同じ臨界単体たちをもつ離散モース関数であることを見るため，各 $\alpha \in M$ と $\beta \notin M$ に対して，$g(\beta) \geq a + 1 > a \geq g(\alpha)$ であることに注意しよう．各対 $\alpha^{(p)} < \beta^{(p+1)}$ に対して，$g(\beta) > g(\alpha)$ であるのは，$f(\beta) > f(\alpha)$ であるとき，かつそのときに限る．したがって，g は f と同じ臨界単体たちをもつ離散モース関数である．

$\emptyset$ が A の回避者である場合も同様である．∎

練習 6.29 なぜ定理 6.28 の証明の中の関数 f が求める離散モース関数になるとは限らないかを説明せよ．言い換えると，なぜ関数 g を作る必要があるかを説明せよ．

定理 6.21 の証明は定理 4.1 から直ちに従う；つまり，任意の決定木 A に対して，$e_i(M) \geq \tilde{b}_i(M)$ である．ただし，e_i は指数が i である回避者の対の個数である．これより次の系が直ちに得られる：

系 6.30 任意の決定木アルゴリズム A に対して，A の回避者の対の個数は $\sum_{i=0}^{n} \tilde{b}_i(M)$ 以上である．

定理 6.28 のもう一つの系として次が得られる：

定理 6.31 M が非回避的であるならば，M は縮約可能である．

問題 6.32 定理 6.31 を証明せよ．

定理 6.31 の逆が成り立つかどうかは面白い問題である．すなわち，非回避的であることは縮約可能であることと同じか？ 次の例によると，この問いに対する答えは「否」である．ここで頂点の**リンク**の概念が役立つであろう．それは次で定義され，第 10 章において，より詳しく調べよう．

定義 6.33 K を単体複体とし，$v \in K$ を一つの頂点とする．**K における v のスター**とは，$\mathrm{star}_K(v)$ と書かれ，v を含むすべての K の単体の集合のなす単体複体である．**K における v のリンク**とは集合 $\mathrm{link}_K(v) := \mathrm{star}_K(v) - \{\sigma \in K \mid v \in \sigma\}$ である．

次の補題は，回避性を追跡するための十分条件を与えるものである．

補題 6.34 もし $M \subseteq \Delta^n$ が非回避的であるならば，ある頂点 $v \in M$ であって，$\mathrm{link}_M(v)$ が非回避的であるものが存在する．

例 6.35 C を図 6.7 の単体複体としよう．ただ一つの自由対（すなわち，$\{13, 137\}$）が存在し，この自由対から出発すると，C を縮約することができる．C が回避的であることは問題 6.36 において示される．

問題 6.36 例 6.35 の C が回避的であることを示せ．

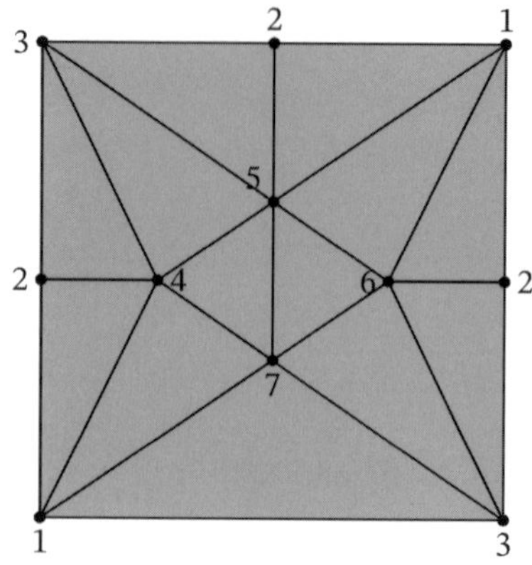

図 6.7

第 7 章　モース複体

モース複体は，チャリとジョスウィグの論文 [**42**] により初めて導入および研究され，取り分けアヤラ他 [**7**]，キャピテリ・ミニアン [**39**]，そしてリン他 [**110**] によりさらに研究されている．これまでに見てきた多くのものと同様，モース複体にも少なくとも 2 つの同値な定義がある．ここではこれらの定義を与え，それらが同値であることを示すことは読者に任せよう（問題 7.7）．この章ではフォーマン同値を除いて考えるため，離散モース関数 f と，これより誘導される勾配ベクトル場 V_f とをしばしば同一視し，両方の記法を適宜使い分けることにしよう．

7.1　2 つの定義

2.2.2 節において，与えられた離散モース関数 $f : K \longrightarrow \mathbb{R}$ から勾配ベクトル場（これはまた離散ベクトル場でもある）$V_f = V$ を構成し，これを用いて有向ハッセ図 $\mathcal{H}_V$ を作ったことを思い起そう．これは各正則対を結ぶ辺上に上向きの矢印を描き，残りのすべての辺上には下向きの矢印を描くことにより作られるものであった．このとき，定理 2.69 で見たように，得られた有向グラフは有向サイクルをもたない．このようにして描かれたハッセ図（より一般に有向サイクルをもたない有向グラフ）は**非輪状**と呼ばれる．さらに補題 2.24 より，上向きの矢印の集合は $\mathcal{H}_V$ の辺の集合上の**マッチング**をなすこと，すなわち共通の節点をもたない辺の集合をなすことがわかる．それゆえ，この新しい用語を用いるならば，離散モース関数はいつでも誘導された有向ハッセ図の非輪状マッチングを引き起こすのである．有向ハッセ図の非輪状マッチングは**離散モースマッチング**と呼ばれる．

例 7.1　この構成を読者に思い出してもらうため，$f : K \longrightarrow \mathbb{R}$ を例 2.88 の離散モース関数としよう（図 7.1）．誘導された勾配ベクトル場 V_f は図 7.2 で与えられる．一方，有向ハッセ図は図 7.3 で与えられる（図が煩雑になることを避けるため，下向きの矢印は描かれていない）．

$f : K \longrightarrow \mathbb{R}$ を離散モース関数とするとき，V_f から誘導される有向ハッセ図を

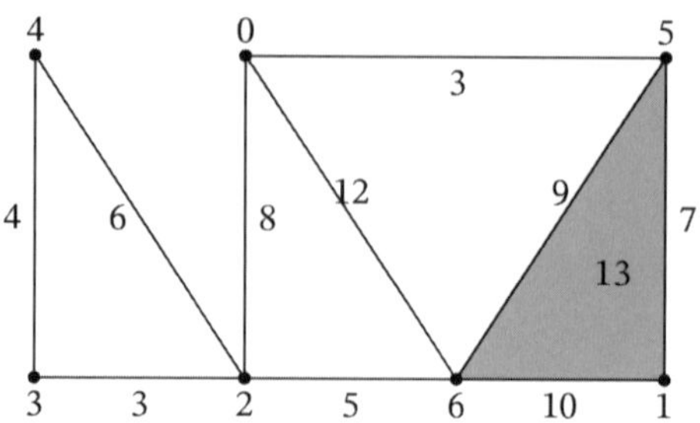
4
0
5
3
12
9
4
6
8
7
13
3
3
2
5
6
10
1

図 7.1

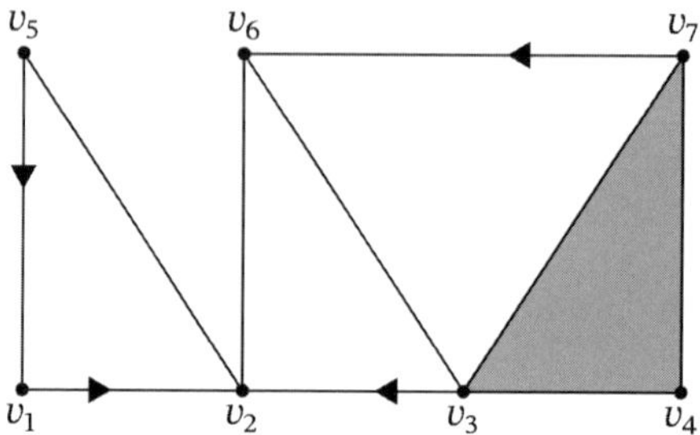
v_5
v_6
v_7
v_1
v_2
v_3
v_4

図 7.2

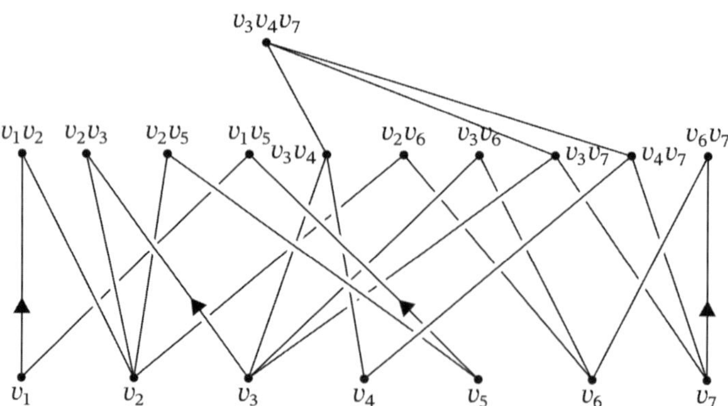
$v_3v_4v_7$
v_1v_2
v_2v_3
v_2v_5
v_1v_5
v_3v_4
v_2v_6
v_3v_6
v_3v_7
v_4v_7
v_6v_7
v_1
v_2
v_3
v_4
v_5
v_6
v_7

図 7.3

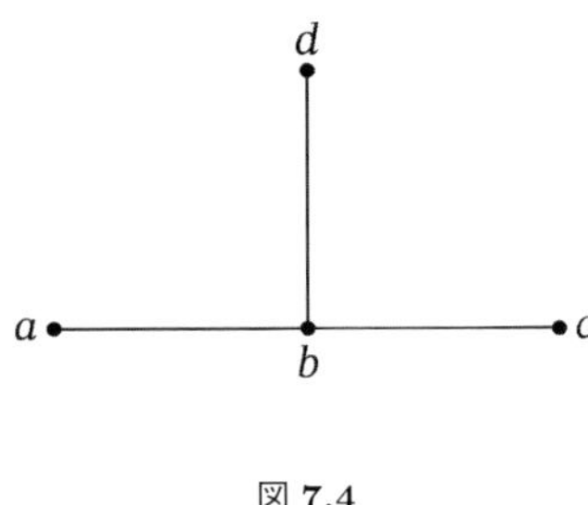

図 **7.4**

しばしば$\mathcal{H}_f$と書くことにする．この節では主に$\mathcal{H}_f$に関心があるため，2つの離散モース関数$f, g : K \longrightarrow \mathbb{R}$は，もし$\mathcal{H}_f = \mathcal{H}_g$であるならば**ハッセ同値**であると定義しよう．系2.70から，fとgがハッセ同値であるのは，それらがフォーマン同値であるとき，かつそのときに限ることを思い出そう．

容易に示されるように，例7.1の離散モースマッチングにおいて，もっと多くの辺を考えることも可能である．その上，一つのハッセ図の上に，空である離散モースマッチング（辺が一本もない）から，可能な限り多くの辺からなる（ただしサイクルを含まない）"最大"の離散モースマッチングまで，多くの異なる離散モースマッチングを与えることができる．すべての離散モースマッチングの集まりはそれ自体で単体複体の構造をもつのである．

定義 7.2　Kを単体複体とする．Kの**モース複体**は$\mathcal{M}(K)$と書かれ，$\mathcal{H}_K$の辺の集合上の単体複体であって，空なものを除いた離散モースマッチング（すなわち非輪状マッチング）をなす$\mathcal{H}_K$の辺の部分集合からなる集合として定義されるものである．

例 7.3　Gを図7.4で与えられる単体複体とする．そのハッセ図$\mathcal{H}_G = \mathcal{H}$は図7.5である．$\mathcal{H}$上のすべての離散モースマッチングを見出したい．そのようなマッチングのうちの4つは図7.6から図7.9で与えられる．これらのマッチングをそれぞれbd, cb, bc, abと呼ぶことにしよう．このとき，これら4つのマッチングはモース複体の4つの頂点に対応している．より次元の高い単体はハッセ図の，より多くの矢印に対応しているのである．例えば，モース複体においてbdとabの間には辺が存在する．なぜなら図7.10が離散モースマッチングであるからである．しかしながら，モース複体においてbcとbdの間には辺は存在しない．なぜなら図7.11は離散モースマッチングではないからである．図7.12が離散モースマッチングであることからモース複体の2-単体が得られる．このような方法を続けることにより，モース複体$\mathcal{M}(G)$が構成されるのである．

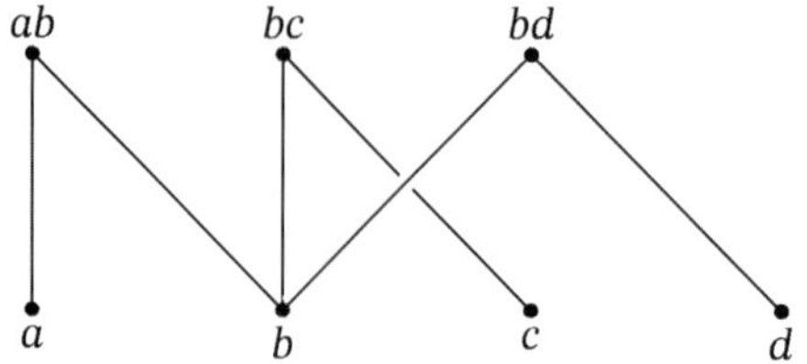

図 7.5

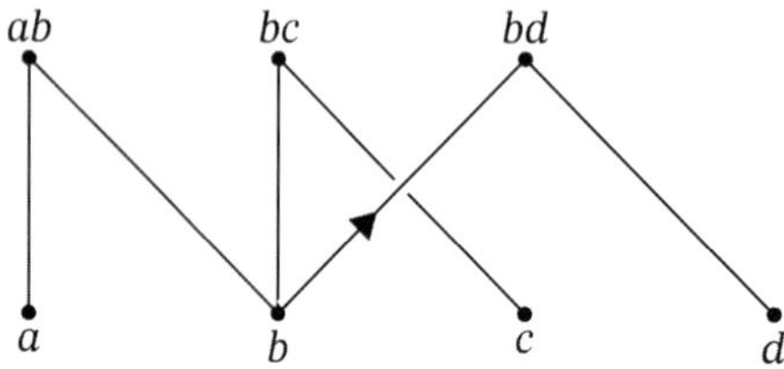

図 7.6

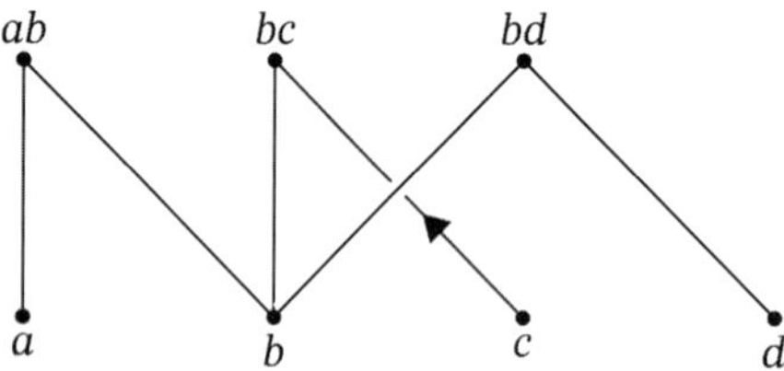

図 7.7

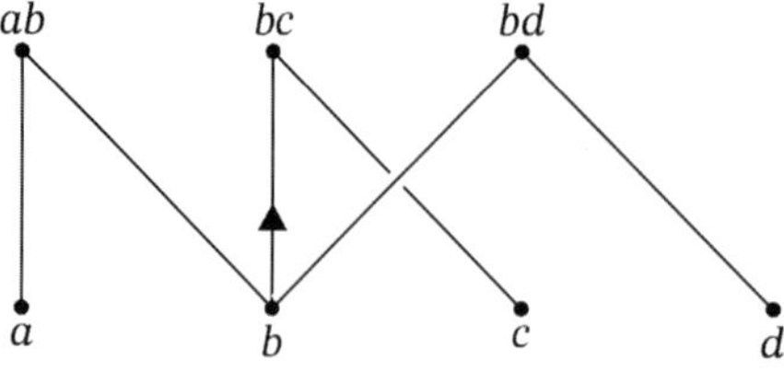

図 7.8

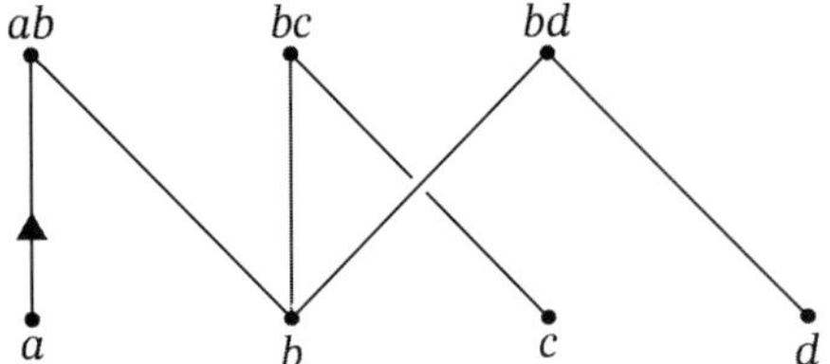

図 7.9

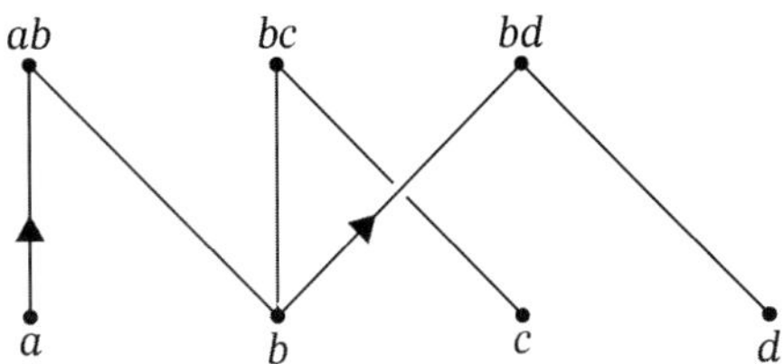

図 7.10

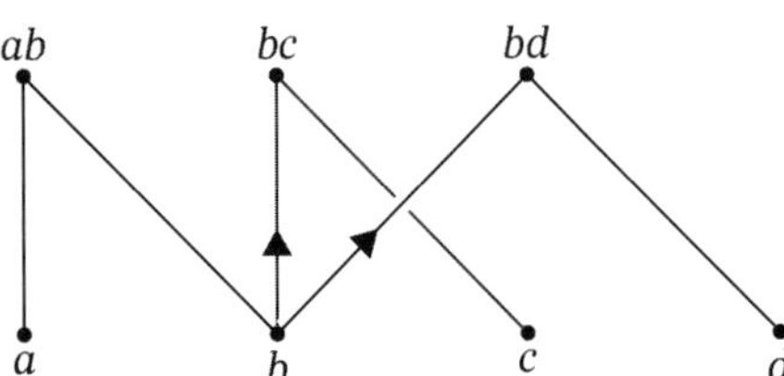

図 7.11

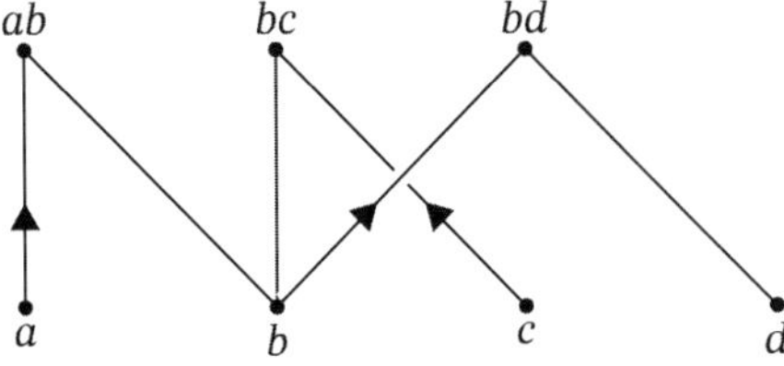

図 7.12

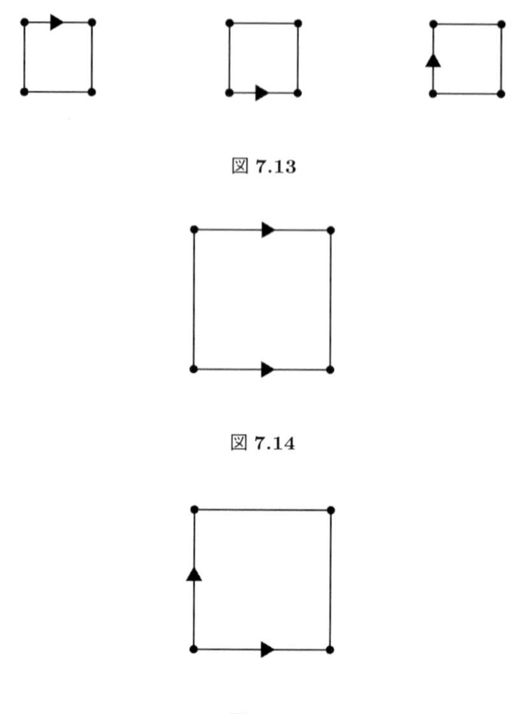

図 7.13

図 7.14

図 7.15

問題 7.4　例 7.3 で与えられた単体複体のモース複体を求めよ．

さて，モース複体の定義をもう一つ与えよう．この定義では，勾配ベクトル場から新たにモース複体を作るのである．離散モース関数 f が唯一つの正則対しかもたないとき，f は**原始的**であるという．原始的な離散モース関数がいくつか与えられたとき，それらを組み合わせて新しい離散モース関数を作りたい．このことは，各離散モース関数を勾配ベクトル場と思い，すべての矢印を“重ねて置く”ことによりなされる．明らかに，そのような構成により，勾配ベクトル場が得られる場合もあれば得られない場合もある

例 7.5　f_0, f_1, f_2 をそれぞれ図 7.13 で与えられる原始的勾配ベクトル場としよう．このとき f_0 と f_1 を組み合わせて新しい勾配ベクトル場 f を作ろう（図 7.14）．ところが，明らかに f_1 と f_2 を組み合わせると図 7.15 となり，勾配ベクトル場にはならない．

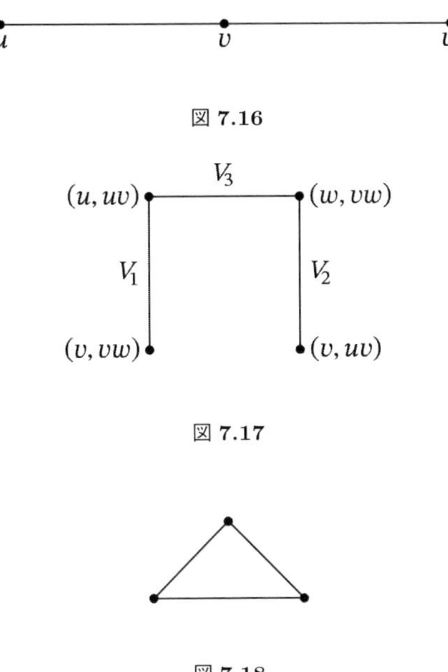

図 7.16

図 7.17

図 7.18

$f, g : K \longrightarrow \mathbb{R}$ を 2 つの離散モース関数とするとき，g の正則対が常に f の正則対にもなっているならば $g \leq f$ と書こう．一般に，原始的な離散モース関数の集まり $f_0, f_1, \ldots, f_n$ は，離散モース関数 f であって，すべての $0 \leq i \leq n$ に対して $f_i \leq f$ となるものが存在するならば，**両立的**であると言うことにしよう．

定義 7.6　K の**モース複体**とは，$\mathcal{M}(K)$ と書かれる単体複体であって，その頂点は原始的な離散モース関数により与えられ，その n-単体は $n+1$ 個の正則対をもつ勾配ベクトル場により与えられるものである．また，勾配ベクトル場 f は，$f_i \leq f$ $(0 \leq i \leq n)$ であるような，すべての原始的勾配ベクトル場の集まり $f := \{f_0, \ldots, f_n\}$ と見なすことができる．

問題 7.7　定義 7.2 と定義 7.6 が同値であることを証明せよ．

例 7.8　図 7.16 で与えられるグラフのモース複体を構成しよう．4 つの原始的対，すなわち (u, uv), (w, vw), (v, uv), (v, vw) がある．これらの対はモース複体の 4 つの頂点に対応する．両立的な原始的ベクトルは $V_1 = \{(u, uv), (v, vw)\}$, $V_2 = \{(w, vw), (v, uv)\}$, $V_3 = \{(u, uv), (w, vw)\}$ のみである．それゆえモース複体は図 7.17 で与えられる．

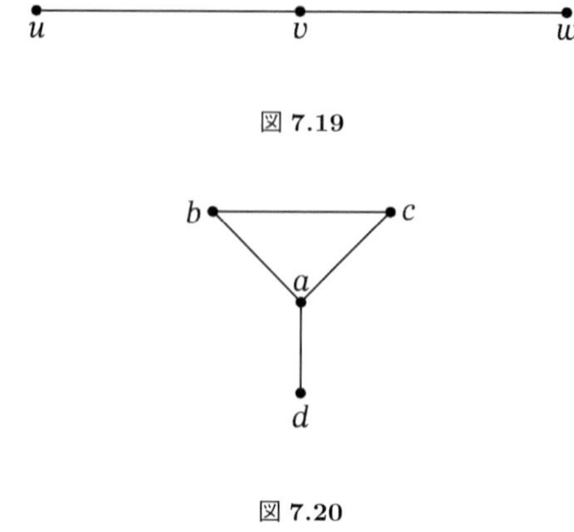

図 7.19

図 7.20

例 7.9　図 7.18 のグラフのモース複体を構成せよ．

問題 7.10　K を 1 次元の連結な単体複体であって，e 個の 1-単体および v 個の 0-単体をもつものとする．$\dim(\mathcal{M}(K)) = v - 2$ であることを証明せよ．$\mathcal{M}(K)$ は何個の頂点をもつか？

問題 7.11　単体複体 K であって，任意の $n \geq 1$ に対して $\mathcal{M}(K) = \Delta^n$ となるものは存在しないことを証明せよ．

キャピテリとミニアンは，単体複体が同型を除いてそのモース複体から一意的に決まることを示した [**39**]．その証明は本書が扱う範囲を超えるものであるが，これを弱めることができないことは示すことができる．特に，単純ホモトピー型を除いて，このことは正しくないことを示そう．

例 7.12（キャピテリ・ミニアン）　グラフ G（図 7.19）および G'（図 7.20）を考えよう．例 7.8 において，$\mathcal{M}(G)$ が 4 つの頂点上の道により与えられることを見た．また，$\mathcal{M}(G')$ が縮約可能かどうかをチェックすることができる．このとき明らかに G と G' は同じ単純ホモトピー型をもたないが，$\mathcal{M}(G) \searrow * \swarrow \mathcal{M}(G')$ となっており，したがってモース複体は同じ単純ホモトピー型をもっている．

この時点ではモース複体はなかなか手に負えない代物である．それゆえ，モース複体の 2 つの特別な場合について調べてみよう．

図 7.21

7.2 根付き森

この節では，もっぱら1次元単体複体，あるいは**グラフ**について考えよう．それゆえ，グラフ理論からいくつかの用語を用いることにしよう．グラフ理論の基礎およびさらなる説明についての参考文献として [**43**] を挙げておくが，ここではよく使われる用語および記法について簡単に復習しておこう．任意の1次元単体複体はまた**グラフ**とも呼ばれる．0-単体は**頂点**であり，1-単体は**辺**と呼ばれる．$b_0(G) = 1$ であるグラフ G は**連結**であると言われる．連結なグラフ G であって，$b_1(G) = 0$ であるものは**木**と呼ばれる．

例 7.13 G を図 7.21 で与えられるグラフとし，3つの原始的な勾配ベクトル場（図 7.22）を考え，それぞれ f_0，f_1，f_2 と書こう．このとき図 7.23 で与えられる勾配ベクトル場 f および図 7.24 で与えられる勾配ベクトル場 g が存在するので，f_0 と f_1 は両立的であり，また f_0 と f_2 も両立的である．f および g からすべての臨界辺を取り除くことにより，それぞれが2つの木からなる2つのグラフが得られることに注意しよう．1つ，もしくは複数の連結成分からなるグラフであって，各連結成分が木であるものは，きわめて妥当な呼び方と言えるが，**森**と呼ばれる．さらに，各々の木は勾配ベクトル場に沿って**根**と呼ばれる唯一つの頂点に向かって“流れる”．臨界辺をもたない勾配ベクトル場をもつ木の根は唯一つの臨界頂点である．そのようなグラフは**根付き森**と呼ばれる．

定義 7.14 G をグラフとする．G の辺からなる集合 F であって，各辺に向きを付けたものを考える．F は，これを向きを考えないグラフと思ったときに森になっており，なおかつ F の各連結成分が与えられた勾配ベクトル場に関して唯一つの根をもつならば，G の**根付き森**と呼ばれる．

例 7.13 において，我々は勾配ベクトル場から根付き森，すなわちモース複体の元

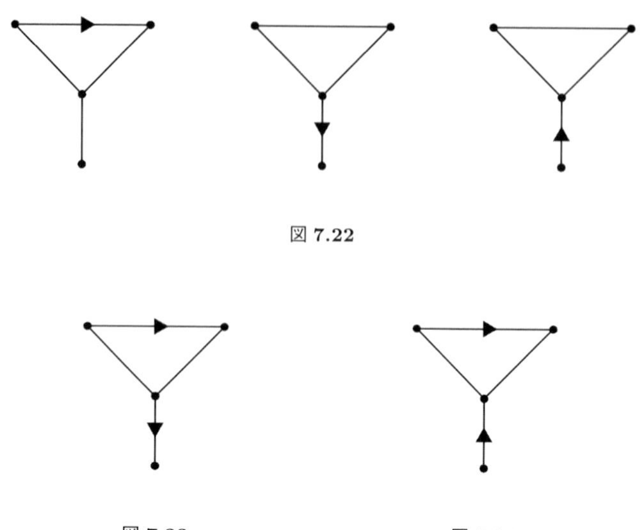

図 7.22

図 7.23

図 7.24

を得た．逆に，根付き森が与えられたとき，モース複体の元を構成することができると思えるだろう．このことは次の定理の形にまとめられる．

定理 7.15　G をグラフとする．このとき $\mathcal{M}(G)$ の単体と G の根付き森の間に全単射が存在する．

証明　$f = \sigma \in \mathcal{M}(G)$ としよう．f の勾配ベクトル場に従って辺たちに向きを付け，臨界辺を取り除くことにより，G の根付き森 $\mathcal{R}(G)$ を構成しよう．定義より，f は G の辺からなる部分集合の各辺に向きを与えるものと見ることができる．この，辺からなる部分集合（と対応する頂点たち）は明らかに森である．それが根付きであることを見るため，森の中の任意の木を考えよう．もし，この木が唯一つの根を持たないのであれば，それは有向サイクル，もしくは複数の根のいずれかを含む．木であるので，明らかに有向サイクルを含むことは不可能である．また2本の矢印が出ている頂点，すなわち2本の矢印の尾である頂点が存在するならば，複数の根が生じ得るのであるが，これは補題 2.24 により不可能である．それゆえ，臨界辺が取り除かれた f の勾配ベクトル場は G の根付き森である．

さて，R を G の根付き森としよう．単体 $\mathcal{S}(R) \in \mathcal{M}(G)$ を構成しよう．これは，各辺が向き付けられた根付き森から出発して，R に属さない G の辺を付け加えることにより作られる．各木は唯一つの根をもつので，これにより $\mathcal{S}(R) \in \mathcal{M}(G)$ が得られる．それゆえ，各頂点および辺は高々一つの対として現れ，勾配ベクトル場が作ら

れるのである. ∎

問題 7.16 定理 7.15 における 2 つの操作が互いに他の逆になっていることを示せ. つまり, $f \in \mathcal{M}(G)$ ならば $\mathcal{S}(\mathcal{R}(f)) = f$ であり, R が G の根付き森ならば $\mathcal{R}(\mathcal{S}(R)) = R$ であることを示せ.

定理 7.15 の結果から, "勾配ベクトル場" と "根付き森" を同じ意味で使おう（グラフ理論の文脈においては).

根付き森の単体複体はコズロフ [**101**] により最初に研究された. しかしながら, コズロフの研究は離散モース理論の文脈で行われたものではなかった. 先に引用したチャリ・ジョスウィグにおいて初めて一般的な枠組みの中で研究されたものである.

モース複体の単体の個数を数え上げることは大変な作業である. 確かに定理 7.15 はモース複体の単体の個数を数える方法を与えるものであるけれども, それは単に問題をグラフ理論のそれに変えるだけのものである. 幸い多くのことがわかっている. このことの詳細およびグラフ理論における他の興味深い数え上げ問題については, J. W. ムーンの本 [**120**] を参照せよ.

7.3 純モース複体

単体複体のもう一つの特別なクラスが「純複体」である.

定義 7.17 抽象的単体複体 K は, そのすべてのファセットが同じ次元であるとき, **純**であると言われる.

上で述べたように, モース複体はかなり大きいものであり, 計算することは難しい. 任意のモース複体を "純化" することにより, 計算をより簡単にすることができる.

定義 7.18 $n := \dim(\mathcal{M}(K))$ とする. **離散モース関数の純モース複体**とは, 次元が n のファセットたちにより生成される $\mathcal{M}(K)$ の部分複体のことであり, $\mathcal{M}_P(K)$ と書かれる.

問題 7.19 K が純単体複体であるが, $\mathcal{M}(K)$ は必ずしも純とはならない（したがって定義 7.18 が余分な条件ではない）ことを例を挙げて示せ.

7.3.1 木の純モース複体

定理 7.15 において, グラフのモース複体と, 同じグラフの根付き森の間に全単射

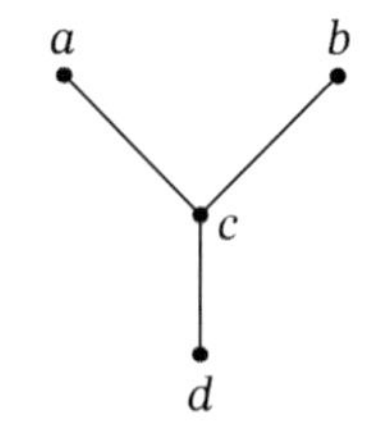

図 7.25

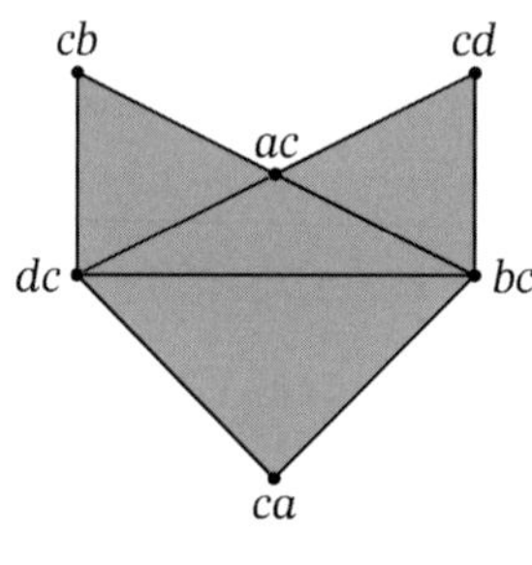

図 7.26

があることを見た．この関係をもっと深く調べよう．まず初めに木の純モース複体を見てみよう．この節の結果はR. アヤラ他 [**7**, 命題 2] によるものである．

例 7.20　G を図 7.25 のグラフとしよう．記法を簡単にするため，$\mathcal{M}(G)$ の 0-単体 (v, vu) を vu（この記法は矢印が頂点 v から頂点 u へ向かっていることを示しており，G がグラフであるときのみ意味をもつものである）．$\mathcal{M}(G)$ が図 7.26 で与えられることは簡単に確かめられる．G の頂点たちと $\mathcal{M}_P(G) = \mathcal{M}(G)$ のファセットたちの間に 1-1 対応があることに注意しよう．さらに，$\mathcal{M}(G)$ の 2 つのファセットは，対応する頂点が G において辺で結ばれているとき，かつそのときに限り，共通の辺を共有する．

問題 7.21　T を n 個の頂点をもつ木とする．

(i) T の頂点たちと $\mathcal{M}_P(T)$ のファセットたちの間に全単射が存在することを示せ．［ヒント：T の頂点 u が与えられたとき，u を根にもち，すべての辺からなる根付き森がいくつ構成できるか？］

(ii) $v \in T$ に対して，ただ一つ対応する $\mathcal{M}_P(T)$ のファセットを σ_v と書こう．σ_v

は $(n-2)$-単体であることを証明せよ．

(iii) uv が T における辺であるとき，σ_u と σ_v とは $(n-3)$-面を共有することを証明せよ．［ヒント：uv が T における辺であるとき，勾配ベクトル場 $\sigma_v - \{uv\}$ を考えよ.］

したがって次の命題が証明されたことになる．

命題 7.22 T を n 個の頂点をもつ木とする．このとき，$\mathcal{M}_P(T)$ は，T の頂点を Δ^{n-2} のコピーで置き換え，そのような 2 つのファセットが $(n-3)$-面を共有するのは，対応する頂点たちが辺で結ばれているとき，かつそのときに限ると定めることにより構成された単体複体である．

重要な系として，次の結果を得る：

系 7.23 T が少なくとも 3 個の頂点をもつ木ならば $\mathcal{M}_P(T)$ は縮約可能である．

証明 T の頂点の個数 n に関する帰納法により示そう．$n=3$ のときは，木は一つしかなく，この木のモース複体は例 7.8 で計算したものであり，これは明らかに縮約可能である．次に $n \geq 3$ として，n 個の頂点をもつ任意の木が，そのモース複体が縮約可能であるという性質をもつと仮定し，T を $n+1$ 個の頂点をもつ任意の木としよう．このとき，補題 7.24 により，T は葉をもつ．これを v としよう．$(n-1)$ 次元単体 $\sigma_v \in \mathcal{M}_P(T)$ を考える．命題 7.22 により，σ_v の $(n-2)$ 次元面は，一つ（すなわち，v と T の唯一つの頂点とを結ぶ辺に対応するもの）を除いて，すべて自由である．それゆえ，σ_v はその自由でないファセットに縮約可能である．容易にわかるように，結果として得られる複体はちょうど $T-v$ のモース複体であり，これは n 個の頂点をもっている．それゆえ，帰納法の仮定により縮約可能である．したがって主張は証明された． ∎

補題 7.24 少なくとも 2 個の頂点をもつ木はすべて，少なくとも 2 枚の葉をもつ．

問題 7.25 補題 7.24 を証明せよ．

7.3.2 グラフの純モース複体

前節のアイディアのいくつかを用い，それらを任意の (連結な) グラフへと拡張しよう．この節の目標は，与えられた任意のグラフ G の純モース複体のファセットの数を数えることである．

定義 7.26 G をグラフとする．G 上の勾配ベクトル場（根付き森）$f = \{f_0, \ldots, f_n\}$ は，$n+1 = e - b_1$ であるとき，**最大**であると言われる．ここで e は G の辺の数であり，b_1 は G の第一ベッチ数である．

言い換えると，勾配ベクトル場は“可能な限り多くの辺に矢印が付く”とき，最大であるというのである．明らかに f が G の最大勾配ベクトル場になるのは，f が $\mathcal{M}_P(G)$ におけるファセットになるとき，かつそのときに限る．

練習 7.27　グラフ上の最大な勾配ベクトル場は常に一意的か？　証明するか，もしくは反例を与えよ．

次の練習問題はグラフ上の最大な勾配ベクトル場の特徴づけを与えるものである．練習問題それ自体は，両者の定義をじっと見て，それらが同じことを言っていることを理解するだけである．

練習 7.28　G を連結なグラフとする．G 上の勾配ベクトル場 f が最大であるのは，f が完全離散モース関数であるとき，かつそのときに限ることを証明せよ．

これと問題 4.13 から，すべての連結グラフが最大な勾配ベクトル場をもつことが直ちに従う．

G を v 個の頂点をもつ連結グラフとするとき，v 個の頂点をもつ G の部分グラフであって，木であるものを**全域木**と呼ぼう．そこで，G の最大な勾配ベクトル場と，その全域木との関係を明らかにしよう．まず補題を一つ述べよう．G をグラフとするとき，G の頂点の数を $v(G)$ で，G の辺の数を $e(G)$ で表そう．

補題 7.29　T を G の全域木としよう．このとき $e(G) - e(T) = b_1(G)$ である．

証明　定理 3.23 より，任意のグラフについて $v - e = b_0 - b_1$ である．特に，全域木 T とグラフ G に対して，$v(T) - e(T) = 1 - 0$ かつ $v(G) - e(G) = 1 - b_1(G)$ である．後者の式を前者から引き，$v(T) = v(G)$ である（T は全域木であるので）ことに注意すると，$e(G) - e(T) = b_1(G)$ が得られる．■

定理 7.30　G を連結グラフとする．f が G 上の最大な勾配ベクトル場であるのは，f がある全域木 $T \subseteq G$ 上の最大な勾配ベクトル場であるとき，かつそのときに限る．

証明　ここでは十分性のみを示し，必要性の証明は問題 7.31 とする．$f = \{f_0, \ldots, f_n\}$ を，G のある全域木 T 上の最大勾配ベクトル場とせよ．したがって，$n + 1 = e(T) - b_1(T) = e(T)$ である．f が G 上の最大勾配ベクトル場であることを示す必要がある．そこで f が G 上で最大でないと仮定しよう．このとき，$n + 1 < e(G) - b_1(G)$ である．これより，$e(T) < e(G) - b_1(G)$ である．しかし，T は G の全域木で

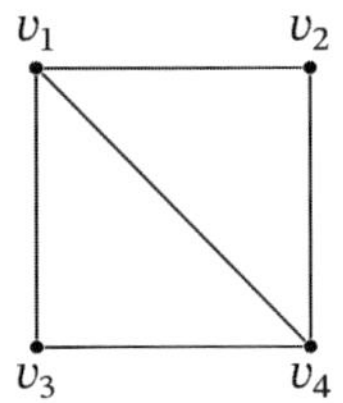

図 **7.27**

あるので，補題 7.29 より $e(G) - e(T) = b_1(G)$ であり，矛盾が生じる．したがって G の全域木 T 上の最大勾配ベクトル場は G の最大勾配ベクトル場を引き起こす． ∎

問題 7.31 定理 7.30 の必要性の部分を証明せよ．

これをモース複体の言葉に翻訳すると次の系が得られる．

系 7.32 G を連結グラフとする．このとき，

$$\mathcal{M}_P(G) = \bigcup_{T_i \in S(G)} \mathcal{M}_P(T_i)$$

である．ここで $S(G)$ は G のすべての全域木の集合である．

問題 7.33 系 7.32 を証明せよ．

最後に $\mathcal{M}_P(G)$ のファセットの数を計算しよう．これを実行するためには，もう少しグラフ理論のアイディアが必要である．グラフの 2 つの頂点は一つの辺で結ばれているならば**隣接**していると言われる．任意の頂点 v における辺の数は v の**次数**と呼ばれ，$\deg(v)$ と書かれる．n 個の頂点をもつグラフ G が与えられたとき，**ラプラシアン**と呼ばれる $n \times n$ 行列 $L(G)$ を作ろう．その成分は，

$$L_{i,j}(G) = L_{i,j} := \begin{cases} \deg(v_i) & i = j \text{ であるとき,} \\ -1 & i \neq j \text{ かつ } v_i \text{ が } v_j \text{ に隣接するとき,} \\ 0 & \text{それ以外のとき.} \end{cases}$$

例 7.34 G を図 7.27 で与えられるグラフとする．このとき，

$$L = \begin{pmatrix} 3 & -1 & -1 & -1 \\ -1 & 2 & 0 & -1 \\ -1 & 0 & 2 & -1 \\ -1 & -1 & -1 & 3 \end{pmatrix}$$

であることが容易に確かめられる．

ラプラシアンを使い，次の定理を利用することにより，G の全域木の数を数えることができ，それにより $\mathcal{M}_P(G)$ のファセットの数を数えることができる．

定理 7.35（キルヒホッフの定理） G を n 個の頂点をもつ連結グラフとし，$\lambda_1, \ldots, \lambda_{n-1}$ を $L(G)$ の固有値とする．このとき，G の全域木の数は $\frac{1}{n}\lambda_1 \cdots \lambda_{n-1}$ により与えられる．

この事実の証明はこの本が扱う範囲を超えるものであるが，[**43**，定理 4.15] に書いてある．

定理 7.36 G を n 個の頂点をもつ連結グラフとする．このとき，$\mathcal{M}_P(G)$ のファセットの数は $\lambda_1 \cdots \lambda_{n-1}$ である．同じことであるが，G の最大勾配ベクトル場は $\lambda_1 \cdots \lambda_{n-1}$ 個存在する．

証明 定義より，$\mathcal{M}_P(G)$ のファセットは G 上の最大勾配ベクトル場と 1-1 に対応している．定理 7.30 より，G 上の最大勾配ベクトル場は，G のすべての全域木上の最大勾配ベクトル場でもある．G の全域木および G の頂点 v が与えられたとき，v を根とする根付き森がちょうど一つ存在する．それゆえ，各全域木は n 個の異なる勾配ベクトル場を定める．定理 7.35 より，全域木は $\frac{1}{n}\lambda_1 \cdots \lambda_{n-1}$ 個存在するので，G 上にはちょうど $n \cdot \left(\frac{1}{n}\lambda_1 \cdots \lambda_{n-1}\right) = \lambda_1 \cdots \lambda_{n-1}$ 個の最大勾配ベクトル場が存在し，それゆえ $\mathcal{M}_P(G)$ には $\lambda_1 \cdots \lambda_{n-1}$ 個のファセットが存在するのである． ∎

問題 7.37 例 7.34 の G について，（固有値の計算方法を知っているならば）$\mathcal{M}_P(G)$ のファセットの数を計算せよ．

問題 7.38 例 7.20 のグラフのラプラシアンを計算し，定理 7.35 を用いて，$\mathcal{M}_P(G)$ のファセットの数を計算せよ．得られた答は例 7.20 において手計算で求めたものと一致するか？

第 8 章　モースホモロジー

第 4 章において，単体複体のホモロジー論がどのように離散モース理論に関係するかを見た．この関係は定理 4.1 に最もはっきりした形で見ることができる．そこでは，i 次 $\mathbb{F}_2$-ベッチ数が常に臨界 i-単体の個数で上から抑えられることが証明された．しかしながら，単体ホモロジーはホモロジーを計算するための唯一の方法というわけではない．ここで述べた離散モースの不等式は，離散モース理論とホモロジーとの間のより深遠な関係を示すものである．この章の目標は，離散モース理論を用いて単体ホモロジーを計算する理論を展開することである．ひとたびモースホモロジーができあがったならば，8.5 節では，それを用いることでいくつかの単体複体のベッチ数をより簡単に計算できるようになるであろう．さらに 9.2 節では，この理論を利用して，アルゴリズムに基づく計算を実行しよう．

f を K 上の離散モース関数とする．モースホモロジーを定義するため，誘導された勾配ベクトル場 $V = V_f$ をより深く調べよう．特に，ここではそれを写像と見ることにしよう．これを用いて，3.2 節で行ったように，$\mathbb{F}_2$-ベクトル空間 $\Bbbk_p^{\Phi}(K)$ と，それらの間の線形変換の集まりを構成しよう．これらのベクトル空間 $\Bbbk_p^{\Phi}(K)$ とその間の線形変換からなる鎖複体は**流れ複体**と呼ばれる．この鎖複体は，**臨界複体**[1] と呼ばれるもう一つの鎖複体と同じものであることが示される．この鎖複体に現れるベクトル空間は「通常の鎖複体」に現れるものよりもずっと小さいだけでなく，境界写像が勾配ベクトル場を用いて計算できるものなのである．ここから，前と同様にしてホモロジーを構成することができる．この方法で構成されるホモロジーが 3.2 節で構成されたホモロジーと同じものであることを証明しよう．このように，臨界単体は，扱う行列やベクトル空間がずっと小さいものであるため，ホモロジーが容易に計算できるという際立った利点を持っているのである．

1　原注：多くの文献では，これはしばしばモース複体と呼ばれている．そういうわけであるので，これを第 7 章で定義されたものと混同しないように．

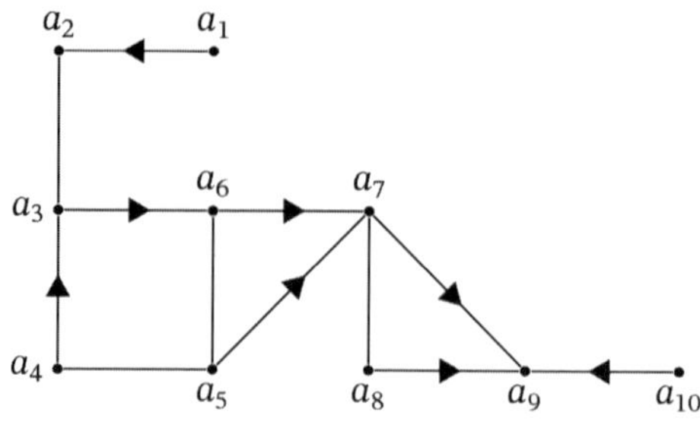

図 8.1

8.1　勾配ベクトル場再考

まず勾配ベクトル場を写像と見ることから始めよう．3.2 節において，K が単体複体であるとき，K_p は K のすべての p 次元単体の集合を表し，$c_p := |K_p|$ は K_p のサイズを，$\mathbb{k}^{c_p}$ は K_p の各単体に対応した基底をもつ c_p 次元ベクトル空間を表したことを思い出そう．f を K 上の離散モース関数とするとき，誘導された勾配ベクトルは，第 2 章において $V = V_f := \{(\sigma^{(p)}, \tau^{(p+1)}) : \sigma < \tau,\ f(\sigma) \geq f(\tau)\}$ により定義された．

定義 8.1　$f : K \longrightarrow \mathbb{R}$ を離散モース関数とし，$V = V_f$ を誘導された勾配ベクトル場とする．写像 $V_p : \mathbb{k}^{c_p} \longrightarrow \mathbb{k}^{c_{p+1}}$ を，

$$V_p(\sigma) := \begin{cases} \tau & \exists(\sigma, \tau) \in V \text{ であるとき,} \\ 0 & \text{それ以外のとき,} \end{cases}$$

により定義する．用語と記法の乱用ではあるが，すべての写像の集合 $V := \{V_p\}$ $(p = 0, 1, \ldots, \dim(K))$ を f（もしくは V）から誘導された**勾配ベクトル場**と呼ぶことにしよう．

練習 8.2　σ が臨界的ならば $V(\sigma) = 0$ であることを証明せよ．逆は成り立つか？

例 8.3　V を図 8.1 で与えられる勾配ベクトル場としよう．このとき，V は尾である各頂点に対応する頭を付随させるものに過ぎない；例えば $V_0(a_4) = a_4a_3$, $V_0(a_3) = a_3a_6$, $V_1(a_4a_3) = V_0(a_2) = 0$ である．

また，第 2 章で論じた勾配ベクトル場に関するいくつかの事実を写像の観点から書き換えることができる．

命題 8.4 V を単体複体 K 上の勾配ベクトル場とし，$\sigma^{(p)} \in K$ とする．このとき，

(i) すべての整数 $i \geq 0$ に対して $V_{i+1} \circ V_i = 0$;

(ii) $|\{\tau^{(p-1)} : V(\tau) = \sigma\}| \leq 1$;

(iii) σ は，$\sigma \notin \mathrm{Im}(V)$ かつ $V(\sigma) = 0$ のとき，かつそのときに限り臨界的である．

証明 記述を簡単にするため次元に言及する必要や混同の恐れがない場合には下付き添字を省略することにしよう．もし τ が矢印の尾 (V に属する順序対の最初の要素) でないならば，$V(\tau) = 0$ である．それゆえ $(\tau, \sigma) \in V$ と仮定しよう，したがって $V(\tau) = \sigma$ である．補題 2.24 により，σ は V に属する矢印の頭であるので，それは V に属するいかなる矢印の尾にはなり得ない；それゆえ $V(V(\tau)) = V(\sigma) = 0$ である．同じ補題より，直ちに (ii) が従う．(iii) は次の問題 8.5 である． ■

問題 8.5 命題 8.4 の (iii) を証明せよ．

8.1.1 勾 配 流

例 8.3 を見直してみよう．我々は V についての新しい解釈を用いて，頂点，例えば a_4，における "流れ" の記述の仕方を考えたいわけである；a_4 から出発するとき，指定された回数の矢印に沿って進んだ後にどこへ送られるかを決定する，そして最終的に，ある単体にまで到達し，そこにずっと留まり続けるかどうかを決定する代数的な方法が欲しいわけである．例えば注ぎ口が一か所だけで，いくつかの排出口から流れ出るような縦に連なった配管を思い浮かべよう（図 8.2）．注がれた水はいくつかの管を通って下へ流れ落ち，最終的にはいくつかの排出口から流れ出るだろう．例 8.3 の矢印に沿うとき，a_4 を出発した流れは最終的に頂点 a_9 に到達することがわかる．しかし，より高次元の場合，流れが意味するものは何だろうか？ 次の定義において，そのような一般的な流れが定義される．その前に，$p \geq 1$ に対して，境界作用素 $\partial_p : \Bbbk^{c_p} \longrightarrow \Bbbk^{c_{p-1}}$ は，$\partial_p(\sigma) := \sum_{0 \leq j \leq p} (\sigma - \{v_{i_j}\}) = \sum_{0 \leq j \leq p} v_{i_0} v_{i_1} \cdots \hat{v}_{i_j} \cdots v_{i_p}$ により定義される（ここで $\hat{v}_{i_j}$ とは v_{i_j} を取り除くことを意味する（定義 3.12））ことを思い出しておこう．

定義 8.6 V を K 上の勾配ベクトル場とする．$\Phi_p(\sigma) := \sigma + \partial_{p+1}(V_p(\sigma)) + V_{p-1}(\partial_p(\sigma))$ により与えられる $\Phi_p : \Bbbk^{c_p} \longrightarrow \Bbbk^{c_p}$ を，V の**勾配流** もしくは**流れ**と定義する．p が文脈から明らかなときは $\Phi(\sigma) = \sigma + \partial(V(\sigma)) + V(\partial(\sigma))$ と書くことにする．

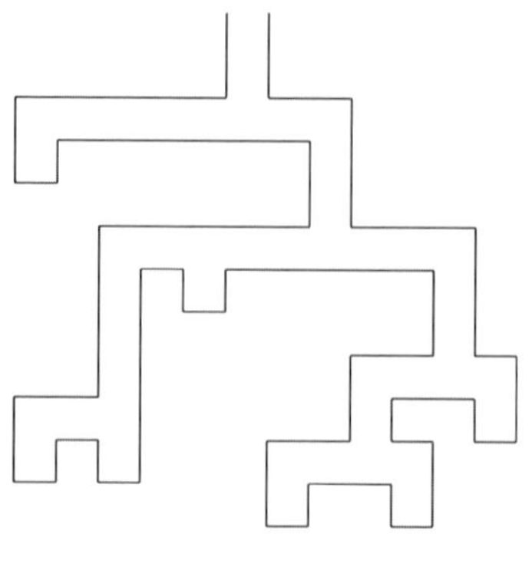

図 8.2

注意 8.7　単体の「流れ」と，その単体から出る「V-道」とを混同しないことが大切である．大きな違いの一つは，V-道が次元が p および $p+1$ における矢印のみを見ているのに対し，流れはより多くの次元における矢印を考えているという点である．

$f : A \longrightarrow A$ を任意の写像とし，f それ自身の n 個の合成を $f^n := f \circ f \circ \cdots \circ f$ と書こう．このとき，もし整数 m と $x \in A$ であって，$f \circ f^m(x) = f^m(x)$ となるものが存在するならば，f は**安定化する**と言われる．我々は流れ Φ が安定化するかどうかを決定したいと考えており，それゆえ $n \geq 1$ として Φ^n を計算したい．Φ の値は与えられた勾配ベクトル場 V に依存しているので，Φ が安定化するとき，V が安定化するということもある．

問題 8.8　例 8.3 において，a_4 から出発して Φ の定義を繰り返し適用し，それが安定化するまでその合成を計算せよ．

例 8.9　高次元の単体複体において流れが意味することを，特に複数の流れ方があるときに直観的につかむことは少々難しいことがある．より複雑な例を見てみよう．V を図 8.3 に示された勾配ベクトル場としよう．a_2a_5 から出発する流れを計算しよう．計算を実行する前に答えが何になるか少し考えてみよう．計算を楽にするため，$\Phi(a_2a_5) = a_2a_6 + a_5a_6$，$\Phi(a_2a_6) = a_2a_3 + a_3a_6 + a_6a_8$，$\Phi(a_5a_6) = a_5a_8$，$\Phi(a_2a_3) = a_2a_3 + a_3a_6$，$\Phi(a_3a_6) = a_6a_8$，$\Phi(a_5a_8) = a_5a_8$ であることに注意しよう．したがって，

$$\Phi(a_2a_5) = a_2a_6 + a_5a_6,$$

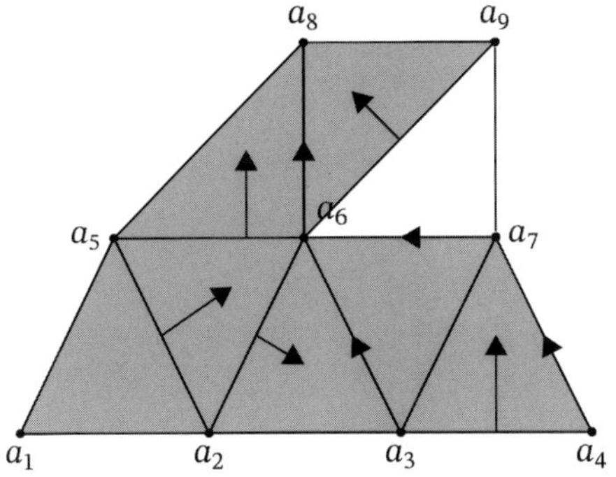

図 **8.3**

$$\Phi(a_2a_6 + a_5a_6) = a_2a_3 + a_3a_6 + a_6a_8 + a_5a_8,$$

$$\Phi(a_2a_3 + a_3a_6 + a_6a_8 + a_5a_6) = a_2a_3 + a_3a_6 + a_6a_8 + a_5a_8$$

と計算される．最初の流れの後は，a_2a_6 および a_5a_6 上にあり，そこから 2 つの面へ流れ込むことがわかる．さらにそこから，それぞれの境界上で "行き詰る" ことがわかる．言い換えると，すべての $n \geq 2$ について $\Phi^2(a_2a_5) = \Phi^n(a_2a_5)$ であり，したがって Φ は a_2a_5 において安定化し，$n \geq 2$ に対して $\Phi^n(a_2a_5) = a_2a_3+a_3a_6+a_6a_8+a_5a_8$ である．

問題 8.10 例 8.9 の計算を確かめよ；すなわち，

(i) $\Phi(a_2a_5) = a_2a_6 + a_5a_6$;
(ii) $\Phi(a_2a_6) = a_2a_3 + a_3a_6 + a_6a_8$;
(iii) $\Phi(a_5a_6) = a_5a_8$;
(iv) $\Phi(a_2a_3) = a_2a_3 + a_3a_6$;
(v) $\Phi(a_3a_6) = a_6a_8$;
(vi) $\Phi(a_6a_8) = 0$;
(vii) $\Phi(a_5a_8) = a_5a_8$

を証明せよ．

一つの単体の流れを繰り返し計算することができるだけでなく，単体複体の全体や部分複体の流れを計算することもできる．$\sigma, \tau \in K$ が単体であるとき，$\Phi(\sigma \cup \tau) := \Phi(\sigma) + \Phi(\tau)$（和は $\bmod 2$ で考える）と定めるのである．例えば例 8.9 の単体複体を用いて，

$$\begin{aligned}\Phi(\langle a_2a_5\rangle) &= \Phi(a_2 \cup a_2a_5 \cup a_5)\\ &= 0 + a_2a_6 + a_5a_6 + 0\\ &= a_2a_6 + a_5a_6\end{aligned}$$

と計算することができる.

問題 8.11　K を単体複体とし, $\Phi(K) := \{\sum_{\sigma\in K}\Phi(\sigma)\}$ としよう. 和の各要素を単体と見るとき, $\Phi(K)$ は単体複体となるか？　証明するか, もしくは反例を与えよ.

我々は流れの安定化を配管を通って最終的には下から注ぎ出るような水の流れに例えた. しかし, この例えは誤解を招くかも知れない. 水はパイプの中をぐるぐると流れ続けるかも知れないし, あるいは突拍子がないやり方で永久にパイプの中を流れ続けるかも知れないのである. ここで扱っている数学的な流れに戻ると, このことから次のような自然な疑問が浮かぶであろう：V を K 上の勾配ベクトル場とするとき, V はすべての $\sigma \in K$ に対して安定化するか？　K は有限複体であるので, もし V が安定化しないのであれば, それは最終的に“ぐるぐる回る”, 周期的な振舞いをする, あるいは他の何かになるであろう. 離散モース関数について我々が知っていることを適用するならば, もし V が周期的になったとしたら驚くことになろう.

練習 8.12　離散ベクトル場がすべての単体で必ずしも安定化しないような例を与えよ.

問題 8.13　Φ を単体複体 K 上の勾配ベクトル場 V から誘導された流れとしよう. Φ はすべての頂点において安定化することを証明せよ.

問題 8.13 は, 勾配ベクトル場があるならば常に, すべての単体において Φ が安定化するという, より一般的な結果へ拡張される. これを示す前に, 流れがどのようなものかがわかる他のいくつかの結果が必要である. まずは補題を一つ提示しよう.

補題 8.14　K を単体複体, ∂ を境界作用素, Φ を K 上の流れとする. このとき $\Phi\partial = \partial\Phi$.

問題 8.15　補題 8.14 を証明せよ.

次の技巧的な結果により, すべての p-単体たちの線形結合の観点から p-単体の流れを, より理解することができる.

命題 8.16　$\sigma_1, \ldots, \sigma_r$ を K の p 次元単体とし, $\Phi(\sigma_i) = \sum_j a_{ij}\sigma_j$（すなわち, p-

単体たちの線形結合として）と書こう．ここで a_{ij} は 0 か 1 のいずれかである．このとき，$a_{ii} = 1$ であることと σ_i が臨界的であることは同値である．さらに $a_{ij} = 1$ ならば $f(\sigma_j) < f(\sigma_i)$ である．

証明　命題 8.4 により，p-単体 σ_i は次の条件のうちのちょうど一つを満たす：σ_i は臨界的である，$\sigma_i \in \mathrm{Im}(V)$，もしくは $V(\sigma_i) \neq 0$．それぞれの場合について考察を進めよう．

σ_i が臨界的であるとしよう．このとき σ_i が $\Phi(\sigma_i)$ の表示に現れること，および σ_j が $\Phi(\sigma_i)$ の表示に現れるならば常に $f(\sigma_j) < f(\sigma_i)$ であることを示そう．σ_i は臨界的であるので，$V(\sigma_i) = 0$ であり，任意の余次元 1 の面 $\tau < \sigma_i$ に対して，$f(\tau) < f(\sigma_i)$ である．定義より，$V(\tau) = 0$，もしくは $V(\tau) = \tilde{\sigma}_\tau$ であり，$f(\tilde{\sigma}_\tau) \leq f(\tau) < f(\sigma_i)$ である．これらの事実を用いると，

$$\begin{aligned}
\Phi(\sigma_i) &= \sigma_i + V(\partial\sigma_i) + 0 \\
&= \sigma_i + V\left(\sum_\tau \tau\right) \\
&= \sigma_i + \sum_\tau V(\tau) \\
&= \sigma_i + \sum_\tau \tilde{\sigma}_\tau
\end{aligned}$$

であることがわかる．ここで $\tilde{\sigma}_\tau$ での値はすべて $f(\tilde{\sigma}_\tau) < f(\sigma_i)$ を満たす．

次に $\sigma_i \in \mathrm{Im}(V)$ であるとしよう．このとき $V(\eta) = \sigma_i$ となる η が存在する．命題 8.4 (i) により，$V \circ V = 0$ であり，

$$\Phi(\sigma_i) = \sigma_i + V(\partial\sigma_i) + \partial(V(V(\eta)) = \sigma_i + \sum_\tau V(\tau),$$

ただし，上と同じく $\tau < \sigma_i$ は σ_i の余次元 1 の面である．次に，命題 8.4 (ii) により，η は $V(\eta) = \sigma_i$ を満たす σ_i の唯一の余次元 1 の面であり，それゆえ，

$$\Phi(\sigma_i) = \sigma_i + V(\eta) + \sum_{\tau, \tau\neq\eta} V(\tau) = \sigma_i + \sigma_i + \sum_{\tau, \tau\neq\eta} V(\tau) = \sum_{\tau, \tau\neq\eta} V(\tau)$$

である．さらに，他のすべての余次元 1 の面 $\tau < \sigma_i$ は $V(\tau) = 0$，もしくは $V(\tau) = \tilde{\sigma}_\tau$ であって，$f(\tilde{\sigma}_\tau) \leq f(\tau) < f(\sigma_i)$ を満たす．したがって，

$$\Phi(\sigma_i) = \sum \tilde{\sigma}_\tau$$

である．

最後に，$V(\sigma_i) = \tau, \tau \neq 0$，であるとしよう．余次元1の面 $\eta < \sigma_i$ の各々について，$V(\eta) = 0$ である，もしくは $V(\eta) = \tilde{\sigma}_\eta$ であって $f(\tilde{\sigma}_\eta) \leq f(\eta) < f(\sigma_i)$, のいずれかであるので，$V(\partial\sigma_i) = \sum \tilde{\sigma}_\eta$ である．さらに，$\partial(V\sigma_i) = \partial(\tau) = \sigma_i + \sum_{\tilde{\sigma}<\tau, \tilde{\sigma}\neq\sigma_i} \tilde{\sigma}$ である．これらの事実を合わせると，

$$\Phi(\sigma_i) = \sigma_i + V\partial\sigma_i + \partial V\sigma_i = \sigma_i + \sum \tilde{\sigma}_\eta + \sigma_i + \sum \tilde{\sigma} = \sum \tilde{\sigma}_\eta + \sum \tilde{\sigma}$$

を得る．

上の3つの場合において，$a_{ii} = 1$ となる唯一の場合は，σ_i が臨界的であるときであることに注意しよう．∎

8.2 流れ複体

ようやく，この章の初めに論じた流れ複体を定義する準備ができた．$f : K \longrightarrow \mathbb{R}$ を離散モース関数としよう．n 次元複体 K に対して $\Bbbk_p^\Phi(K) = \{c \in \Bbbk^{c_p} : \Phi(c) = c\}$ としよう．文脈から明らかな場合は K を省略して $\Bbbk_p^\Phi$ と書こう．c_p がベクトル空間 $\Bbbk^{c_p}$ の次元を示しているのに対し，$\Bbbk_p^\Phi$ の p は，それがある p-単体の線形結合からもたらされたベクトル空間であるということを示している（それゆえベクトル空間としての次元は明らかではない）ことに注意しよう．

問題 8.17　境界作用素 $\partial_p : \Bbbk^{c_p} \longrightarrow \Bbbk^{c_{p-1}}$ は $\partial_p : \Bbbk_p^\Phi \longrightarrow \Bbbk_{p-1}^\Phi$ を導くことを示せ．

問題 8.17 の結果から，鎖複体

$$0 \longrightarrow \Bbbk_n^\Phi \xrightarrow{\partial} \Bbbk_{n-1}^\Phi \xrightarrow{\partial} \cdots \xrightarrow{\partial} \Bbbk_0^\Phi \longrightarrow 0$$

が得られる．これは K の**流れ複体**と呼ばれ，$\Bbbk_*^\Phi(K) = \Bbbk_*^\Phi$ と書かれる．$c \in \Bbbk_p^\Phi(K)$ としよう．このとき，c は K の p-単体たちの $\mathbb{F}_2$-線形結合である；$c = \sum_{\sigma\in K_p} a_\sigma\sigma$ $(a_\sigma \in \mathbb{F}_2)$．与えられた $c = \sum_\sigma a_\sigma\sigma \in \Bbbk_p^\Phi$ に対して，$a_\sigma \neq 0$ であるすべての σ に対して $f(\sigma^*) \geq f(\sigma)$ が成り立つような任意の σ^* のことを c の**最大化単体**と呼ぶことにしよう．

補題 8.18　σ^* が，ある $c \in \Bbbk_p^\Phi(K)$ の最大化単体であるならば，σ^* は臨界的である．

証明　$c = \sum_{\sigma\in K_p} a_\sigma\sigma$ と書き表し，両辺を Φ で写すと，$\Phi(c) = \sum_{\sigma\in K_p} a_\sigma\Phi(\sigma)$ が得られる．$c \in \Bbbk_p^\Phi(K)$ であるので，$c = \Phi(c) = \sum_{\sigma\in K_p} a_\sigma\Phi(\sigma)$ である．さて，σ^* は c の最大化単体であり，したがって $a_\sigma \neq 0$ である限り $f(\sigma^*) \geq f(\sigma)$ である．した

がって，命題 8.16 の最後の主張の対偶を $\Phi(\sigma^*)$ に適用すると，a_{σ^*} を除くすべての係数は 0 であり，σ^* の前の係数は 1 に等しいことがわかる．同命題により，σ^* は臨界的である． ∎

これで勾配流が任意の $\sigma \in K$ に対して安定化することを証明する準備ができた．

定理 8.19 $c \in \Bbbk^{c_p}$ としよう．このとき，流れ Φ は c で安定化する；すなわち，ある整数 N が存在し，すべての $i, j \geq N$ に対して $\Phi^i(c) = \Phi^j(c)$ である．

証明 任意の $\sigma \in K$ に対して結果を示せば十分である．なぜなら，一般的な主張は線形性より従うからである．それゆえ $\sigma \in K$ とし，$R_\sigma = R := \{\tilde{\sigma} \in K : f(\tilde{\sigma}) < f(\sigma)\}$ とおく．$r = |R|$ に関する数学的帰納法により示そう．$r = 0$ のとき，すべての $\tilde{\sigma} \in K$ に対して $f(\tilde{\sigma}) \geq f(\sigma)$ であるので，命題 8.16 より，$\Phi(\sigma) = \sigma$，もしくは $\Phi(\sigma) = 0$ であり，$r = 0$ の場合が示された．

次に $r > 0$ と仮定しよう．σ が正則な場合と臨界的な場合を考えよう．もし σ が正則ならば，命題 8.16 により，$\Phi(\sigma) = \sum_{f(\tilde{\sigma})<f(\sigma)} a_{\tilde{\sigma}}\tilde{\sigma}$ である．さて，$R_{\tilde{\sigma}} \subseteq R_\sigma$ であり，$\tilde{\sigma} \in R_\sigma$ かつ $\tilde{\sigma} \notin R_{\tilde{\sigma}}$ であるから，$f(\tilde{\sigma}) < f(\sigma)$ であるすべての $\tilde{\sigma}$ に対して $r_{\tilde{\sigma}} < r_\sigma$ である．帰納法の仮定により，整数 $N_{\tilde{\sigma}}$ であって，すべての $i, j \geq N_{\tilde{\sigma}}$ に対して $\Phi^i(\tilde{\sigma}) = \Phi^j(\tilde{\sigma})$ であるものが存在する．Φ は線形写像であるから，$N > \max_{f(\tilde{\sigma})<f(\sigma)}\{N_{\tilde{\sigma}}\}$ に対して，σ は不変，すなわちすべての $i, j \geq N$ に対して $\Phi^i(\sigma)$ $= \Phi^j(\sigma)$ である．

次に，σ が臨界的であると仮定し，$c := V(\partial\sigma)$ と書こう．このとき，命題 8.16 の証明により，$c = \sum_{f(\tilde{\sigma})<f(\sigma)} a_{\tilde{\sigma}}\tilde{\sigma}$ である．問題 8.20（下を見よ）により，すべての整数 $m \geq 1$ に対して $\Phi^m(\sigma) = \sigma + c + \Phi(c) + \cdots + \Phi^{m-1}(c)$ が成り立つ．したがって，ある整数 N が存在して $\Phi^N(c) = 0$ であることを示せば十分である．$c = \sum_{f(\tilde{\sigma})<f(\sigma)} a_{\tilde{\sigma}}\tilde{\sigma}$ であるので，各 $\tilde{\sigma}$ に帰納法の仮定を適用すると，整数 $\tilde{N}$ であって，$\Phi^{\tilde{N}}(c) \in \Bbbk^\Phi_*$ が安定的であるものが存在することがわかる．もし $V\tau \in \mathrm{Im}\,(V)$ であるならば，$\Phi(V\tau) = V\tau + \partial VV\tau + V\partial V\tau = V\tau + V\partial V\tau = V(\tau + \partial V\tau)$ であることに注意しよう．言い換えると，Φ は $\mathrm{Im}\,(V)$ の元を $\mathrm{Im}\,(V)$ に写すのである．$c \in \mathrm{Im}\,(V)$ であるので，$\Phi^{\tilde{N}}(c) \in \mathrm{Im}\,(V)$ である．$\Phi^{\tilde{N}}(c) = V(w)$, $w = \sum_\tau a_\tau \tau$ と書こう．このとき $\Phi^{\tilde{N}}(c) = V(w) = \sum_\tau a_\tau V\tau$ である．命題 8.4 (iii) により，τ が臨界的であるときは常に $V\tau = 0$ であるので，初めから $w = \sum_{\tau:\text{正則}} a_\tau \tau$ としてよい．さらに，補題 8.18 により，$A := \{f(\tau) : a_\tau \neq 0\}$ の任意の最大化単体は臨界的である．しかし，もし $\tau \in A$ が最大化単体であるならば，τ は臨界的かつ $a_\tau \neq 0$ であるので，矛盾が生じる．したがって $A = \emptyset$ となり，すべての $\tau \in K_p$ に対して $a_\tau = 0$ である；すなわち $\Phi^{\tilde{N}}(c) = 0$．上で述べたように，これが求める結果である． ∎

問題 8.20　$\sigma \in K$ とし，$c := V(\partial\sigma)$ としよう．もし σ が臨界的であるならば，すべての整数 $m \geq 1$ に対して $\Phi^m(\sigma) = \sigma + c + \Phi(c) + \Phi^2(c) + \cdots + \Phi^{m-1}(c)$ であることを証明せよ．

8.3　ホモロジーの同等性

我々は，任意の $c \in \Bbbk^{c_p}(K)$ に対して，c から出発した流れが最終的には $\Bbbk_p^{\Phi}$ のある元に安定化することを示した．この元を $\Phi^\infty(c)$ と書くことにすると，写像 $\Phi^\infty : \Bbbk^{c_p} \longrightarrow \Bbbk_p^{\Phi}$ が得られる．これを用いて鎖複体 $\Bbbk_*^{\Phi}(K)$ のホモロジーと 3.2 節で定義された単体ホモロジーとを関連付けよう．これを実行するためには線形代数から若干のアイディアを必要とする．必要ならば 3.1 節を参照されたい．まず**鎖複体**とは，ベクトル空間 C_i たちの系列

$$\cdots \xrightarrow{\partial_{i+1}} C_i \xrightarrow{\partial_i} C_{i-1} \xrightarrow{\partial_{i-1}} \cdots \xrightarrow{\partial_2} C_1 \xrightarrow{\partial_1} C_0 \xrightarrow{\partial_0} 0$$

であって，各 ∂_i は線形変換であり，すべての i に対して $\partial_{i-1} \circ \partial_i = 0$ であるもののことであったことを思い出そう．簡単のため，鎖複体は (C_*, ∂_*) などと書かれ，任意の元 $c \in C_i$ は**鎖**と呼ばれる．問題 3.22 で示してもらったように，このことから $\mathrm{Im}(\partial_{i+1}) \subseteq \ker(\partial_i)$ であり，それゆえ鎖複体 C_* の i 次ホモロジーベクトル空間を $H(C_*) := \Bbbk^{\mathrm{null}\,\partial_i - \mathrm{rank}\,\partial_{i+1}}$ により定義したのであった．$v \in C_i$ が $H_i(C_*)$ の元とどのように関連付けられるかを見るため，$H_i(C_*)$ の，より正確な定義を与えよう．$z \in \ker(\partial_i)$ とし，$[z] := \{z + w : w \in \mathrm{Im}(\partial_{i+1})\}$ と定義する．$\mathrm{Im}(\partial_{i+1}) \subseteq \ker(\partial_i)$ であるので，この定義は意味をなす．このとき $H_i(C_*) := \{[z] : z \in \ker(\partial_i)\}$ と定義するのである．ここでベクトル空間の構造は $[z] + [v] := [z + v]$ により与える．これが $\mathrm{null}\,\partial_i - \mathrm{rank}\,\partial_{i+1}$ 次元のベクトル空間であることは容易に示すことができ，それゆえ以前に定義されたものと同じものが得られる．その利点は $H_i(C_*)$ が，ここでは C_i の元を用いて定義されているということである．H_i の元は「集合」であることに注意しよう．ホモロジーをこのように見ることにし，もう一つの鎖複体 (C'_*, ∂'_*) および線形変換 $f_i : C_i \longrightarrow C'_i$ であって，すべての i について $f_{i-1} \circ \partial_i = \partial'_i \circ f_i$ を満たすものがあるとしよう：

$$\begin{array}{ccccccccccccc}
\cdots & \xrightarrow{\partial_{i+1}} & C_i & \xrightarrow{\partial_i} & C_{i-1} & \xrightarrow{\partial_{i-1}} & \cdots & \xrightarrow{\partial_2} & C_1 & \xrightarrow{\partial_1} & C_0 & \xrightarrow{\partial_0} & 0 \\
 & & \downarrow{\scriptstyle f_i} & & \downarrow{\scriptstyle f_{i-1}} & & \downarrow & & \downarrow{\scriptstyle f_1} & & \downarrow{\scriptstyle f_0} & & \\
\cdots & \xrightarrow{\partial'_{i+1}} & C'_i & \xrightarrow{\partial'_i} & C'_{i-1} & \xrightarrow{\partial'_{i-1}} & \cdots & \xrightarrow{\partial'_2} & C'_1 & \xrightarrow{\partial'_1} & C'_0 & \xrightarrow{\partial'_0} & 0
\end{array}$$

このような図式のことを**可換図式**という．また，このような f_i たちの系列は**鎖写像**と呼ばれる．鎖写像は，$(f_i)_*([z]) := [f_i(z)]$ により定義されるホモロジーベクトル空間上の写像 $(f_i)_* : H_i(C_*) \longrightarrow H_i(C'_*)$ を誘導する．f_i の代わりに単に f と書くこともある．

練習 8.21 $[z] = [z']$ であるのは，ある $w \in \mathrm{Im}(\partial)$ に対して $z - z' = w$ となるとき，かつそのときに限ることを示せ．

命題 8.22 写像 $(f)_*$ は矛盾なく定義された線形変換である．すなわち，$[z] = [z']$ であるならば $[f(z)] = [f(z')]$ である．

証明 $[z] = [z']$ であるとしよう．練習 8.21 により，ある v に対して $z - z' = \partial(v)$ である．このとき，

$$\begin{aligned} z - z' &= \partial(v), \\ f(z - z') &= f \circ \partial(v), \\ f(z) - f(z') &= \partial \circ f(v) \end{aligned}$$

である．ここで f は鎖写像であるので，最後の行が正当化される．

さて，f_* が線形であることを示そう．$[c], [c'] \in H_*(C_*)$ であるとしよう．このとき $f_*([c] + [c']) = f_*([c + c']) = [f(c + c')] = [f(c) + f(c')] = [f(c)] + [f(c')] = f_*([c]) + f_*([c'])$ であるので，f_* は線形である． ∎

任意の集合 A に対して，$\mathrm{id}_A : A \longrightarrow A$ を，すべての $a \in A$ について $\mathrm{id}_A(a) = a$ により定義される写像とする．そのような写像は ***A* 上の恒等写像**と呼ばれる．

問題 8.23 $f_i : V_i \longrightarrow W_i$ および $g_i : W_i \longrightarrow Z_i$ を 2 つの鎖写像とする．

(i) $(g_i \circ f_i)_* = (g_i)_* \circ (f_i)_*$;

(ii) $\mathrm{id}_{V_i} : V_i \longrightarrow V_i$ を恒等写像とするとき，$(\mathrm{id}_{V_i})_* = \mathrm{id}_{H_*(V_i)}$

を証明せよ．

K を単体複体とし，$(\Bbbk_*, \partial_*)$ を 3.2 節で定義された鎖複体，$(\Bbbk_*^{\Phi}, \partial_*)$ を流れ複体とする．このとき，各 p に対して $i_p(c) = c$ により，包含写像 $i_p : \Bbbk_p^{\Phi} \longrightarrow \Bbbk^{c_p}$ が定義される．次の図式が可換であることから，これは鎖写像である：

$$\begin{array}{ccccccccccccc}
\cdots & \xrightarrow{\partial_{p+1}} & \Bbbk_p^{\Phi} & \xrightarrow{\partial_p} & \Bbbk_{p-1}^{\Phi} & \xrightarrow{\partial_{p-1}} & \cdots & \xrightarrow{\partial_2} & \Bbbk_1^{\Phi} & \xrightarrow{\partial_1} & \Bbbk_0^{\Phi} & \xrightarrow{\partial_0} & 0 \\
 & & \downarrow{\scriptstyle i_p} & & \downarrow{\scriptstyle i_{p-1}} & & & & \downarrow{\scriptstyle i_1} & & \downarrow{\scriptstyle i_0} & & \\
\cdots & \xrightarrow{\partial_{p+1}} & \Bbbk^{c_p} & \xrightarrow{\partial_p} & \Bbbk^{c_{p-1}} & \xrightarrow{\partial_{p-1}} & \cdots & \xrightarrow{\partial_2} & \Bbbk^{c_1} & \xrightarrow{\partial_1} & \Bbbk^{c_0} & \xrightarrow{\partial_0} & 0
\end{array}$$

線形変換 $f:V\longrightarrow W$ は，もし線形変換 $g:W\longrightarrow V$ であって，$g\circ f=\mathrm{id}_V$ かつ $f\circ g=\mathrm{id}_W$ であるものが存在するならば**ベクトル空間の同型**であるという．この場合，V と W は**同型**であるといい，$V\cong W$ と書かれる．この節の主結果は，鎖複体 $(\Bbbk_*,\partial_*)$ から得られるホモロジーと流れ複体から得られるホモロジーが同型であるということである．

定理 8.24　すべての $p\geq 0$ に対して，$H_p(\Bbbk_*^{\Phi})\cong H_p(K)$ である．

証明　$H_p(\Bbbk_*^{\Phi})\cong H_p(K)$ であることを示すため，Φ_*^{∞} が同型であることを示そう．$\Phi^{\infty}\circ i_p=\mathrm{id}_{\Bbbk_p^{\Phi}}$ であるから，問題 8.23 により，$\Phi_*^{\infty}\circ i_{p*}=\mathrm{id}_{H_p(\Bbbk_*^{\Phi})}$ である．したがって，$i_{p*}\circ\Phi_*^{\infty}=\mathrm{id}_{H_p(K)}$ であることを示せばよい．これを実行するため，写像 $D:\Bbbk^{c_{p-1}}\longrightarrow\Bbbk^{c_p}$ であって，$\mathrm{id}_{\Bbbk^{c_p}}-i_p\circ\Phi^{\infty}=\partial\circ D+D\circ\partial$ という性質をもつものを構成しよう．もしそのような写像が構成できたとすると，$[c]\in H_p(K)$ に対して，$(\mathrm{id}_{H_p(K)}-i_{p*}\circ\Phi_*^{\infty})[c]=[\partial(D(c))+D(\partial(c)]=[\partial(D(c))]=0$ であるので，結果が従う．さて，定理 8.19 により $\Phi^{\infty}=\Phi^N$ となる $N>0$ が存在する．代数的な事実 $(1-a^n)=(1-a)(1+a+a^2+\cdots+a^{n-1})$ を用いると，

$$\begin{aligned}
\mathrm{id}_{\Bbbk^{c_p}}-i_p\circ\Phi^{\infty}&=\mathrm{id}_{\Bbbk^{c_p}}-\Phi^N\\
&=(\mathrm{id}_{\Bbbk^{c_p}}-\Phi)(\mathrm{id}_{\Bbbk^{c_p}}+\Phi+\Phi^2+\cdots+\Phi^{N-1})\\
&=(-\partial\circ V-V\circ\partial)(\mathrm{id}_{\Bbbk^{c_p}}+\Phi+\Phi^2+\cdots+\Phi^{N-1})\\
&=\partial[(-V(\mathrm{id}_{\Bbbk^{c_p}}+\Phi+\cdots+\Phi^{N-1})]\\
&\qquad+[-V(\mathrm{id}_{\Bbbk^{c_p}}+\Phi+\cdots+\Phi^{N-1})]\partial
\end{aligned}$$

である．それゆえ，$D:=-V(\mathrm{id}_{\Bbbk^{c_p}}+\Phi+\Phi^2+\cdots+\Phi^{N-1})$ と定義しよう．これが求める結果であった． ∎

8.4　ホモロジーの具体的な計算

例 8.25　前節の内容は数学的に難しいものであったので，具体例に戻ろう．写像 $\Phi^{\infty}:\Bbbk^{c_p}\longrightarrow\Bbbk_p^{\Phi}$ を調べよう．図 8.4 の矢印により与えられた勾配ベクトル場をもつ離散モース関数を考えよう．面倒ではあるが，次の計算は難しくはない．

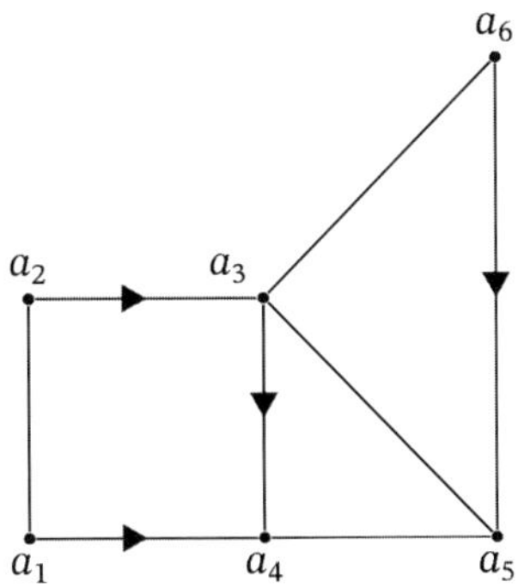

図 8.4

$$\Phi^\infty(a_1) = \Phi^\infty(a_2) = \Phi^\infty(a_3) = \Phi^\infty(a_4) = a_4,$$
$$\Phi^\infty(a_5) = \Phi^\infty(a_6) = a_5,$$
$$\Phi^\infty(a_1a_2) = a_1a_2 + a_1a_4 + a_2a_3 + a_3a_4,$$
$$\Phi^\infty(a_3a_5) = a_3a_5 + a_3a_4,$$
$$\Phi^\infty(a_4a_5) = a_4a_5,$$
$$\Phi^\infty(a_3a_6) = a_3a_6 + a_6a_5 + a_3a_4,$$
$$\Phi^\infty(a_1a_4) = \Phi^\infty(a_2a_3) = \Phi^\infty(a_3a_4) = \Phi^\infty(a_6a_5) = 0.$$

それゆえ $\Bbbk_0^\Phi$ は $\{a_4, a_5\}$ により生成されるベクトル空間であり，$\Bbbk_1^\Phi$ は $\{a_1a_2 + a_1a_4 + a_2a_3 + a_3a_4, a_3a_5 + a_3a_4, a_4a_5, a_3a_6 + a_6a_5 + a_3a_4\}$ により生成されるベクトル空間である．これらの元が線形独立であることを示すことは難しくない．より興味深いことに，$\Bbbk^{c_0}$ および $\Bbbk^{c_1}$ に属する単体を，これらのベクトル空間に属する臨界単体に制限するならば，$\Bbbk_0^\Phi$ および $\Bbbk_1^\Phi$ に属する 0 でない元たちの 1-1 対応が得られるのである．すなわち次の対応がある：

$$a_4 \longleftrightarrow a_4,$$
$$a_5 \longleftrightarrow a_5,$$
$$a_1a_2 \longleftrightarrow a_1a_2 + a_1a_4 + a_2a_3 + a_3a_4,$$
$$a_3a_5 \longleftrightarrow a_3a_5 + a_3a_4,$$
$$a_4a_5 \longleftrightarrow a_4a_5,$$
$$a_3a_6 \longleftrightarrow a_3a_6 + a_6a_5 + a_3a_4.$$

練習 8.26　例 8.25 における Φ^∞ の計算を確かめよ．

言い換えると，もし写像 $\Phi^\infty : \Bbbk^{c_p} \longrightarrow \Bbbk_p^\Phi$ を臨界単体のみに制限するならば，全単射，さらにはベクトル空間の同型（少なくとも上の例では）が得られるのである．このことから，次のものを考察することには意味があろう．

定義 8.27　K を単体複体，V をその勾配ベクトル場とする．$\mathcal{M}_p$ を V の臨界 p-単体により生成されるベクトル空間とする．このとき $\mathcal{M}_p$ は $\Bbbk^{c_p}$ の部分ベクトル空間であり，$\boldsymbol{V}$ **に関する** $\boldsymbol{K}$ **の臨界複体**と呼ばれる．

写像 $\Phi^\infty : \Bbbk^{c_p} \longrightarrow \Bbbk_p^\Phi$ を制限することで写像 $\Phi^\infty : \mathcal{M}_p \longrightarrow \Bbbk_p^\Phi$ が得られ，これを記号の乱用ではあるが，同じ記号で表すことにしよう．$\dim(\mathcal{M}_p) = i$ ならば，$\mathcal{M}_p^i$ と書こう．上で示唆したように，次のことが成り立つ：

定理 8.28　写像 $\Phi^\infty : \mathcal{M}_p \longrightarrow \Bbbk_p^\Phi$ はベクトル空間の同型である．

証明　Φ^∞ が全射であり，かつ単射でもあることを示そう．全射であることを見るため，$c \in \Bbbk_p^\Phi$ とし，$c = \sum_{\sigma \in K_p} a_\sigma \sigma$ と書こう．ここで $a_\sigma \in \mathbb{F}_2$ は c の展開における σ の係数である．c の展開において，臨界単体だけを考えることにより得られる新しい元 $\tilde{c}$ を考えよう：すなわち，$\tilde{c} := \displaystyle\sum_{\sigma\text{は臨界的}} a_\sigma \sigma$．このとき $\Phi^\infty(\tilde{c}) = c$ であることを示そう．実際，

$$
\begin{aligned}
\Phi^\infty(\tilde{c}) &= \sum_{\sigma\text{は臨界的}} a_\sigma \Phi^\infty(\sigma) \\
&= \sum_{\sigma\text{は臨界的}} a_\sigma (\sigma + V_{a_\sigma}) \\
&= \sum_{\sigma\text{は臨界的}} a_\sigma \sigma + \sum_{\sigma\text{は臨界的}} a_\sigma V_{a_\sigma}
\end{aligned}
$$

である．ここで V_{a_σ} は V の像に属する元を表す．V_{a_σ} は V の像に属しているので，V_{a_σ} の展開において，臨界単体は現れない．したがって $\Phi^\infty(\tilde{c}) - c$ の展開においても，臨界単体は現れない．他方，$\Phi^\infty(\tilde{c}) - c \in \Bbbk_p^\Phi$ が示される (問題 8.29)．補題 8.18 により，$\Phi^\infty(\tilde{c}) - c = 0$ となり，したがって Φ^∞ は全射である．

Φ^∞ が単射であることを見るため，$\Phi^\infty(c) = 0$ ($c = \sum_{\sigma\text{は臨界的}} a_\sigma \sigma \in \mathcal{M}_p$) であるとしよう．このとき，$0 = \Phi^\infty(c) = \sum_{\sigma\text{は臨界的}} a_\sigma \Phi^\infty(\sigma) = \sum_{\sigma\text{は臨界的}} a_\sigma (\sigma + V_{a_\sigma}) = \sum_{\sigma\text{は臨界的}} a_\sigma \sigma + \sum_{\sigma\text{は臨界的}} a_\sigma V_{a_\sigma}$ であり，全射の証明の中でなされたものと同じ理屈を用いると，c の展開において，任意の臨界単体の係数はすべて 0 である，すなわち $c = 0$．したがって Φ^∞ は単射である． ∎

問題 8.29　$\Phi^\infty(\tilde{c}) - c \in \Bbbk_p^\Phi$ であることを示せ．ただし c および $\tilde{c}$ は定理 8.28 の証

明の中で定義されたものである．

定理 8.28 より，流れ複体のベクトル空間は，すべての臨界単体により生成されるベクトル空間と同じものであることがわかる．したがって，例えば例 8.25 の単体複体 K は，その臨界単体から導かれる次の鎖複体と同じである：

$$\mathcal{M}_1^4 \longrightarrow \mathcal{M}_0^2 \longrightarrow 0.$$

ここで，$\mathcal{M}_1^4$ は 4 個の臨界 1-単体 a_1a_2, a_3a_5, a_4a_5, a_3a_6 により生成されるベクトル空間であり，$\mathcal{M}_0^2$ は 2 個の 0-単体 a_4 および a_5 により生成される．さて定理 8.24 より，K のホモロジーが流れ複体を用いて計算できることがわかっている．流れ複体は臨界単体を基底とする臨界複体と同じものであるので，このことから次の疑問が生じる：$\mathcal{M}_p$ の境界作用素 ∂_p はどのようなものであろうか？

例 8.30 例 8.25 の単体複体と勾配ベクトル場を取り上げよう．$\Bbbk^4$ から $\Bbbk^2$ への線形変換を定義したい；すなわち臨界 1-単体と臨界 0-単体からなる組の各々に対して 0 もしくは 1 を付与する必要がある．このことをどうやって行うか？ 例えば a_3a_6 と a_5 を選ぼう．我々は勾配ベクトル場を利用したいので，a_3a_6 から出発し，a_5 への V-道（mod 2）の数を数えてみたらどうだろう？ この場合，ちょうど 1 つあることがわかる．このことを他の組 a_1a_2 と a_4 でもやってみよう．この場合，a_1a_2 を出発し，a_4 に至る，そのような V-道が 2 つあることがわかる．ここで，V-道の定義において，臨界単体から出発するものも許していることに注意しよう．このとき，a_1a_2 の極大な面からスタートし，a_4 への道の個数を数えたいと思っているわけである．このようなことを続けると，

$$\partial = \begin{array}{c} \\ a_4 \\ a_5 \end{array} \begin{array}{c} \begin{array}{cccc} a_1a_2 & a_4a_5 & a_3a_5 & a_3a_6 \end{array} \\ \begin{pmatrix} 2=0 & 1 & 1 & 1 \\ 2=0 & 1 & 1 & 1 \end{pmatrix} \end{array}$$

により与えられる線形変換 $\partial : \mathcal{M}_1^4 \longrightarrow \mathcal{M}_0^2$ が得られる．もちろん予想どおり，これは階数 1，退化次数 3 であり，したがって $b_1(K) = 3$, $b_0(K) = 2 - 1 = 1$ となり，確かに期待された結果が得られる（ホモロジーの計算方法については定義 3.16 を見よ）．

こうして我々は次の定理に導かれる．それによると，境界作用素 $\partial_p : \mathcal{M}_p \longrightarrow \mathcal{M}_{p-1}$ を V-道を数えることにより計算できるのである．証明はやや技術的であるので，ここでは省略しよう．興味がある読者は [**65**, Section 8]，もしくは [**99**, Section 7.4] にある証明を見るとよいだろう．

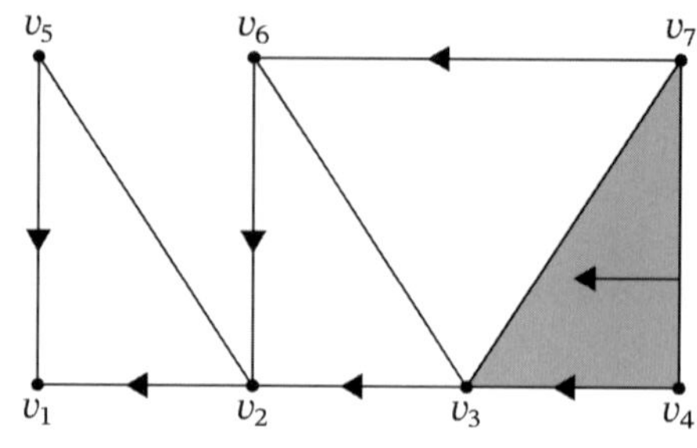

図 8.5

定理 8.31　K を単体複体，V を K 上の勾配ベクトル場としよう．各 $\sigma \in \mathcal{M}_p$ に対して，

$$\partial_p(\sigma) = \sum_{\beta^{(p-1)}\text{は臨界的}} \delta_{\sigma,\beta}\beta.$$

ここで，σ の極大な面から出発し，β へ至る V-道の数が偶数ならば $\delta_{\sigma,\beta} = 0$, V-道の数が奇数ならば $\delta_{\sigma,\beta} = 1$ である．このとき $H_p(\mathcal{M}_p) \cong H_p(K)$ である．

言葉の乱用ではあるが，対 $(\mathcal{M}_*, \partial_*)$ のことを**勾配ベクトル場 V に関する K の臨界複体**と呼ぶことにしよう．[2] ここまで読んでこられた読者には，3.2 節で導入された "'標準的な" 鎖複体があり，8.2 節では流れ複体が，そして臨界複体があることがおわかりいただけると思う．指定された単体複体 K に対して，これら 3 つはすべて同じホモロジーを与えるのである．もちろん臨界複体を用いる主な利点の一つは，そこに現れる行列やベクトル空間がずっと小さいことである！　例えば例 3.10 の単体複体のホモロジーを計算してみよう．これを実行するためには，単体複体上の離散モース関数が必要であり，もちろん，それはより少ない臨界単体をもつものが良い．最適なものの一つは図 8.5 で与えられる．臨界 1-および 0-単体の集合は，それぞれ $\{v_2v_5, v_3v_6, v_3v_7\}$ および $\{v_1\}$ である（臨界 2-単体は存在しないことに注意）．したがって，臨界鎖複体として，

$$\mathcal{M}_1^3 \xrightarrow{\partial} \mathcal{M}_0^1 \longrightarrow 0$$

が得られる．臨界 1-単体の極大な面から臨界 0-単体へ至る V-道の数を数えると，

2　原注：今一度，これはいくつかの文献ではモース複体として知られているものであるので，第 7 章で考察したものと混同しないよう注意しておく．

$$\partial = \begin{array}{c} \\ v_1 \end{array} \begin{pmatrix} v_2v_5 & v_3v_6 & v_3v_7 \\ 2=0 & 2=0 & 2=0 \end{pmatrix}$$

が得られる．明らかに $\mathrm{null}(\partial) = 3$ であり，したがって $b_1 = 3$, $b_0 = 1$ である．この例における計算と例 3.10 で行ったものとを比べてみよう．こちらの方がずっと簡単ではないだろうか？

問題 8.32 定理 8.31 を用いて強離散モースの不等式（定理 4.4）を証明せよ．

問題 8.33 K 上に空な勾配ベクトル場（すなわち，すべての単体が臨界的）を考えるならば，定理 8.31 における境界作用素の式は第 3 章の境界作用素の定義と一致することを示せ．

8.5 ベッチ数の計算

この節において，ようやく 1.1.1 節で提示された単体複体の多くを区別できるようになるのである．

例 8.34 クラインの壺 $\mathcal{K}$ のベッチ数を計算しよう．$\mathcal{K}$ 上に臨界単体の個数が最小となるような勾配ベクトル場を置くことを試みよう．ここでは図 8.6 の勾配ベクトル場を用いることにする．臨界単体は v_0, v_0v_2, v_0v_3，および $v_5v_6v_7$ であり，したがって $m_0 = 1$, $m_1 = 2$, $m_2 = 1$ である．これより次の臨界鎖複体が得られる．

$$\mathcal{M}_2^1 \xrightarrow{\partial_2} \mathcal{M}_1^2 \xrightarrow{\partial_1} \mathcal{M}_0^1 \longrightarrow 0.$$

定理 8.31 を適用すると，

$$\partial_2 = \begin{array}{c} \\ v_0v_2 \\ v_0v_3 \end{array} \begin{pmatrix} v_5v_6v_7 \\ 0 \\ 0 \end{pmatrix}$$

であり，

$$\partial_1 = \begin{array}{c} \\ v_0 \end{array} \begin{pmatrix} v_0v_2 & v_0v_3 \\ 2=0 & 2=0 \end{pmatrix}$$

であることがわかる．それゆえ，$\mathcal{K}$ の $\mathbb{F}_2$-ベッチ数は $b_2 = 1$, $b_1 = 2$, $b_0 = 1$ である．したがって，S^1 もメビウスの帯 $\mathcal{M}$ も $\mathcal{K}$ と同じオイラー標数をもつけれども，同じ単純ホモトピー型をもたないと結論付けられる．

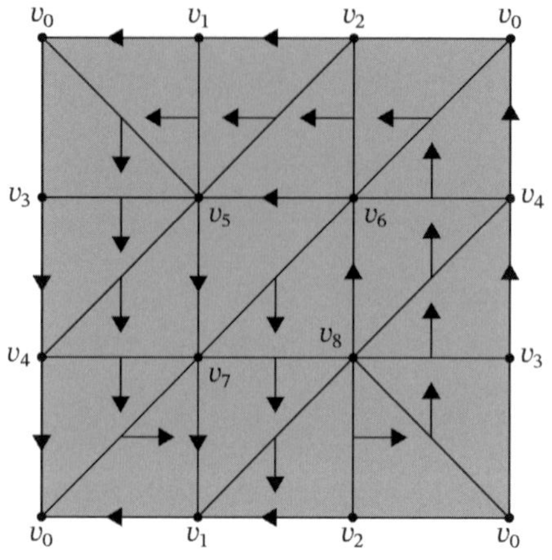

図 8.6

問題 8.35　問題 2.41 で構成した離散モース関数を用いて（もしくは，より良いものを見つけたならば，それを用いて）トーラス T^2 の $\mathbb{F}_2$-ベッチ数が $b_2 = 1$, $b_1 = 2$, $b_0 = 1$ であることを示せ．

注意 8.36　問題 8.35 において，トーラス T^2 が例 8.34 のクラインの壺とまったく同じ $\mathbb{F}_2$-ベッチ数をもつことがわかったであろう．残念ながら，これら 2 つの複体が同じ単純ホモトピー型をもつかどうかを決定することは本書の範囲を超えている．実のところ $T^2 \not\sim K$ であることがわかる．$\mathbb{Z}$ に係数をもつホモロジーを用いると，これらを区別することができるのであるが，我々は正確さと引替えに，計算しやすい方を選んだわけである．例えば [**134**, 1.5 節] にある方法を用いることにより，これら 2 つの複体を区別することができる．

例 8.37　例 1.21 の射影平面 P^2 の $\mathbb{F}_2$-ベッチ数を計算しよう．P^2 上の図 8.7 の勾配ベクトル場を考えよう．次の臨界鎖複体が得られる．

$$\mathcal{M}_2^1 \xrightarrow{\partial_2} \mathcal{M}_1^1 \xrightarrow{\partial_1} \mathcal{M}_0^1 \longrightarrow 0.$$

定理 8.31 により，臨界 2-単体 $v_1v_3v_5$ の境界から臨界 1-単体 v_1v_4 へ至る V-道の個数を数え，境界作用素

$$\partial_2 = \begin{matrix} & v_1v_3v_5 \\ v_1v_4 & \begin{pmatrix} 2 = 0 \end{pmatrix} \end{matrix}$$

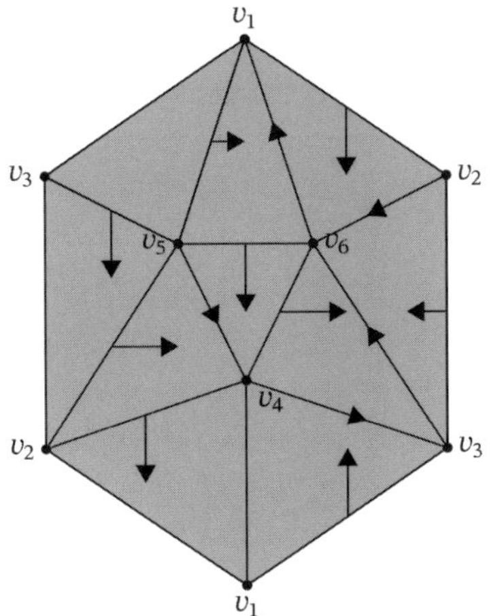

図 **8.7**

を得る．同様にして，

$$\partial_1 = \begin{array}{c} \\ v_1 \end{array} \begin{array}{c} v_1 v_4 \\ \begin{pmatrix} 2 = 0 \end{pmatrix} \end{array}$$

を得る．それゆえ P^2 の $\mathbb{F}_2$-ベッチ数は $b_0 = b_1 = b_2 = 1$ かつ，すべての $i > 2$ については $b_i = 0$ である．特に，$\chi(P^2) = 1$ であるけれども $P^2 \not\simeq \Delta^n$ である．

問題 8.38 0.1.1 節の携帯電話の電波塔をモデル化した単体複体のベッチ数を計算せよ．

問題 8.39 例 1.25 のビョルナーの複体のベッチ数を計算せよ．

第 9 章　離散モース理論を用いた計算

この章の目的は，離散モース理論を用いて計算を実行するために実装される模擬プログラムのアルゴリズムを示し，簡単に説明を加えることである．ここではデータ構造のようなプログラミングの基礎的なことを知っている読者を想定している．

9.1 「点データ」からの離散モース関数

離散モース関数を学び始めた段階の練習 2.22 では，単体複体 K の頂点集合 V 上に正値関数があるとき，各単体上の値をその単体の頂点たちの値の和とすることにより，K 上の離散モース関数が作れることを見た．これは確かに離散モース関数を生み出すものではあるが，すべての単体が臨界的であり，まったく役に立つものではない．この節ではキング他 [**97**] によるアルゴリズムを与えよう．それは各頂点での値を用いて，K 上の勾配ベクトル場であって，“少ない” 臨界単体をもつものを構成するものである．このアルゴリズムの詳細については上で引用した原論文，もしくは [**99**, 8.3 節] を見られたい．アルゴリズムを提示する前にいくつか記法および用語を定めよう．

K を単体複体，V を K の頂点集合，$f_0 : V \longrightarrow \mathbb{R}$ を単射な関数とする．$\sigma \in K$ を任意の単体とし，$\sigma = v_0v_1 \cdots v_i$ と書こう．**f_0 により誘導される下側スターフィルトレーション**を，

$$\max \mathrm{f}_0(\sigma) := \max_{0\leq j\leq i}\{f_0(v_j)\}$$

により定義する．

定義 6.33 において，頂点 $v \in K$ のリンクを定義した．K における v のスターとは，v を含む K のすべての単体の集合から作られる単体複体のことであり，$\mathrm{star}_K(v)$ と書かれる．K における v のリンクとは集合 $\mathrm{link}_K(v) := \mathrm{star}_K(v) - \{\sigma : v \in \sigma\}$ のことである．そこで，v の**下側リンク**を，$\mathrm{link}_K(v)$ の最大の部分複体であって，その頂点たちの f_0-値が $f_0(v)$ よりも小さいものとして定義しよう．リンクは与えられた関数 f_0 に依存しないが，下側リンクは f_0 に依存することに注意しよう．

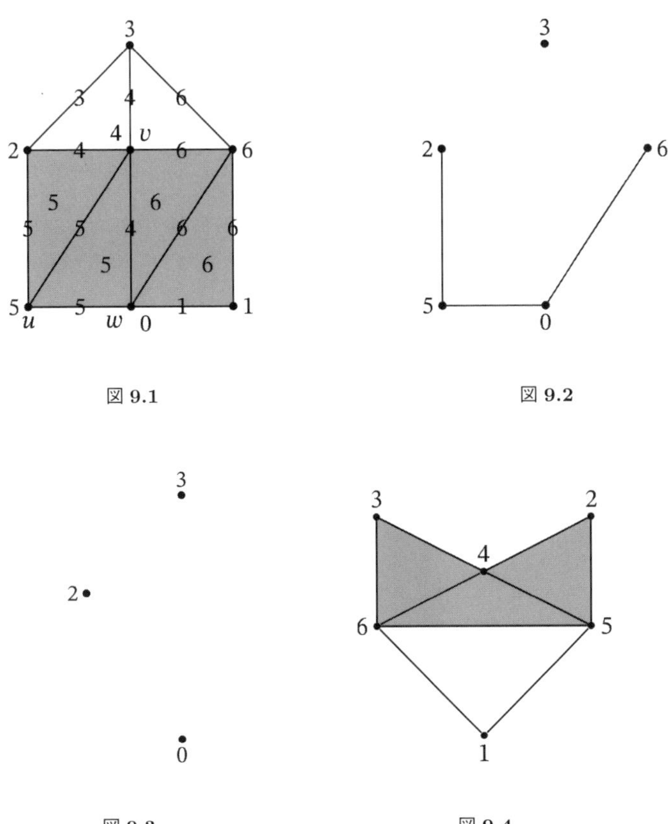

図 9.1　図 9.2

図 9.3　図 9.4

例 9.1　上の定義を説明しよう．K を図 9.1 のような単体複体とし，f_0 は頂点集合上の関数であって，頂点以外の他の単体での値は下側スターフィルトレーションから導かれているものとしよう．$u := f_0^{-1}(5)$, $v := f_0^{-1}(4)$, $w := f_0^{-1}(0)$ と書こう．ここで，u, v, w はそれぞれ値 5, 4, 0 をもつ唯一つの頂点である．このとき，$\max \mathrm{f}_0(uvw) = 5$ であり，$\max \mathrm{f}_0(vw) = 4$ である．v のリンクは図 9.2 で与えられる．v の下側リンクは，値が $f_0(v) = 4$ よりも小さい単体からなる，上の複体の最大の部分複体であり，図 9.3 のようになる．

練習 9.2　K を図 9.4 の単体複体とし，$f_0 : V \longrightarrow \mathbb{R}$ を図 9.4 で示されている頂点集合上の関数とする．$f_0^{-1}(6)$ および $f_0^{-1}(1)$ の下側リンクを求めよ．

練習 9.3　$f_0 : V \longrightarrow \mathbb{R}$ を関数とする．$a := \min_{v \in V}\{f_0(v)\}$ とし，$f_0(u) = a$ であ

アルゴリズム 2　（キング他）Extract

Input: 単体複体 K，単射関数 $f_0 : V(K) \longrightarrow \mathbb{R}$，　$p \geq 0$

Output: K 上の勾配ベクトル場 $(A, B, C, r : B \longrightarrow A)$

`ExtractRaw`(K, f_0)（アルゴリズム 3）

for $j = 1, \ldots, \dim(K)$ **do**

　`ExtractCancel`(K, h, p, j)（アルゴリズム 5）

end for

るとしよう．u の下側リンクは空集合であることを証明せよ．

定義 1.52 では，2 つの単体複体のジョインを構成した．ここでは 2 つの単体のジョインを定義しよう．$\sigma^{(i)}$ および $\tau^{(j)}$ を K の中の共通部分をもたない 2 つの単体としよう．σ と τ の**ジョイン**とは，$\sigma * \tau$ と書かれるものであり，定義されないか，もしくは（定義される場合には）$(i+j+1)$-単体であって，その頂点集合が σ および τ の頂点集合の和集合になっているようなもののことである；すなわち $\sigma * \tau = \sigma \cup \tau \in K$．$\sigma \cup \tau \notin K$ である場合，ジョインは定義されない．練習 9.2 において，$f_0^{-1}(2) * f_0^{-1}(3)$ は定義されない．

問題 9.4　v の下側リンクはまた，単体 $\tau \in K$ であって，$v * \tau$ が定義され，なおかつ $\max \mathrm{f}_0(\tau) < f_0(v)$ であるようなものすべてからなる集合により与えられることを証明せよ．

さて，我々のアルゴリズムを述べよう．これは頂点における値の集合から勾配ベクトル場を作り出すものである．それは他の 2 つのアルゴリズム（この節の後で定義する）`ExtractRaw` および `ExtractCancel` を呼び出すものである．

アルゴリズム 2 は，インプットとして単体複体 K，単射関数 f_0，および**パーシステンス**と呼ばれるパラメーター p を取り込む．アウトプットは K 上の勾配ベクトル場である．勾配ベクトル場を $(A, B, C, r : B \longrightarrow A)$ と見る見方について説明するため，2.2.2 節において，K 上の勾配ベクトル場は K の有向ハッセ図上の離散モースマッチングを生み出すことを思い起こそう．このときマッチングがない単体たちは集合 C をなす．それらがちょうど臨界単体たちである．任意のマッチングがある対 (σ, τ) に対して，対を 2 つに分けて，尾 σ を集合 A の元，頭 τ を集合 B の元としよう．これにより全単射 $r : B \longrightarrow A$ が引き起こされる．補題 2.24 から直ちに，$\{A, B, C\}$ が K の単体たちの分割になっていることが従う．

練習 9.5　例 7.1 の有向ハッセ図において，集合 A, B, C および全単射 $r : B \longrightarrow A$ を書き下せ．

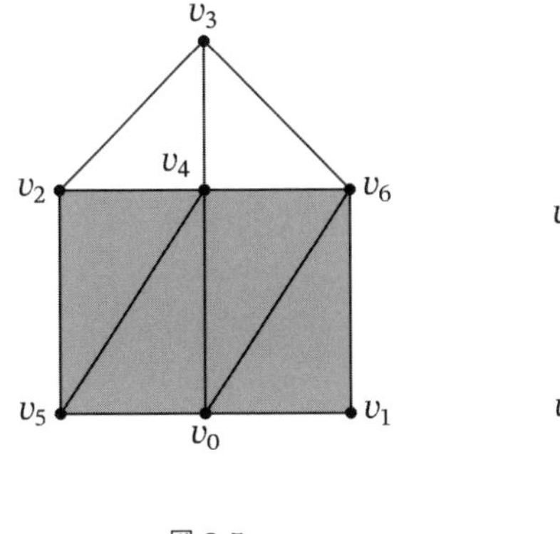

図 **9.5**

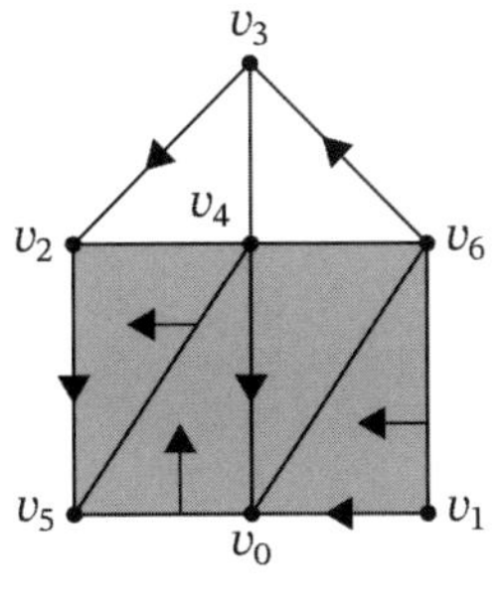

図 **9.6**

我々は例 9.1 を実行例として，アルゴリズム 2 を説明しよう．例 9.1 と同じ頂点集合上の関数 f_0 を用い，f_0 の値に応じて頂点に名前を付けよう．すなわち図 9.5 がインプットされる単体複体である．アルゴリズムを説明する前にもう少し準備が必要である．明らかに，アルゴリズム 2 における作業の大部分は他の 2 つのアルゴリズム（その内の一つは 3 つ目の（ただし，より単純な）アルゴリズムを呼び出す）の中で行われる．これらのアルゴリズムを理解するため，勾配ベクトル場から誘導される有向ハッセ図の部分グラフ R_i, $i = 1, \ldots, \dim(K)$ を定義しよう．各 i に対して，$A_i := A \cap K_i$, $B_i := B \cap K_i$, $C_i := C \cap K_i$ と定義する．ただし $K_i := \{\sigma \in K : \dim(\sigma) = i\}$ である．R_i の頂点 (節点) には次の 2 つのタイプがある：$A_{i-1} \cup C_{i-1}$ に属する $(i-1)$-単体，もしくは $B_i \cup C_i$ に属する i-単体のいずれかである．辺は，$\sigma \in B_i$ でない限り，σ からそのすべての余次元 1 の面へ向かって向きが付けられており，$\sigma \in B_i$ の場合は $r(\sigma)$ から σ に向かって向きが付けられる．

例 9.6　K を例 9.1 の単体複体とするとき，その勾配ベクトル場は図 9.6 で与えられる．スペースを節約するため，ハッセ図 $\mathcal{H}_K$ の単体を添字をつなげて書くことにしよう，例えば ij は単体 v_iv_j を表している．このとき $\mathcal{H}_K$ は図 9.7 で与えられる．ただし，下向きの矢印をもつ辺には何も付けていない（図が煩雑になることを避けるため）．さて，$A_0 = \{v_3, v_4, v_2, v_6, v_1\}$, $B_1 = \{v_2v_3, v_0v_4, v_2v_5, v_3v_6, v_0v_1\}$, $C_0 = \{v_0, v_5\}$, $C_1 = \{v_3v_4, v_2v_4, v_4v_6, v_0v_6\}$ である．それゆえ R_1 は図 9.8 の部分グラフで与えられる．また，$A_1 = \{v_4v_5, v_1v_6, v_0v_5\}$, $B_2 = \{v_2v_4v_5, v_0v_4v_5, v_0v_1v_6\}$, $C_1 = \{v_3v_4, v_2v_4, v_4v_6, v_0v_6\}$, $C_2 = \{v_0v_4v_6\}$ と計算され，したがって R_2 は図 9.9 で与えられる．下のアルゴリズム 3 は，頂点のリンク上で帰納的に作動する．ステップ 2 において一つの頂点 v が選ばれ，その下側リンクが計算される．このとき，v は臨界

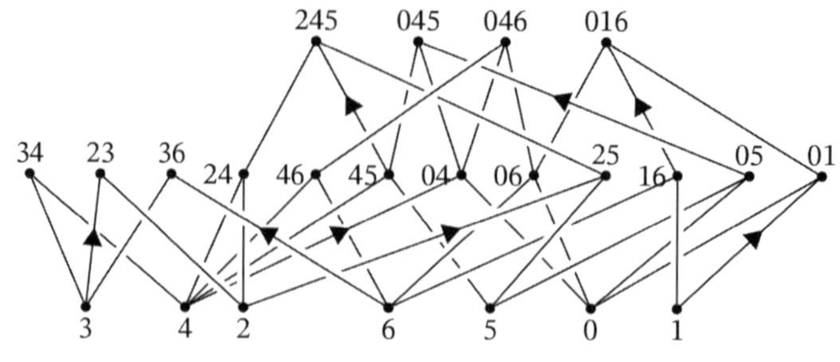

図 9.7

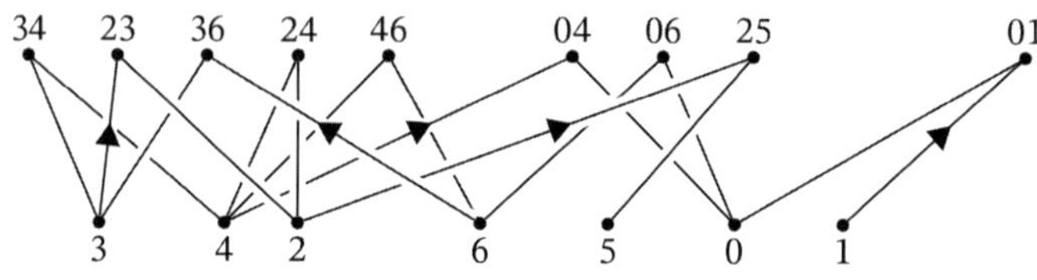

図 9.8

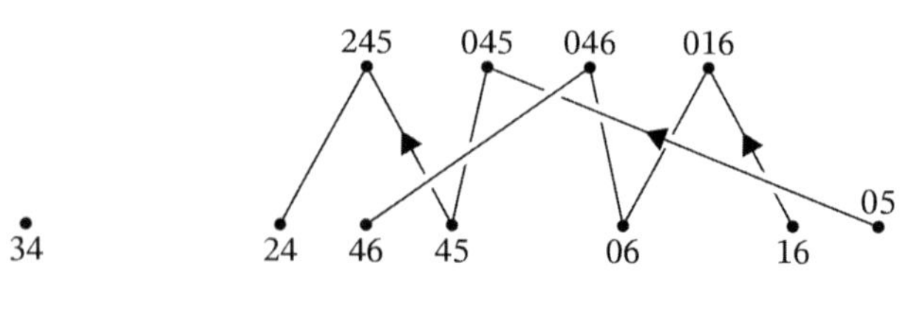

図 9.9

的か，もしくは正則対の一部であるかが決定される．もしそれが臨界的であるならば，先へ進んで他の頂点が選ばれる．そうでない場合，ステップ8において，このリンクがアルゴリズム2へ渡され，その後，アルゴリズム3へ返される．これにより，v のリンク上の勾配ベクトル場が得られる．この情報から，ステップ9–15において，勾配ベクトル場のベクトルが決定される．

アルゴリズム 3 （キング他）ExtractRaw

Input: 単体複体 K，単射関数 $f_0 : V(K) \longrightarrow \mathbb{R}$
Output: K 上の勾配ベクトル場 $(A, B, C, r : B \longrightarrow A)$
1 A, B, C を初期化し，空集合とせよ
2 **for all** $v \in K_0$ **do**
3 $K' := v$ の下側リンクとせよ
4 **if** $K' = \emptyset$ **then** v を C に付け加えよ
5 **else**
6 v を A に付け加えよ
7 $f_0' : K_0' \longrightarrow \mathbb{R}$ を f_0 の $(K_0'$ への$)$ 制限とせよ
8 $(A', B', C', r') \leftarrow \texttt{Extract}(K', f_0', \infty)$
9 $f_0'(w_0)$ が最小値であるような $w_0 \in C_0'$ を見つけよ
10 vw_0 を B に付け加えよ
11 $r(vw_0) := v$ と定義せよ
12 各 $\sigma \in C' - \{w_0\}$ に対して $v * \sigma$ を C に付け加えよ
13 各 $\sigma \in B'$ に対して $v * \sigma$ を B に付け加えよ
14 $v * r'(\sigma)$ を A に付け加えよ
15 $r(v * \sigma) = v * r'(\sigma)$ と定義せよ
16 **end if**
17 **end for**

例 9.7 練習 9.5 のすぐ後の単体複体上でアルゴリズム 3 の各ステップを説明しよう．初めに $A = B = C = \emptyset$ とおく．ステップ 2 で $v := v_3$ とおく．このとき v の下側リンクは $K' = \{v_2\}$ により与えられ，したがってステップ 6 により，$A = \{v_3\}$，および $f_0'(v_2) = 2$ で与えられる $f_0' : \{v_2\} \longrightarrow \mathbb{R}$ を得る．この時点で我々はアルゴリズム 3 のステップ 8 のところにおり，ここで (K', f_0', ∞) をアルゴリズム 2 へ渡すと，すぐに結果がアルゴリズム 3 に戻されるが，今度は異なるインプットになっているのである．ステップ 2 において，頂点の選び方は v_2，ただ一通りである．v_2 の下側リンクは空集合であり，したがってステップ 4 により，$C' = \{v_2\}$ が得られる（これは K' に対する C' であって，K に対するものではないことに注意）．K' は 1 点からなるので，ステップ 2 が完了し，アルゴリズム 2 のステップ 1 で呼び出されるアルゴリズム 3 の動作が完了するわけである．アルゴリズム 2 のステップ 2 へ移ると，$\dim(K) = 0$ であるので，ステップ 2 は飛ばされ，アルゴリズム 2 の動作が完了し，アウトプットとして $A' = B' = \emptyset$, $C' = \{v_2\}$, $r' = \emptyset$ が得られる．我々はまだアルゴリズム 3 のステップ 8 のところにいることを思い出そう．そして，アルゴリズム 2 のアウトプットが得られている．C' にはただ一つの元しかないので，$w_0 := v_2$ と定め，$v_3v_2 \in B$ とし，$r(v_3v_2) := v_3$ と定義しよう．言い換えると，K 上の勾配ベクトル場の矢印 (v_3, v_3v_2) を作り出したのである．$C' - \{w_0\} = \emptyset$ であるの

アルゴリズム 4　（キング他）Cancel

Input: 単体複体 K，単射関数 $f_0 : V(K) \longrightarrow \mathbb{R}$,

$\tau \in C_{j-1}$, $\sigma \in C_j$, $1 \leq j \leq \dim(K)$

Output: K 上の勾配ベクトル場 $(A, B, C, r : B \longrightarrow A)$

ただ一つの勾配道 $\sigma = \sigma_1 \to \tau_1 \to \sigma_2 \to \tau_2 \to \cdots \to \tau_k = \tau$ を見つけよ

C から τ および σ を削除し，σ を B に，τ を A に付け加えよ

for $i = 1, \ldots, k$ **do**

　$r(\sigma_i) = \tau_i$ と定義し直せ

end for

で，ステップ12を飛ばし，さらに $B' = \emptyset$ であるので，ステップ13 − 15も飛ばす．ステップ2へ戻り，v_2 とは異なる K の頂点を一つ選び，これを繰り返す．

ExtractRawアルゴリズム（アルゴリズム3）は単体複体 K と，頂点集合上の単射な関数とを取り込む．アウトプットとして，“未処理の”（A, B, C, r により与えられる）勾配ベクトル場を返すが，これはたくさんの臨界単体をもつかも知れない．得られた勾配ベクトル場を改良する一つの方法は，命題4.22において記した，臨界単体をキャンセルする方法により，余分な臨界単体を消すことである．これはさらに2つのアルゴリズムによりなされる．アルゴリズム4，すなわちCancelは臨界単体 τ と σ の間の唯一つの勾配道の矢印を逆にするものである．このアルゴリズムはアルゴリズム5の中で用いられ，アルゴリズム5は，我々の主要なアルゴリズム，すなわちアルゴリズム2の中で用いられる．ここで σ_0 から σ_n への勾配道を $\sigma_0 \to \sigma_1 \to \cdots \to \sigma_n$ と表したことを思い出そう．我々の勾配道は臨界単体から出発していることに注意しよう．

例 9.8　アルゴリズム4および5を説明するため，図9.10の単体複体 K，$f_0 : K_0 \longrightarrow \mathbb{R}$，および勾配ベクトル場を再び用いよう．ここで，アルゴリズム5のインプットでは $j = 1$ とする．先の計算より $C_1 = \{v_3v_4, v_2v_4, v_4v_6, v_0v_6\}$ であった．アルゴリズム5のステップ1では $\sigma := v_3v_4$ としよう．v_3v_4 から出発し，C_0 の元に至る勾配道は2つある，すなわち，

$$v_3v_4 \to v_3 \to v_2v_3 \to v_2 \to v_2v_5 \to v_5$$

および

$$v_3v_4 \to v_4 \to v_4v_0 \to v_0$$

である．

アルゴリズム 5　（キング他）ExtractCancel

Input: 単体複体 K，単射関数 $f_0 : V(K) \longrightarrow \mathbb{R}$, $p \geq 0$,
　　$1 \leq j \leq \dim(K)$

Output: K 上の勾配ベクトル場 $(A, B, C, r : B \longrightarrow A)$

1 **for all** $\sigma \in C_j$ **do**

2 　勾配道 $\sigma = \sigma_{i1} \to \sigma_{i2} \to \cdots \to \sigma_{i\ell_i} \in C_{j-1}$ であって，
　　$\max \mathrm{f}_0(\sigma_{i\ell_i}) > \max \mathrm{f}_0(\sigma) - p$ であるものをすべて見つけよ

3 　**for all** i **do**

4 　　もし $\sigma_{i\ell_i}$ が他のどの $\sigma_{j\ell_j}$ とも異なるのであれば $m_i := \max \mathrm{f}_0(\sigma_{i\ell_i})$ とせよ

5 　　**if** 少なくとも一つの m_i が定義される **then**

6 　　　$m_j = \min\{m_i\}$ となる j を選べ

7 　　　`Cancel`$(K, f_0, \sigma_{j\ell_j}, \sigma, j)$

8 　　**end if**

9 　**end for**

10 **end for**

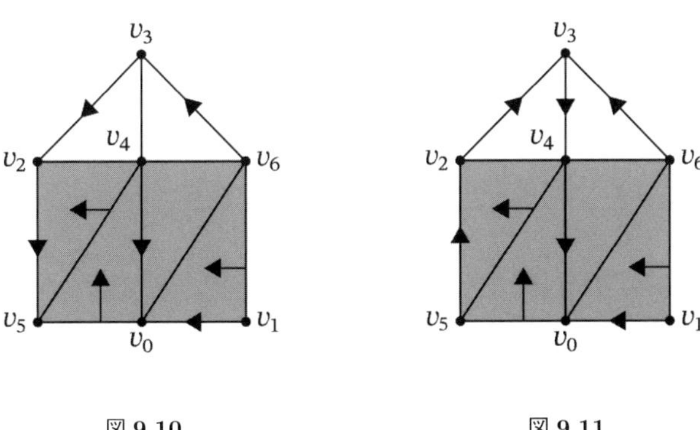

図 **9.10**　　　　図 **9.11**

さて，最初の勾配道では $\max \mathrm{f}_0(v_5) = 5$ であり，2 番目の勾配道では $\max \mathrm{f}_0(v_0) = 0$ である．$0 \leq p \leq 4$ に対して，最初の勾配道のみが $\max \mathrm{f}_0(\sigma_{i\ell_i}) > \max \mathrm{f}_0(\sigma) - p$ を満たす．$\sigma_{1\ell_1} = v_5$ は，他のどの $\sigma_{j\ell_j}$ とも等しくないので，$m_1 := \max \mathrm{f}_0(v_5) = 5$ と定義する．アルゴリズム 5 のステップ 6 へ移り，$j = 1$ としなければならない．したがって，$(K, f_0, v_5, v_3v_4, 1)$ をアルゴリズム 4 へ渡すわけである．ステップ 1 について，唯一の勾配道は，ちょうど

$$v_3v_4 \to v_3 \to v_2v_3 \to v_2 \to v_2v_5 \to v_5$$

になり，これは既に見つかっているものである．次に，C から v_5 および v_3v_4 を取り

除き，$v_3v_4 \in B$ および $v_5 \in A$ としよう．最後に，アルゴリズム4のステップ3において，$r(v_3v_4) := v_3$, $r(v_2v_3) := v_2$, $r(v_2v_5) := v_5$ と定義し直そう．これにより，道の向きが逆になり，図9.11が得られ，元の単体複体と比べると臨界単体が2つ少ないものになっている．

ここで，我々のアルゴリズムが望ましいアウトプットを生み出すことを確かめておこう；つまり，有向ハッセ図上のモースマッチングが生み出されることを示す必要がある．定理2.51により，このことは有向ハッセ図が有向サイクルをもたないことを示すことと同値である．

命題 9.9 アルゴリズム3により生み出されるアウトプット (A, B, C, r) は，それにより得られる有向ハッセ図が有向サイクルをもたないという性質をもつ．

証明 初めに，関数 $\max \mathrm{f}_0$ が有向ハッセ図の中の任意の有向道に沿って非増加であることを示そう．まず，(アルゴリズム3の中の)v は，関係するすべての単体において，最も f_0 の値が大きい頂点であるので，$\max \mathrm{f}_0(r(\sigma)) = \max \mathrm{f}_0(\sigma)$ であることに注意しよう．さらに，任意の面 $\sigma < \tau$ に対して，$\max \mathrm{f}_0(\sigma) \leq \max \mathrm{f}_0(\tau)$ であり，このことは $\max \mathrm{f}_0$ が有向道に沿って非増加であることを示すものである．これより，もし $\sigma_0 \to \sigma_1 \to \cdots \to \sigma_k = \sigma_0$ が有向ハッセ図の中の有向サイクルであるならば，$\max \mathrm{f}_0$ がすべての σ_i 上で定値であることが従う．v をすべての j に対して $f_0(v) = \max \mathrm{f}_0(\sigma_j)$ であるような唯一の頂点としよう．すべての j に対して $v \in \sigma_j$ であるので，v の下側リンクに属するある単体 τ_j たちがあって，$\sigma_j = v * \tau_j$ となる．これにより，v の下側リンクの有向ハッセ図の中の有向サイクル $\tau_0 \to \tau_1 \to \cdots \to \tau_k = \tau_0$ が作り出される．次元に関する帰納法および問題9.10により，これは不合理である． ∎

問題 9.10 アルゴリズム4は有向サイクルを生み出さず，したがってアルゴリズム2のアウトプットはまた有向サイクルを含まないことを証明せよ．

9.2 反復臨界複体

単体複体のベッチ数を計算するP. ドゥオツコとH. ワグナー[**52**]によるアルゴリズムを見てみよう．離散モース理論を用いてホモロジーを計算するアルゴリズムは数多く存在する[**74**, **82**, **83**, **104**]．離散モース理論を用いてパーシステントホモロジーを計算するための様々な手法は章末で与えられる．離散モース理論を用いずにホモロジーを計算するアルゴリズムは[**55**, IV.2]や[**54**, 11章]に書かれてあり，より発展的なアルゴリズムは[**127**]で与えられている．

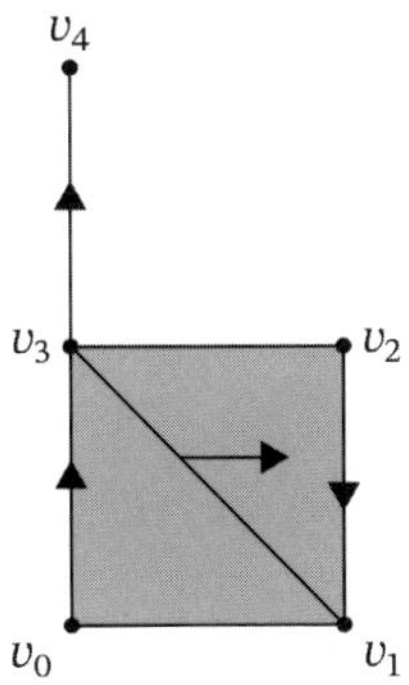

図 **9.12**

K を単体複体とする．8 章の内容から，K 上の勾配ベクトル場を見つけることにより，鎖複体におけるベクトル空間のサイズを著しく小さくすることができることがわかる．各次元における臨界単体たちがベクトル空間を生成し，したがって臨界単体の数が少ない方が都合がよく，余次元 1 の臨界単体の対の間の V-道を数えることにより，境界作用素が定まる．これにより，8.4 節で構成された臨界複体が得られる．しかし，時にはこのプロセスは我々が望むような形でうまく機能しないことがある．アルゴリズムにより，最適な離散モース関数が生み出されることもあれば，すべての単体が臨界的な離散モース関数が生み出されることもあり，あるいはまた，その中間のものが生み出されることもある．この問題に対処する方法の一つは臨界複体を繰り返し計算することである，すなわち，臨界複体の臨界複体の，そのまた臨界複体の ... を計算することである．もし境界作用素が最終的に 0 になるならば，いかなる行列の簡約化も道の複雑な数え上げもすることなく，ベクトル空間の次元からベッチ数を簡単に読み取ることができるのである．そのアイディアを次の例で説明しよう．

例 9.11 K を図 9.12 で与えられる勾配ベクトル場 V をもつ単体複体とする．K のホモロジーを計算したいと思ったとしよう．もちろん，明らかに K は縮約可能であるので，$b_0(K) = 1$ かつ，それ以外のすべてのベッチ数は 0 であることがわかる．そうではあるが，我々は反復臨界複体の構成について説明したいのである．この複体の c-ベクトルは $\overrightarrow{c_K} = (5, 6, 2)$ である．それゆえ第 3 章の手法を用いるならば，鎖複体

$$\mathbb{k}^2 \longrightarrow \mathbb{k}^6 \longrightarrow \mathbb{k}^5$$

が得られる．この勾配ベクトル場は最適なものからは程遠いが，各次元の臨界単体の

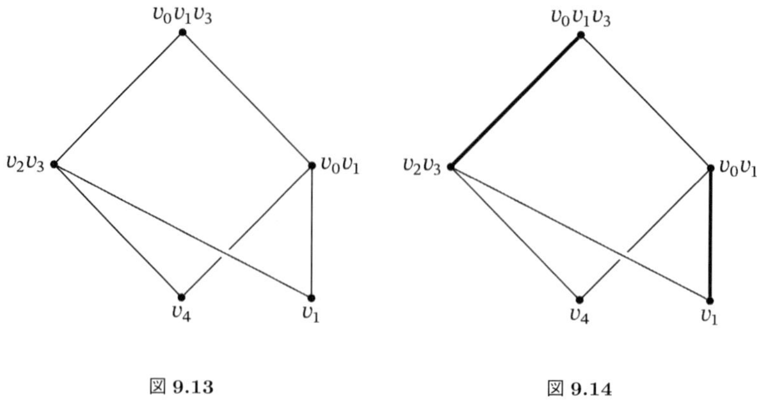

図 **9.13**　　図 **9.14**

数は $m_0 = m_1 = 2, m_2 = 1$ となっている．定理 8.31 を適用すると，臨界複体

$$\Bbbk^1 \longrightarrow \Bbbk^2 \longrightarrow \Bbbk^2$$

が作られ，確かに元の鎖複体の改良になっている．しかし，我々は，これをさらに小さくしたいのである．臨界単体たちの中で，それらの間の V-道が奇数個であるようなものを対にすることで，複体を小さくすることができる．臨界単体の間に奇数個の道があるとき，かつそのときに限り，対応する節点を辺で結ぶことにより，臨界単体たちの有向ハッセ図を描こう（図 9.13）．この有向ハッセ図上に離散モースマッチングはあるだろうか？　それらは複数ある．一つは図 9.14 で与えられるものであり，マッチングされた頂点は太い辺で結ばれている．$v_0v_1v_3$ と v_2v_3，また v_0v_1 と v_1 にはマッチングがあり，どれともマッチングしない唯一の単体が v_4 である．言い換えると，反復臨界複体の構成を 2 回行うと，臨界複体

$$\Bbbk^0 \longrightarrow \Bbbk^0 \longrightarrow \Bbbk^1$$

が作られ，これが最良のものである．

9.2.2 節では，上の構造を離散モースグラフと呼ぶことにしよう．各次元において臨界単体たちはベクトル空間を生成するものと見ることができるのに対し，勾配ベクトル場は境界作用素と見ることができる．それゆえ，離散モースグラフはまた臨界複体であると見ることができる．厳密に言うと，離散モースグラフと臨界複体との違いは，臨界複体が境界作用素の情報も含んでいるということである．臨界複体の臨界複体を取るという考え方は，コズロフ [**102**] およびスケルトベルク [**142**]，ジョエレンベック・ウェルカー [**87**] により独立に発見された代数的離散モース理論を用いて正

確に述べることができる．代数的離散モース理論の他の扱いについては [**99**, 9.4 節], [**103**, 11.3 節][1]を参照されたい．我々は 9.2.3 節において，詳細には立ち入らないが，境界作用素を利用することになろう．代数的モース理論の詳細について関心がある読者は上に挙げた文献のどれでもよいので参照されるとよい．

9.2.1 上向きハッセ図の計算

具体的な計算を行う前に単体複体の情報を含むデータ構造が必要である．単体複体を生成するファセットのリストが与えられると，これをハッセ図として格納する必要がある．このことを実行するための簡単な方法をアルゴリズム 6 で与えよう．[2] より洗練された (しかし，より複雑でもある) アルゴリズムは V. カイベル他 [**96**] の論文に見られ，[**90**] においてさらに論じられている．あるいは，ハッセ図を計算するためのパッケージを備えた `polymake` のような無料オンラインソフトウェアを利用してもよいだろう．

我々のアルゴリズムを用いて構成したハッセ図は，2.2.2 節で導入されたハッセ図と以下の 2 点において異なる．まずハッセ図の一番下の列は空集合を含んでもよく，空集合から各頂点へ辺を引くことも許されている．次にハッセ図のすべての辺には上向きの矢印が付いている．それゆえ，アルゴリズムの結果，得られる図を $\boldsymbol{K}$ **の上向きハッセ図**と呼ぼう．9.2.2 節のアルゴリズムは，これらの矢印のいくつかを逆向きにし，離散モース マッチング[3]を生み出すものである．興味深く，かつ複雑な単体複体のファセットの情報を含む，無料でダウンロード可能なファイルの数々が「Simplicial Complex Library」[**81**] や「Library of Triangulations」[**30**] に掲載されている．

ハッセ図 $\mathcal{H}$ のデータ構造は，G を $\mathcal{H}$ の節点集合，および G に属する節点の順序対 (σ, τ)（σ から τ へ矢印があることを意味する）からなる集合 V の組 $\mathcal{H} = (G, V)$ により与えられる．

例 9.12 $K = \Delta^2$ とし，頂点を a, b, c としよう．このとき $S = \{a, b, c\}$; すなわち $\langle abc \rangle = \Delta^2$ である．アルゴリズム 6 を説明しよう．ステップ 2 では，$\sigma = abc \in S$ が唯一の選択であり，$G = \emptyset$ であるので，ステップ 4 において abc を G に付け加える．ステップ 6 において $v = a$ と取り，ステップ 7 において $\sigma' := abc - \{a\} = bc$ を作ろう．さて，$bc \notin G$ であるので，ステップ 9 において $bc \in G$ および $bc \in S$ を付け加えよう．ステップ 11 では有向辺 $(bc, abc) \in V$ を付け加えよう．ステップ 6 へ

---

1 原注：先にも述べたが，これらの著者は臨界複体のことをモース複体と呼んでいる．

2 原注：このアルゴリズムと例 9.12 を教示してくれたパヴェル・ドゥオツコに感謝する．

3 原注：これは，2.2.2 節の有向ハッセ図の流儀とは逆であるが，どちらを選んでも問題はない．

アルゴリズム 6 上向きハッセ図 $\mathcal{H}$

Input: ファセットのリスト S

Output: S により生成される単体複体 K の上向きハッセ図 $\mathcal{H} = (G, V)$

1 $\mathcal{H} = G = V = \emptyset$ と初期化せよ
2 **for** すべての $\emptyset \neq \sigma \in S$ に対して
3   **if** $\sigma \notin G$ ならば
4     $G \leftarrow G \cup \{\sigma\}$
5   **end if**
6   **for** すべての頂点 $v \in \sigma$ に対して
7     $\sigma' := \sigma - \{v\}$
8   **if** $\sigma' \notin G$
9       $G \leftarrow G \cup \{\sigma'\}$ かつ $S \leftarrow S \cup \{\sigma'\}$
10   **else** σ' を，既に G に属している σ' そのもので置き換えよ．
11       $V \leftarrow V \cup \{(\sigma', \sigma)\}$
12   **end if**
13   **end for**
14 **end for**
15 $\mathcal{H} = (G, V)$ を返せ

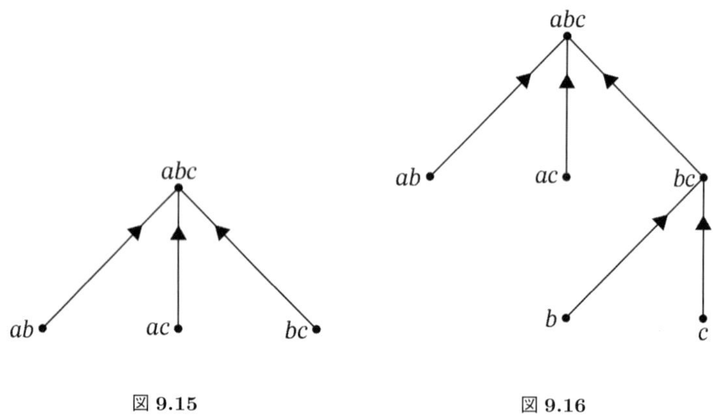

図 **9.15**   図 **9.16**

戻って，$v = b$ および $v = c$ として繰り返そう．$\sigma = abc$ として，ステップ2の最初の反復が終わった後，図9.15が構成される．ここで $S = \{abc, ab, ac, bc\}$ である．さて，ステップ2において $\sigma = bc$ を取ろう．$bc \in G$ であるので，ステップ6へ飛ぶ．前と同じく $v = b$ および $v = c$ として，プログラムを走らせると，図9.16が得られる．ここで $S = \{abc, ab, ac, bc, b, c\}$ である．ステップ2に戻って，$\sigma = ac$ と取り，ステップ7において $\sigma' = ac - \{a\} = c$ を考えよう．既に $c \in G$ であるので，この c を，ステップ10を経て既に G に属している同じ c と見なければならない．特

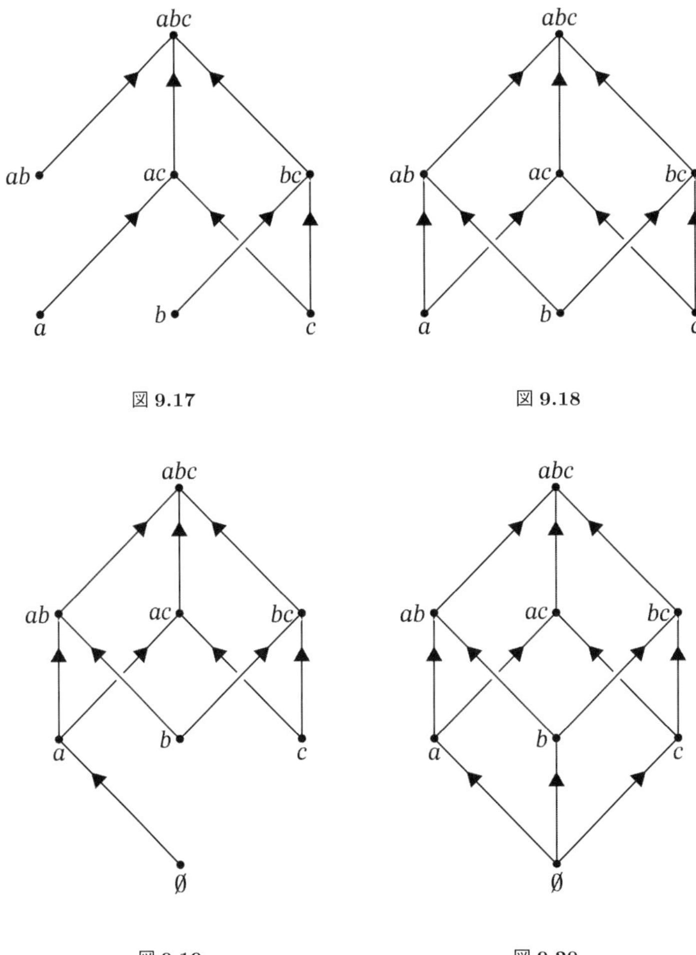

図 9.17

図 9.18

図 9.19

図 9.20

に，有向辺 $(c, bc) \in V$ が存在する．次に，ステップ 11 で有向辺 (c, ac) を付け加えよう．$\sigma' = a$ を考えると図 9.17 が得られる．ここで $S = \{abc, ab, ac, bc, b, c, a\}$ である．$\sigma = ab$ としてステップ 2 に戻ると，新しい節点は生み出されないが，2 つの新しい有向辺 (a, ab) および (b, ab) が得られることがわかる．これにより図 9.18 が得られる．ここで S は前と同じものである．次に $\sigma = a$ として，空集合が作られ，$\emptyset$ から a への有向辺が付け加えられ，図 9.19 が得られる．ステップ 2 において，b および c としてプログラムを走らせた後，すべての空でない $\sigma \in S$ にわたってプログラムを走らせることにより，図 9.20 の有向ハッセ図が得られる．

アルゴリズム 7　（ドゥオツコ・ヴァグナー）離散モースグラフ

Input: 離散モースグラフ $G = (M, C)$

Output: 離散モースグラフ $G = (M, C)$

while マッチングがない元 $\alpha \in C$ で，マッチングがないただ一つの $\beta \in \partial(\alpha)$ をもつものがある **do**

　α と β をマッチングさせよ；すなわち，辺 $\alpha\beta$ 上の矢印を，それが上向きになるよう逆にせよ

9.2.2　離散モースグラフの計算

上向きハッセ図 $\mathcal{H}$ が構成できたとしよう．次に離散モースマッチング M を構成するアルゴリズムを与えよう．実際，上向きハッセ図を既に紹介している離散モースマッチング——すなわち，対が一つもなく，したがってすべての単体が臨界的である自明なもの——と思うことができる．

厳密に言うと，離散モースマッチングは臨界単体についての情報を含んではいない (もちろん臨界単体たちはマッチングがない単体ではあるけれども)．それゆえ，与えられた有向ハッセ図 $\mathcal{H}$ 上の離散モースマッチング M に対して，**離散モースグラフ G** を，マッチング M と臨界単体の集合 C とを併せもつ有向ハッセ図 $\mathcal{H}_M$ と定義するのである．上向きハッセ図の場合，$M = \emptyset$ であり，C は $\mathcal{H}$ のすべての頂点からなる．$G = (M, C)$ と書き，G をマッチングと臨界単体の情報とを併せもつ有向グラフと見ることにする．$\mathcal{H}_M$ と G の間に実質的な違いはないことを注意しておく．むしろ 9.2.1 節の直前で述べたように，技術的な違いは G が M および C という情報をそのままの形で明示的に含んでいるのに対し，この情報は $\mathcal{H}_M$ から導出されるということである．

単体 $\sigma \in K$ に対して，$\mathcal{H}$ において σ に対応する節点もまた同じく σ と書かれることを思い出しておこう．アウトプットとして得られる離散モースグラフは，インプットされる離散モースグラフと高々同じ数 (ひょっとすると，より少ないかも知れない) の臨界単体をもつ．アルゴリズム 7 は，臨界単体を消すものであるという意味で 9.1 節のアルゴリズム 4 に似ている．しかしながら，ジョスウィグ・フェッシュ [**91**] が示したように，臨界胞体の数は NP-完全かつ MAX SNP-困難であることには注意すべきである．言い換えると，臨界単体の数を最小化する，完全に多項式時間のアルゴリズムは存在しないのである．

アルゴリズム 8 (ドゥオツコ・ヴァグナー) 境界作用素

```
Input: 離散モースグラフ G = (M, C)
Output: 境界作用素 ∂
G の頂点たちの位相的並べ替えを行え
for 各臨界頂点 s ∈ G do
  各頂点 v ≠ s に対して, P_s(v) := 0 を割り当てよ
  P_s(s) := 1 を割り当てよ
  for 位相的順序に関して s に続く各頂点 c do
    if c が臨界的 then
      ∂(s, c) := P_s(c) mod 2
    else
      for cv が辺であるような v の各々 do
        P_s(v) += P_s(c)
```

9.2.3 境界作用素の計算

$G = (M, C)$ を離散モースグラフとしよう．任意の節点 $s, t \in G$ に対して，節点 s から節点 t への相異なる有向道の数を $P_s(t)$ とし，$\mathrm{prev}(v) := \{x : xv$ は G の辺である$\}$ としよう．このとき，次の再帰的な関係式がある：

$$P_s(u) := \begin{cases} 1 & (u = s \text{ のとき}), \\ \sum_{v \in \mathrm{prev}(u)} P_s(v) & (u \neq s \text{ のとき}). \end{cases}$$

有向非輪状グラフ G（例えば離散モースグラフや有向ハッセ図）の**位相的並べ替え**とは，頂点の間の全順序 $\prec$ であって，頂点 u から頂点 v へのすべての有向辺 uv に対して $u \prec v$ であるもののこととする．有向グラフの頂点たちを位相的に並べ替えるためのよく知られたアルゴリズムがいくつか存在する．例えば Kahn のアルゴリズム [**94**]，もしくは [46, 22.4 節] の「深さ優先探索」を見よ．3.2 節で述べたように，ホモロジーは $\mathbb{F}_2 := \{0, 1\}$ 上で計算すること，したがって $1 + 1 \equiv 0 \mod 2$ であることを思い出しておこう．アルゴリズム 8 は $O(|C|(V + E)$ 時間で作動する．ここで，V は G の頂点の数，E は G の辺の数である．アルゴリズムが正しいことの証明は [**52**，定理 5.1] に見られる．

9.2.4 反復臨界複体を用いたホモロジーの計算

この時点で必要な材料はすべて揃ったので，後はそれらをつなぎ合わせるだけである．単体複体 K の上向きハッセ図 (K 上の自明な離散モースグラフと見る) を作った

アルゴリズム 9　（ドゥオツコ・ヴァグナー）反復離散モース分解によるホモロジー

Input: 単体複体 K

Output: ベッチ数 $\beta_i(K)$

K の上向きハッセ図 $\mathcal{H}$ を求めよ

$\mathcal{H} =: G$ (自明な臨界複体) とせよ

while 真である **do**

　$\mathcal{C} := G$ の臨界複体を構成せよ

　　$G := (M, C)$ (アルゴリズム 7)

　　$\partial :=$ 境界作用素を計算せよ (アルゴルズム 8)

　if $\mathcal{C} = G$ **then**

　　中断する

　$G := \mathcal{C}$

for $i := 0$ から d **do**

　$\beta_i := G$ の i 次元単体の数

後，K の臨界複体を計算しよう；言い換えると，K 上のより良い離散モースグラフを作るのである．この臨界複体が得られた後，願わくばより少ない臨界単体をもつ，新しい臨界複体を作る．この新しい臨界複体から，さらにもう一つの臨界複体，etc. を作る．既にある臨界複体から新しい臨界複体を作るこのようなプロセスは**反復離散モース分解**として知られている．繰返しの各段階においては常に，より少ないか，または同数の臨界単体をもつ臨界複体が得られることが保証されている．さらに，有限回のステップの後，インプットされる臨界複体と同じものが返ってくるようになり，最終的にこのプロセスは安定化することも保証されている．安定化が起きると，繰返しは終了し，ベッチ数が計算できるのである．詳しくは [**52**, 6 節] を参照のこと．アルゴリズム 9 が導入されている同じ論文の中で，著者らは反復離散モース分解によるアプローチを用いたパーシステントホモロジーの計算アルゴリズムを与えている [**52**, 7-8 節]．パーシステントホモロジーを計算するために離散モース理論を利用する他のアルゴリズムが [**38**, **86**, **98**, **111**, **119**] に見られる．

第10章　強離散モース理論

この最後の章では，離散モース理論の他の側面について論じるとともに，読者が追求できるような他のタイプの離散トポロジーを展開することに労力を割こう．その意味で，この章は，読者がトポロジーの他の側面に触れるにあたって，離散モース理論というものがいかに触媒として働くかを示すものである．この章には著者の個人的な好みが反映されている．読者は，離散モース理論を用いて，多くの他のタイプのトポロジーのみならず，他のタイプの数学を追求してもよいだろう．そのようないくつかの方向性の簡単な概説については序章を参照されたい．

10.1　強ホモトピー

10.1.1　単体写像

数学において，新しい分野に出くわすとき，まず問うべきことは“写像はどこだ？”であろう．写像とは，現代数学において我々がどのように構造を調べるのかということそのものである．それらはある対象の構造を他の対象の構造へ移す．例えば，線形代数学においては，線形変換という写像により，ベクトル空間 V の構造がベクトル空間 W の構造へ移される．線形変換の性質はベクトル空間の構造が保存されることを保証している．代数学において，群，環，体の準同型写像とは，それぞれ群，環，体の構造を保つ写像である．すべての場合において，各種の写像は対象の構造を保存する何らかの性質を満たさねばならないのである．

単体複体の間の「正しい写像」とは何だろうか？　我々は単体複体の間の写像 $f: K \longrightarrow L$ であって，単体構造を保存するものが欲しいのである．

定義 10.1　**単体関数**もしくは**単体写像** $f: K \longrightarrow L$ とは，K および L の頂点集合上の関数 $f_V: V(K) \longrightarrow V(L)$ であって，$\sigma = v_{i_0}v_{i_1}\cdots v_{i_m}$ が K の単体であるとき，$f(\sigma) := f_V(v_{i_0})f_V(v_{i_1})\cdots f_V(v_{i_m})$ が L の単体になるという性質をもつもののことである．

言い換えると，単体写像とは，頂点集合上の写像から誘導されるもので，単体を単体に写すもののことである；つまり，それは大きな単体を小さな単体に写すこともあるかも知れないが，ともかくも単体構造を保存するものである．ここで単体構造が保存されるとは，もし $\alpha \subseteq \beta$ ならば $f(\alpha) \subseteq f(\beta)$ が成り立つことを意味する．

問題 10.2　$f : K \longrightarrow L$ を単体写像とする．$\alpha \subseteq \beta$ ならば $f(\alpha) \subseteq f(\beta)$ であることを証明せよ．

練習 10.3　以下の写像が単体写像かどうか決定せよ．もしそうならば，そのことを証明し，そうでないならば，なぜそうでないかを示すこと．

(i) 任意の単体複体 K と L，および固定された頂点 $u \in L$ に対して，すべての $v_i \in V(K)$ に対して $f(v_i) = u$ により定義される $f : K \longrightarrow L$.

(ii) 部分複体 $U \subseteq K$ に対して，$i_U(v) = v$ により定義される包含写像 $i_U : U \longrightarrow K$.

(iii) $K = \langle abc \rangle$ および $L = \langle ab, bc \rangle$ に対して，すべての頂点 $x \in K$ に対して $f(x) = x$ により定義される $f : K \longrightarrow L$.

読者は練習 10.3 の最後の例が単体写像ではないことを示せたことと思う．この写像は自由対 $\{ac, abc\}$ を取り除くことによって得られる基本縮約そのものであることがわかるであろう．実のところ，基本縮約はほとんどの場合決して単体写像にはならない（問題 10.4 を見よ）．

問題 10.4　$\{\sigma^{(p)}, \tau^{(p+1)}\}$ $(0 \leq p \leq n-1)$ を単体複体 K^n の自由対とする．引き起こされる写像 $f : K \longrightarrow K - \{\sigma, \tau\}$ がいつ単体写像になるか，証明とともに決定せよ．すべての頂点 $v \in K$ に対して，ここで，引き起こされる写像 f は，$p > 0$ のときは $f(v) = v$ により定義され，$p = 0$ のときは，$f(\sigma) =$（τ のもう一つの頂点）で，他のすべての頂点をそれ自身に写すことにより定義されるものとする．

このように，離散モース理論と単体写像を組み合わせることで期待されるものはなさそうに思える．しかしながら，図 10.1 の例のように，基本縮約から始めて，縮約を繰り返すならば，何か気づくことがあるはずだ．最初の縮約は単体写像ではないが，2 つの基本縮約の合成，すなわち $f(a) = f(b) = a$, $f(c) = c$, $f(d) = d$ により定義される合成は単体写像である．

練習 10.5　上の合成が単体写像であることを確かめよ．

そのようなわけで，基本縮約の合成が単体写像になる条件を見出したい．これが次節の目標である．

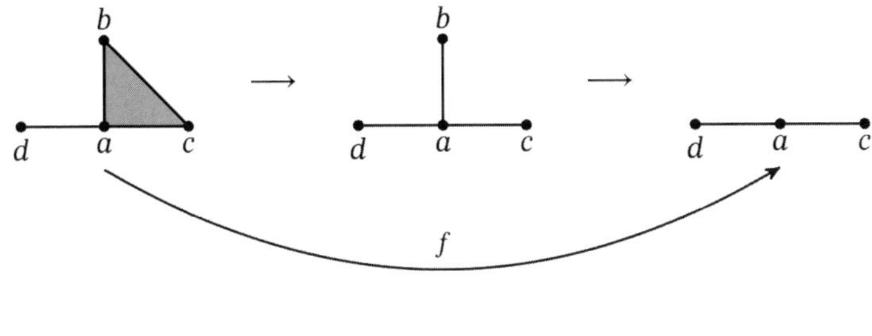

図 10.1

10.1.2 支配的頂点

前節では，単体写像を引き起こすような基本縮約の系列を見出した．これを行うに当たり許されていることは，我々の例では頂点 a と b の間の関係性に関わりがあることがわかるであろう．より一般的に，次の定義をしよう：

定義 10.6 K を単体複体とする．頂点 v が**頂点 v' を支配する**（**v' が v により支配される**とも言う）とは，v' を含むすべての極大な単体（ファセット）がまた v を含んでいるときに言う．

この定義の背後にあるアイディアは，v' が v から "逃げられない" ということである．

例 10.7 [**63**] の例を拝借し，図 10.2 の単体写像を考えよう．ここで，v' は v に写され，他のすべての頂点はそれ自身に写される．v は v' を支配することに注意しよう．一般に，任意の頂点の対に対して，"a は b を支配するか？" と問うことができよう．v を含むファセットで，v' を含まないものが少なくとも一つ存在するので，v' は v を支配しないことがわかる．同様に，v は w を支配しないし，また w は v を支配しない．

練習 10.8 頂点 u と v の対であって，v が u を支配し，かつ u が v を支配するものは存在するか？

任意の頂点 $v \in K$ に対して，$K - \{v\} := \{\sigma \in K : v \notin \sigma\}$，すなわち v を含まない最大の部分複体としよう．鍵となる事実は，ほとんど定義により，支配されている頂点が単体写像に対応するということである．この節の結果の多くは J. バルマク [**21**] によるものである．

命題 10.9 K を単体複体とし，v が v' を支配するとしよう．このとき，すべての

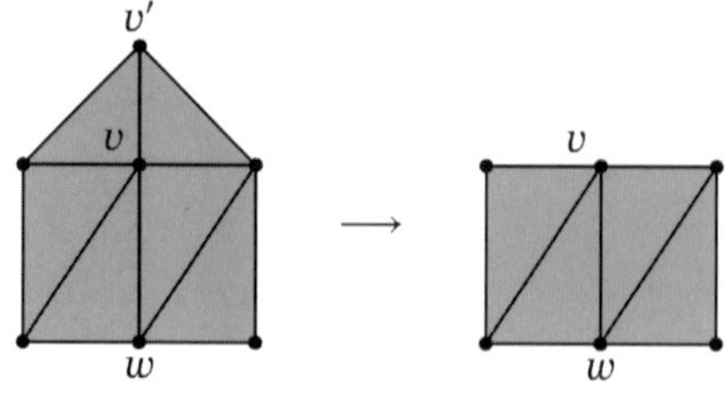

図 10.2

$x \neq v'$ に対して $r(x) = x$，かつ $r(v') = v$ により定義される写像 $r : K \longrightarrow K - \{v'\}$ は単体写像であり，**基本強縮約**と呼ばれる．さらにその上，基本強縮約は基本（通常の）縮約の系列になっている．

この命題の単体写像 r は**レトラクション**と呼ばれる．

証明　r が単体写像であることは問題 10.10 で示される．基本強縮約が基本縮約たちの系列であることを示すため，v が v' を支配し，$\sigma_1, \ldots, \sigma_k$ を v' を含むファセットとしよう．このとき，すべての i に対して $v \in \sigma_i$ である．$\sigma_i = vv'v_{i_2} \cdots v_{i_n}$ と書こう．$\tau_i := \sigma_i - \{v\}$ とするとき，$\{\tau_i, \sigma_i\}$ は自由対であることを示そう．明らかに $\tau_i \subseteq \sigma_i$ である．もし τ_i が他の単体 β の面であるならば，いま σ_i が極大であることから，$v' \in \beta$ かつ $v \notin \beta$ である．したがって，$\{\tau_i, \sigma_i\}$ は自由対であり，取り除いてよい．この操作を v' を含むすべてのファセットにわたって実行することにより，基本強縮約が基本縮約の系列であることがわかる．■

問題 10.10　命題 10.9 の写像 f が単体写像でることを証明せよ．

練習 10.11　命題 10.9 によると，すべての基本強縮約は通常の縮約の系列である．基本強縮約に対して，そのような系列は縮約の選び方を除いて一意的であるか？

正式に次のように定義しよう．

定義 10.12　頂点 v が v' を支配するとき，K から v' を取り除くこと（必ずしも引き起こされた写像に言及する必要はない）は**基本強縮約**と呼ばれ，$K \searrow\searrow K - \{v'\}$ で表される．支配された頂点を付け加えることは**基本強拡張**と呼ばれ，$\nearrow\nearrow$ で表される．基本強縮約もしくは基本強拡張の系列はまた，それぞれ強縮約もしくは強拡張と呼ばれ，それぞれ $\searrow\searrow$ もしくは $\nearrow\nearrow$ で表される．K から L への強縮約と強拡張の系列が存在するならば，K と L は同じ**強ホモトピー型**をもつと言う．特に，もし

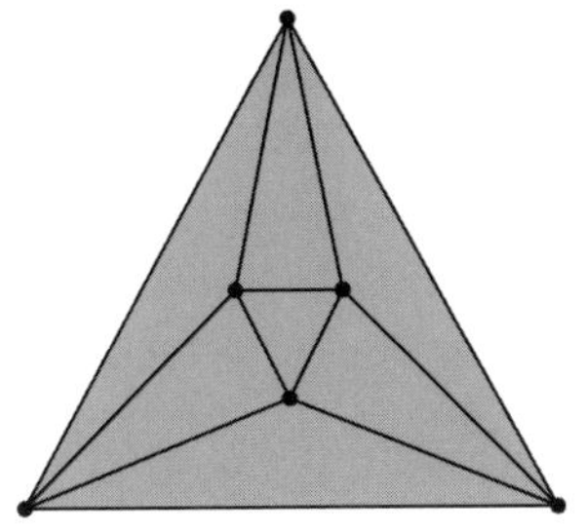

図 10.3

$L = *$ ならば，K は**一点の強ホモトピー型**をもつと言う．K から一点への基本強縮約の系列が存在するならば，K は**強縮約可能**であると言う．

読者は直ちに 1.2 節の単純ホモトピー型との類似性に気づくであろう．

例 10.13 上の定義から直ちに，強縮約可能が縮約可能と同じものであるかどうかという疑問が浮かぶであろう．明らかに強縮約可能ならば縮約可能であるが，図 10.3 の例からわかるように，逆は正しくない．

この単体複体は，バルマクとミニアン [**23**] により，この文脈の中で初めて使われたものであるので，**アルゼンチン複体**という愛称で呼ばれている．この単体複体は明らかに縮約可能であるが，支配的な頂点が存在しないので強縮約可能ではない．この後者の事実は "力技" で確かめることができる．このように，縮約可能であることは強縮約可能であることを意味しない．

注意 10.14 この時点では，アルゼンチン複体が一点の強ホモトピー型をもち得る可能性が理論的には残っている．例 1.67 で述べたように，縮約可能な単体複体であって，一連の縮約操作を実行する中で行き詰まってしまうようなものを構成することができるのである．言い換えると，単体複体が縮約可能であるからといって，そのことが，任意の縮約操作の系列によって，その単体複体を一点に潰せることを意味するわけではないのである．強縮約および強拡張を考える利点は，この種の奇妙な異常が起こらないということである．我々は，10.1.3 節の系 10.32 の特別な場合として，このことを証明しよう．

10.1.3 近 接 性

ここでちょっとギアを変えたように思われるかも知れないが，この節の最後で，ちゃんと前節の内容と関連付けることにする．

定義 10.15　$f, g : K \longrightarrow L$ を単体複体の間の写像とする．このとき，もしすべての単体 $\sigma \in K$ に対して，$f(\sigma) \cup g(\sigma)$ が L の単体になっているならば，f と g は**近接的である**と言われ，$f \sim_c g$ で表される．

近接性は，おおよそ単体複体 K から L への単体写像全体のなす集合上の同値関係になるが，まったくそうであるというわけではない．

問題 10.16　近接性は反射的かつ対称的であることを示せ．それは一般には推移的ではないことを反例を挙げることにより示せ．

定義 5.33 の関係 $\prec$ と同様，推移閉包を取ることにより，推移律を満たすようにする必要がある．

定義 10.17　単体写像 $f, g : K \longrightarrow L$ は，もし f と g をつなぐ近接写像の系列

$$f = f_0 \sim_c f_1 \sim_c \cdots \sim_c f_{n-1} \sim_c f_n = g$$

が存在するならば，同じ**近接類**に属する，もしくは**強ホモトピック**であると言われ，$f \sim g$ と表される．

これと問題 10.16 を組み合わせると直ちに次が得られる：

命題 10.18　強ホモトピックであることは単体複体 K から L への単体写像たちの集合上の同値関係である．

ここでは単体写像の同値類（すなわち個別の単体写像ではなく）を考えているので，特別な単体写像の同値類を調べることにしよう．単体複体 K は，それが支配的な頂点を含んでいないならば**極小**であると呼ぶことにしよう．

命題 10.19　K は極小であるとし，$\phi : K \longrightarrow K$ は $\phi \sim \mathrm{id}_K$ を満たす単体写像であるとしよう．このとき $\phi = \mathrm{id}_K$ である．

証明　$\phi \sim \mathrm{id}_K$ としよう．すべての $v \in K$ に対して $\phi(v) = v$ を示す必要がある．σ を v を含むファセットとしよう．このとき，$\phi(\sigma) \cup \sigma$ は K の単体であり，σ がファセットであることから，$\phi(v) \in \phi(\sigma) \cup \sigma = \sigma$ である．それゆえ v を含むすべてのファセットはまた $\phi(v)$ も含む．しかし，K は仮定より，支配的な頂点を含まない．それゆえ $\phi(v) = v$ である．∎

定義 10.20　$* : K \longrightarrow L$ をすべての $v \in K$，および固定された $u \in L$ に対して $*(v) = u$ により定義される任意の写像とする．もし $f \sim *$ であるならば，f は**零ホモトピック**であると言う．

すべてを一つの点に写すような単体写像のことをみな一点に言及せずに記号 $*$ で表しているが，これは次の命題により正当化される：

命題 10.21 K と L を（連結な）単体複体とする．$u, u' \in L$ を 2 つの固定された頂点とし，写像 $u, u' : K \longrightarrow L$ を，$u(v) = u$, $u'(v) = u'$ $(v \in K)$ により定義する．このとき，$u \sim u'$ である．

問題 10.22 命題 10.21 を証明せよ．

命題 10.21 により，頂点の取り方に関係なく，各頂点を固定された一頂点に写す写像を，みな単に $*$ と書いてよいのである．

定義 10.23 $f : K \longrightarrow L$ を単体写像とする．このとき，もし単体写像 $g : L \longrightarrow K$ であって，$g \circ f \sim \mathrm{id}_K$ および $f \circ g \sim \mathrm{id}_L$ であるものが存在するならば，f は**強ホモトピー同値**であるという．$f : K \longrightarrow L$ が強ホモトピー同値であるとき，$K \approx L$ と書く．

問題 10.24 $K \approx *$ であるのは，id_K が零ホモトピックであるとき，かつそのときに限ることを証明せよ．

「強ホモトピー同値」と「同じ強ホモトピー型をもつ」こととの間にどのような関係があるだろうか？ 予想されるように，これらは同じコインの裏表なのである．まず補題を一つ．

補題 10.25 $f : K \longrightarrow L$ が極小な複体の間の強ホモトピー同値であるならば，単体写像 $g : L \longrightarrow K$ であって，$g \circ f = \mathrm{id}_K$ かつ $f \circ g = \mathrm{id}_L$ であるものが存在する．

問題 10.26 補題 10.25 を証明せよ．［ヒント：命題 10.19 を用いよ］

補題 10.25 の結論にある条件を満たす任意の写像 $f : K \longrightarrow L$ は**単体複体同型**と呼ばれる．f が単体複体同型であるとき，K と L は**同型**であるという．

既に見たように，強縮約を単体写像と見ることができる．そのような写像が強ホモトピー同値であることは想像に難くない．もしそうであるならば，強縮約の系列を強ホモトピー同値の系列（そして，それ自身，強ホモトピー同値である）と見てよいだろう．

命題 10.27 K を単体複体とし，v' を v に支配されている頂点としよう．このとき，包含写像 $i : K - \{v'\} \longrightarrow K$ は強ホモトピー同値である．特に，もし K と L が同じ強ホモトピー型をもつならば $K \approx L$ である．

証明　$r : K \longrightarrow K - \{v'\}$ を命題10.9のレトラクションとしよう．$\sigma \in K$ を v' を含まない単体とすると，明らかに $ir(\sigma) = \mathrm{id}_K(\sigma)$ である．そうでない場合，σ を $v' \in \sigma$ である単体とし，τ を σ を含む任意の極大な単体とする．このとき，$ir(\sigma) \cup \mathrm{id}_K(\sigma) = \sigma \cup \{v\} \subseteq \tau$ である．それゆえ $ir(\sigma) \cup \mathrm{id}_K(\sigma)$ は K の単体である．したがって，$ir \sim \mathrm{id}_K$ である．明らかに $ri \sim \mathrm{id}_{K-\{v'\}}$ であるので，i と r ともに強ホモトピー同値となり，それゆえ $K \approx K - \{v'\}$ である．帰納的に，K と L が同じ強ホモトピー型をもつときは常に $K \approx L$ であることが示される．■

定義 10.28　K を単体複体とする．K の**芯**とは，極小部分複体 $K_0 \subseteq K$ であって，$K \searrow\searrow K_0$ であるもののこととする．

注意 10.29　K の芯 K_0 を，K のすべての0-単体の集合（これもまた K_0 と書かれるが）と混同しないこと．

命題 10.30　K を単体複体とする．このとき，K の芯は同型を除いて一意的である．

証明　K_1 および K_2 を K の2つの芯としよう．これらはともに支配的な点たちを取り除くことにより得られるので，命題10.27により，$K_1 \approx K_2$ である．さらに，これらの芯は極小であるので，補題10.25により K_1 と K_2 は同型である．■

以上調べたことは次の定理の形にまとめることができる：

定理 10.31（**[23]**）　K および L を単体複体とする．このとき，K と L が同じ強ホモトピー型をもつための必要十分条件は，強ホモトピー同値 $f : K \longrightarrow L$ が存在することである．

証明　必要性は命題10.27から従う．十分性を示すため，$K \approx L$ としよう．$K \approx K_0$ および $L \approx L_0$ であるので，$K_0 \approx L_0$ である．先と同様，これらの強ホモトピックな極小芯は同型である．それらは同型であるので，明らかに同じ強ホモトピー型をもつ．それゆえ K と L もまた同じ強ホモトピー型をもつ．■

定理10.31の特別な場合として，注意10.14で取り上げた点に対処することができる．通常の縮約と異なり，強縮約可能な複体では決して“行き詰まる”ことはない．

系 10.32　K を単体複体とする．このとき，K が強縮約可能であるための必要十分条件は，K のすべての強縮約の系列が1点に縮約することである．言い換えると，単体複体 K は，それが強縮約可能であるとき，かつそのときに限り1点の強ホモトピー型をもつのである．

注意 10.33 定理 10.31 の美しさは，数学の他の多くの結果と同じく，2 つの異なる見方の橋渡しとなり，それらが本質的に同じものであることを示している点にある．強ホモトピー型とは，組合せ論的条件を調べることで組合せ論的に定義されるものである．他方，強ホモトピー同値は，より位相的な定義に沿ったものであり，いくつかの単体写像の間の相互の関係を含んだものである．その上，定理 10.31 は，それらが同じコインの両面，一方は組合せ論的視点，他方は位相的視点，であることを教えてくれる．定理 10.31 におけるこの驚くべき対比はただただ魅惑的というほかない！

問題 10.34 例 1.47 において，すべてのサイクル C_n が同じホモトピー型をもつことが示された．それらは同じ強ホモトピー型をもつか？

10.2 強離散モース理論

今や明らかなことと思われるが，離散モース理論の背後にあるアイディアはきわめて単純なものである：すべての単体複体は，次の 2 つの操作のみを用いて分解される（あるいは同じことであるが，形成される）のである：1) 基本縮約を行う，2) ファセットを取り除く．このアイディアから，多くの洞察とそれに関連するものが導かれるのである．10.1 節での考察から，3 番目の操作——すなわち，強基本縮約——を考えることができる．これは基本（通常の）縮約の系列ではあるけれども，強縮約は，もしそれが見つかったならば，複体をきわめて素早く分解するのである．それゆえ，この "3 番目の操作" を離散モース理論に追加するときに起きることは調べるに値することである．このことはフェルナンデス－テルネロ他により，[**62**] において初めてなされた．ここでは引用した論文で用いられているものとはやや異なる方法で提示しよう．2.2.3 節のアプローチと同様，ハッセ図を調べることから始めよう．

定義 10.35 K を単体複体，$\mathcal{H}_K$ を K のハッセ図とする．任意の 1-単体 $uv = e \in \mathcal{H}_K$ に対して，$F_e := \{\sigma \in \mathcal{H}_K : e < \sigma\}$ と定義する．$S \subseteq F_e$ を任意の部分集合としよう．**S により生成される (v, e)-強ベクトル** $B^S(v,e)$ とは，

$$B^S(v,e) := \{\sigma \in \mathcal{H}_K : \text{ある}\,\tau \in S\,\text{に対して}\ v \leq \sigma \leq \tau\}$$

により定義されるものである．

S が文脈から明らかなときは $B(v,e)$ と書き，単に強ベクトルと呼ぶことがある．

練習 10.36 $S \neq \emptyset$ ならば，$v, e \in B^S(v,e)$ である．

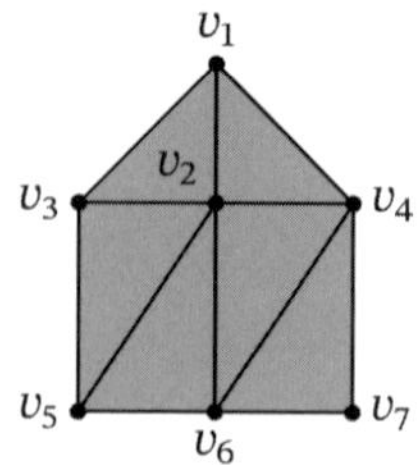

図 10.4

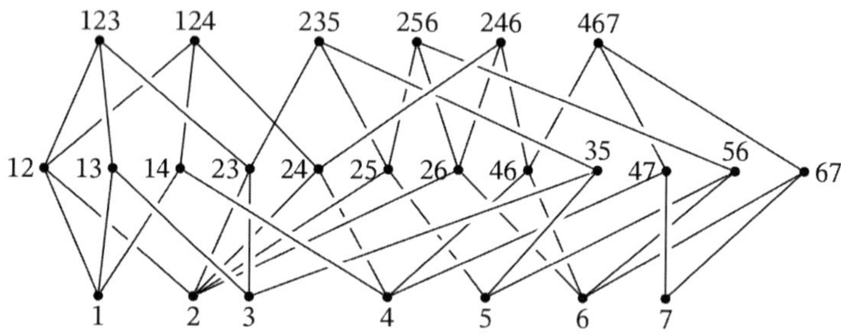

図 10.5

$B^S(v,e)=\{v,e\}$ を満たす任意の強ベクトルは**フォーマンベクトル**と呼ばれる．強ベクトルに属さない対 $\sigma^{(p)}<\tau^{(p+1)}$ は，$p>0$ であるとき（すなわちフォーマンベクトルではない），**臨界対**と呼ばれる．

例 10.37 K を単体複体（図 10.4）とする．スペースを節約するため，ハッセ図 $\mathcal{H}_K$ の単体を下付き添字を並べることにより記そう．例えば ij は単体 v_iv_j を表す（図 10.5）．$e=v_1v_2$ とする．このとき $F_e=\{v_1v_2, v_1v_2v_3, v_1v_2v_4\}$ である．$v=v_1$ と取り，$S_1:=\{v_1v_2\}$, $S_2:=\{v_1v_2v_3\}$, $S_3:=\{v_1v_2v_4\}$, $S_4:=v_1v_2v_3, v_1v_2v_4\}$ と定義しよう．これより F_e 上のすべての可能な強ベクトルが生み出される．すなわち，

$$
\begin{aligned}
B^{S_1}(v,e)&=\{v_1, v_1v_2\},\\
B^{S_2}(v,e)&=\{v_1, v_1v_2, v_1v_3, v_1v_2v_3\},\\
B^{S_3}(v,e)&=\{v_1, v_1v_2, v_1v_4, v_1v_2v_4\},\\
B^{S_4}(v,e)&=\{v_1, v_1v_2, v_1v_3, v_1v_4, v_1v_2v_3, v_1v_2v_4\}.
\end{aligned}
$$

命題 10.48 において，強縮約がまさに強ベクトルであることを示そう．まず，強離散モースマッチングの定義を与えよう．

定義 10.38 **強離散モースマッチング** $\mathcal{M}$ とは，$\mathcal{H}_K$ を，強ベクトル，臨界対，それ以外の「単独の単体」たちに分ける分割のこととする．「単独の単体」は**臨界単体**と呼ばれる．臨界対 $\{\alpha^{(p)}, \beta^{(p+1)}\}$ の**指数**を $p+1$ とする．すべての臨界対と臨界単体のなす集合を**臨界対象**と呼ぶことにしよう．i 次元の臨界単体の数を m_i で表し，指数 i の臨界対の数を p_i で表そう．$\mathcal{M}$ のすべての臨界対象の集合を $\mathrm{scrit}(\mathcal{M})$ で表すことにする．

例 10.39 例 10.37 から，強モースマッチングの例を 2 つ与えよう．集合 $F_{v_1v_2}$，$F_{v_2v_5}$，$F_{v_4v_6}$，$F_{v_2v_3}$，$F_{v_6v_7}$，$F_{v_2v_6}$ を考える．このとき，次の強ベクトルを生成する部分集合が存在する：

$$B(v_1, v_1v_2) = \{v_1, v_1v_2, v_1v_3, v_1v_4, v_1v_2v_3, v_1v_2v_4\},$$

$$B(v_5, v_2v_5) = \{v_5, v_2v_5, v_5v_6, v_3v_5, v_2v_5v_6, v_2v_3v_5\},$$

$$B(v_4, v_4v_6) = \{v_4, v_4v_6, v_4v_7, v_2v_4, v_4v_6v_7, v_2v_4v_6\},$$

$$B(v_3, v_2v_3) = \{v_3, v_2v_3\},$$

$$B(v_7, v_6v_7) = \{v_7, v_6v_7\},$$

$$B(v_2, v_2v_6) = \{v_2, v_2v_6\}.$$

これらの強ベクトルたちは，単体 $\{v_6\}$ とともに強モースマッチング $\mathcal{M}_1$ を形成する．唯一の臨界対象は臨界単体 v_6 である（最後の 3 つの強ベクトルはフォーマンベクトルである）

もう一つ，強モースマッチング $\mathcal{M}_2$ を定義しよう．上と同じ F を用いると，次の強ベクトルを生成する部分集合が存在する：

$$B(v_1, v_1v_2) = \{v_1, v_1v_2, v_1v_3, v_1v_2v_3\},$$

$$B(v_5, v_2v_5) = \{v_5, v_2v_5, v_5v_6, v_2v_5v_6\},$$

$$B(v_4, v_4v_6) = \{v_4, v_4v_6, v_4v_7, v_2v_4, v_4v_6v_6, v_2v_4v_6\},$$

$$B(v_7, v_6v_7) = \{v_7, v_6v_7\},$$

$$B(v_2, v_2v_6) = \{v_2, v_2v_6\}.$$

このとき，臨界対 $\{v_1v_4, v_1v_2v_4\}$ および $\{v_3v_5, v_2v_3v_5\}$ は，これら強ベクトルと合わさって，さらに単独の単体たち $\{v_3\}$, $\{v_2v_3\}$, $\{v_6\}$ とともに強モースマッチング $\mathcal{M}_2$ を作り出すのである．この例では 2 つの臨界対と 3 つの臨界単体からなる 5 つの臨

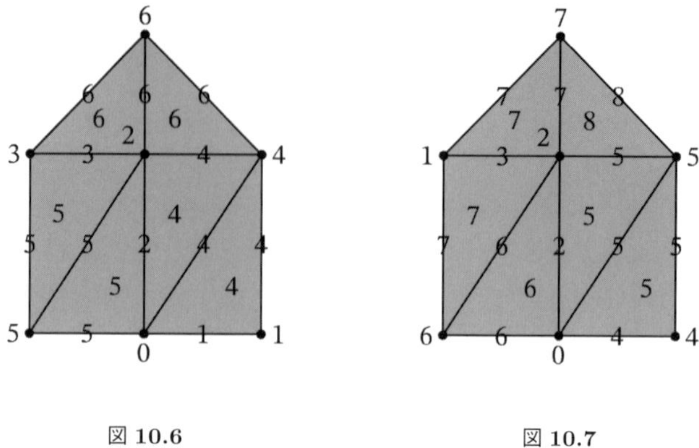

図 **10.6**　　図 **10.7**

界対象がある.

定義 10.40　**強モースマッチング $\boldsymbol{\mathcal{M}}$ に関する $\boldsymbol{K}$ 上の強離散モース関数 $\boldsymbol{f}$ とは,** $\alpha < \beta$ であるとき常に $f(\alpha) \leq f(\beta)$ を満たす関数 $f : K \longrightarrow \mathbb{R}$ であって, 次の条件を満たすもののこととする : $f(\alpha) = f(\beta)$ となるのは, $\alpha, \beta \in I$ であるような, $\mathcal{M}$ に属する集合 I が存在するとき, かつそのときに限る. $\mathrm{scrit}(f) := \mathrm{scrit}(\mathcal{M})$ とおく.

フォーマンベクトル, 臨界対, および単独の単体のみからなる分割を取ることにより, フォーマンの意味での平坦な離散モース関数が得られることに注意しよう.

例 10.41　さて, 例 10.39 の強モースマッチング $\mathcal{M}_1$ および $\mathcal{M}_2$ を用いて, 単体複体 K 上に強離散モース関数を与えよう. $\mathcal{M}_1$ に関する強離散モース関数は図 10.6 で与えられ, $\mathcal{M}_2$ に関する強離散モース関数は図 10.7 で与えられる.

練習 10.42　図 10.8 のラベル付けがアルゼンチン複体 A 上の強離散モース関数を与えることを確かめよ. 臨界単体および臨界対を特定せよ.

強離散モース関数を合わせることにより新たな強離散モース関数も得られる.

問題 10.43　$f_1 : K_1 \longrightarrow \mathbb{R}$ および $f_2 : K_2 \longrightarrow \mathbb{R}$ を強離散モース関数とし, 強モースマッチングをそれぞれ $\mathcal{M}_1$ および $\mathcal{M}_2$ としよう. このとき $(f_1 + f_2) : K_1 \cap K_2 \longrightarrow \mathbb{R}$ はまた強離散モース関数であって, その強モースマッチングは $\mathcal{M} := \{I \cap J : I \in \mathcal{M}_1, J \in \mathcal{M}_2, I \cap J \neq \emptyset\}$ で与えられることを証明せよ. ここで分割の中の異なる集合に属する単体たちが異なる値をもつことを保証するため, いくつかの値に, 小さい量 ϵ を付け足し, $f_1 + f_2$ を調整する必要があるかも知れない.

問題 10.44　例 10.41 の 2 つの強離散モース関数を足し合わせることにより得られ

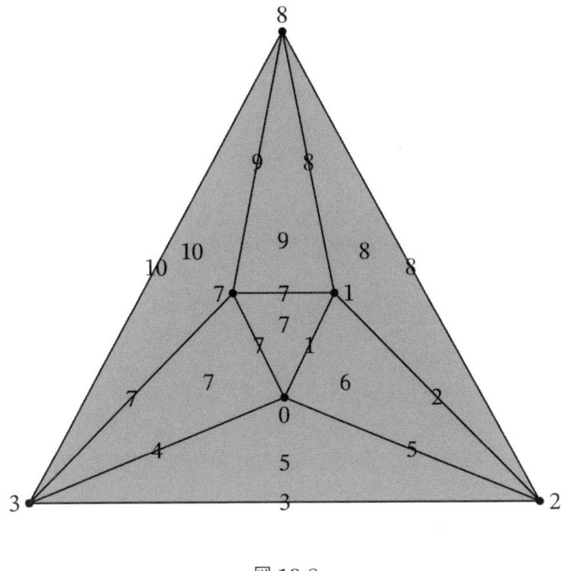

図 **10.8**

る強離散モース関数を求めよ．対応する強モースマッチングはどのようなものか？

強離散モース関数は，一般化された離散モース関数から着想され，また実際，類似のものである．

問題 10.45　強ベクトルは必ずしも区間（定義 2.75）にはならないこと，逆に区間が必ずしも強ベクトルとはならないことを，例を与えることにより示せ．

問題 10.46　K を単体複体，頂点 $v \in K$ は $v < \sigma$ であるとする．$S := \{\sigma\}$ とするとき，すべての辺 $v < e < \sigma$ に対して $[v, \sigma] = B^S(v, e)$ であることを示せ．

さて，強離散モース関数に対する縮約定理を証明しよう．

定理 10.47　$f : K \longrightarrow \mathbb{R}$ を強離散モース関数とし，$(a, b]$ $(a < b)$ を実数の区間であって，臨界値を含まないものとする．このとき，$K(b) \searrow\searrow K(a)$.

証明　$\mathcal{M}$ を f に対する強モースマッチングとする．もし $(a, b]$ が正則値を含んでいないならば，何もすることはない．$(a, b]$ を部分区間たちに分割することにより，一般性を失うことなく，$(a, b]$ がちょうど一つの正則値 $c \in (a, b]$ を含むと仮定してよい．このとき，$\mathcal{M}$ に属する集合 I であって，すべての $\alpha \in I$ に対して $c = f(\alpha)$ となるものが存在する．さらに，仮定により c は正則値であるので，ある v と $e = vu$ に

ついて $I = B(v, e)$ である．v が $K(b)$ の中で u に支配されていることを示そう．もしそうであるならば，$K(b)$ から v（および，それを含むすべての単体たち）を取り除くことにより，強縮約を実行し，$K(a)$ が得られる．v が $K(b)$ の中で u に支配されていることを見るため，σ を，$K(b)$ において v を含む任意のファセットとしよう．$v < \sigma$ であるので，$f(v) \leq f(\sigma)$ であり，さらに $(a, b]$ には正則値が一つしかないので，$f(v) = f(\sigma) = c$ でなければならない．それゆえ $\sigma \in B(v, e)$ であり，したがって，$e < \tau$ を満たす τ が存在して，$v \leq \sigma \leq \tau$ である．上で見たように，$f(\tau) = c$ でなければならないので，$\tau \in K(b)$ である．仮定により，σ は $K(b)$ におけるファセットであるから，$\sigma = \tau$ である．$uv = e < \tau$ であるので，$u \in \sigma$ である．したがって u は $K(b)$ の中で v を支配しており，$K(b) \searrow\searrow K(a)$ である．■

このようにして，ハッセ図上の強マッチングの観点から，強縮約可能な単体複体の特徴付けが得られるのである．

命題 10.48　K を単体複体としよう．臨界値がただ一つである強離散モース関数 $f : K \longrightarrow \mathbb{R}$ が存在することは，K が強縮約可能であるための必要十分条件である．

証明　十分性の証明は定理 10.47 そのものである．必要性（逆方向）を示すため，K が n 個の強縮約の系列によって強縮約可能であるとしよう．一つの強縮約における単体たちがハッセ図の強ベクトルに対応することを示せば十分である．このとき，各強縮約に強ベクトルを付随させることにより，強縮約の回数に関する帰納法から結果は従う（単独の単体であるただ一つの臨界頂点がただ一つの臨界値を与える）．K は強縮約可能であるので，ある頂点 v_n により支配される頂点 v'_n と辺 $e_n = v_n v'_n$ が存在する．$S_n := F_{e_n}$ として，強ベクトル $B^{S_n}(v'_n, e_n)$ の単体たちに値 n を与え，ラベル付けをしよう：すなわち，すべての $\sigma \in B^{S_n}(v'_n, e_n)$ に対して $f(\sigma) = n$ と定義する．強縮約を実行し，その結果，得られる複体を $K - \{v'_n\}$ としよう．$K - \{v'_n\}$ は強縮約可能であるので，ある頂点 v_{n-1} により支配される頂点 v'_{n-1} および辺 $e_{n-1} = v_{n-1} v'_{n-1}$ が存在する．$S_{n-1} = F_{e_{n-1}} \cap (K - \{v'_n\})$ ととると，$B^{S_{n-1}}(v'_{n-1}, e_{n-1})$ が別の強ベクトルになることがわかる．これらに値 $n-1$ を与え，ラベル付けしよう．この方法を繰り返すと，$\mathcal{H}_K$ 上の強離散モースマッチングが得られる．

残るは，このようにして指定されたラベル付けが強離散モース関数の性質を満たすことを示すのみである．明らかに2つの単体は，それらが分割の同じ集合に属するとき，かつそのときに限り，同じラベルが付けられている．$\alpha < \beta$ とし，結論を否定して $k = f(\alpha) > f(\beta) = \ell$ と仮定しよう．このとき，強縮約から定まる順序が与えられ，α は強縮約の一部となり，他の強縮約が実行されて，β は他の強縮約の一部となる．しかし，$\alpha < \beta$ であることと，強縮約によって単体複体の構造は保たれるので，これは不可能である． ∎

10.3 単体的ルステルニック–シュニレルマンカテゴリー

今や，読者は，この本の主題をおわかりいただけたかと思う：2つの「対象」に対して，それらが“同じ”であるという概念があるとき，それらを区別する方法が欲しいわけである．第1章では，単純ホモトピー型という概念を導入し，オイラー標数やベッチ数といった道具を開発することに多大な労力を費やし，単体複体たちを単純ホモトピー同値であることを除いて区別することができるようになった．例えば，命題1.42によると，K と L が同じ単純ホモトピー型をもつならば，それらは同じオイラー標数をもつのである．このことの対偶は単体複体たちを区別するために大変有用である；もし $\chi(K) \neq \chi(L)$ ならば，K と L は同じ単純ホモトピー型をもたない．この節は，強ホモトピー不変量 (系 10.65) だけでなく，強離散モース関数の臨界対象の個数とうまく結びついた強ホモトピー不変量（定理 10.70）を開発することに充てられる．まず我々の考察の対象を定義しよう．

定義 10.49 K を単体複体とする．部分複体の集まり $\{U_0, U_1, \ldots, U_n\}$ は，$\displaystyle\bigcup_{i=0}^{n} U_i = K$ であるとき，K の**被覆**もしくは $\boldsymbol{K}$ **を被覆する**と言われる．

定義 10.50 $f: K \longrightarrow L$ を単体写像とする．f の**単体的ルステルニック–シュニレルマンカテゴリー**，**単体的 LS カテゴリー**，もしくは**単体的カテゴリー**とは，K が，部分複体 $U_0, U_1, \ldots, U_n$ であって，すべての $0 \leq j \leq n$ に対して $f|_{U_j} \sim *$ であるものによって被覆されるような最小の整数 n のことであり，$\mathrm{scat}(f)$ と書かれる．$U_0, \ldots, U_n$ を f の**カテゴリー的被覆**と呼ぶ．

注意 10.51 位相空間の本来のルステルニック–シュニレルマンカテゴリーは，ソヴィエト人数学者 L. ルステルニックと L. シュニレルマンによって，1934 年に定義された [**114**]．それは非常に多くの研究といくつかの変種，そして多くの関連する不変量を生み出した．例えば成書 [**47**] を見るとよい．しかしながら，2015 年になって初めて，フェルナンデス・テルネロ他によって，LS カテゴリーの「単体版」（定義 10.52）（それは純粋に単体複体に対して定義される）が定義されたのである [**61**], [**63**]．写像の「単体的カテゴリー」の我々の定義（それは [**140**] で最初に研究されたものである）は，命題 10.53 で示されるように，元々の定義を少し一般化したものである．単体複体のルステルニック–シュニレルマンカテゴリーの他の変種が [**2**, **79**] および [**146**, **147**] において研究されている．

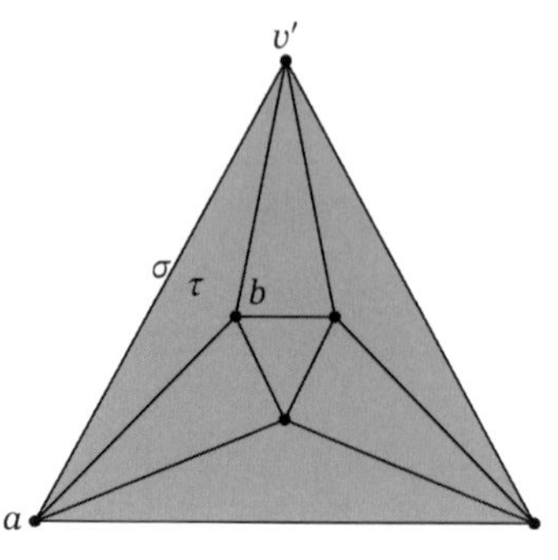

図 10.9

定義 10.52 部分複体 $U \subseteq K$ は，もし $i_U : U \longrightarrow K$（$i_U$ は包含写像）が零ホモトピックであるならば，**K においてカテゴリー的**であると言われる．**K の単体的カテゴリー**とは，K が $n+1$ 個の，K におけるカテゴリー的集合で被覆され得るような最小の整数 n のことであり，$\mathrm{scat}(K)$ と書かれる．

$\mathrm{scat}(K)$ は定義 10.50 の特別な場合に過ぎないことを示そう．

問題 10.53 K を単体複体とする．このとき $\mathrm{scat}(K) = \mathrm{scat}(\mathrm{id}_K)$ である．

証明 $\mathrm{scat}(\mathrm{id}_K) = n$ と仮定しよう．このとき，K は部分複体 $U_0, U_1, \ldots, U_n$ であって，$\mathrm{id}_K|_{U_j} \sim *$ なるものにより被覆され得る．$\mathrm{id}_K|_{U_j} = i_{U_j}$ かつ $\mathrm{id}_K|_{U_j} \sim *$ であるので，$i_{U_j} \sim *$ であり，したがって $U_0, U_1, \ldots, U_n$ は K のカテゴリー的被覆をなす．同じ理由により，K のカテゴリー的被覆は id_K のカテゴリー的被覆を与える．したがって $\mathrm{scat}(\mathrm{id}_K) = \mathrm{scat}(K)$ である． ∎

いくつか例を計算しよう．

例 10.54 A を例 10.13 のアルゼンチン複体としよう．A を 2 枚のカテゴリー的集合で被覆しよう．これらは $\{\overline{\tau}, A - \{\sigma, \tau\}\}$ により与えられる．ここで σ と τ は図 10.9 の自由対であり，$\overline{\tau}$ は τ により生成される A の部分複体（定義 1.4）である（図 10.9）．包含写像 $i : \overline{\tau} \longrightarrow A$ が零ホモトピックであることを具体的に示そう．我々の主張は，$* : \overline{\tau} \longrightarrow A$ を $\overline{\tau}$ のすべての頂点を v' に写す写像とするとき，$i \sim *$ であるということである．そのためには $\alpha \in \overline{\tau}$ を単体とするとき，$i(\alpha) \cup *(\alpha)$ が A の単体であることを確かめる必要がある．このとき

$$
\begin{aligned}
i(a) \cup *(a) &= av', \\
i(b) \cup *(b) &= bv', \\
i(v') \cup *(v') &= v', \\
i(ab) \cup *(ab) &= abv', \\
i(av') \cup *(av') &= av', \\
i(bv') \cup *(bv') &= bv', \\
i(abv') \cup *(abv') &= abv'
\end{aligned}
$$

である．7 個の単体すべてについて確かめると，A の単体が得られる．それゆえ $i \sim_c *$ であり，したがって $i \sim *$ である．さらにもう一回，より面倒ではあるが，直接的な計算を行うことにより，$A - \{\sigma, \tau\}$ の，A への包含写像が零ホモトピックであることが示される．それゆえ $\mathrm{scat}(A) \leq 1$ である．

$\mathrm{scat}(A) > 0$ であることは，以下の系 10.67 から従う．

例 10.55 n 個の頂点をもつ 1 次元単体複体で，すべての頂点の対が辺で結ばれているもの，すなわち ***n* 頂点上の完全グラフ** K_n より，興味深い例が与えられる．K_n の部分複体 U がカテゴリー的であるのは，U が森であるとき，かつそのときに限る（問題 10.56）．それゆえ，もし U が K_n においてカテゴリー的であるならば，U は最大で $n-1$ 個の辺を持ち得る．このことは定理 3.23 の $v - e = b_0 - b_1$ であるという事実から従う．K_n は全部で $\frac{n(n-1)}{2}$ 本の辺をもつので，K_n を被覆するためには少なくとも $\lceil \frac{n}{2} \rceil$ 個のカテゴリー的集合が必要である．

問題 10.56 連結グラフ G の部分グラフ U が森ならば，U は G においてカテゴリー的であることを証明せよ．

問題 10.56 の逆は [**61**] で証明されている．

問題 10.57 K を単体複体，ΣK を K の懸垂とする．$\mathrm{scat}(\Sigma K) \leq 1$ であることを証明せよ．

簡単ではあるが，重要な性質が scat にはいくつかある．

命題 10.58 $f : K \longrightarrow L$, $g : L \longrightarrow M$ とするとき，

$$\mathrm{scat}(g \circ f) \leq \min\{\mathrm{scat}(g), \mathrm{scat}(f)\}.$$

証明 $f : K \longrightarrow L$, $g : L \longrightarrow M$ としよう．$\mathrm{scat}(g \circ f)$ は $\mathrm{scat}(g)$ および $\mathrm{scat}(f)$

のいずれよりも小さいか，または等しいことを示そう．これにより結果が従う．まず $\mathrm{scat}(g\circ f)\le\mathrm{scat}(f)$ を示そう．$\mathrm{scat}(f)=n$ とするとき，K を被覆する $U_0, U_1, \ldots, U_n\subseteq K$ であって，$f|_{U_j}\sim *$ であるものが存在する．このとき $(g\circ f)|_{U_j}\sim *$ であることを示そう．$(g\circ f)|_{U_j}=g\circ(f|_{U_j})\sim g\circ *\sim *$ であることに注意しよう．したがって $\mathrm{scat}(g\circ f)\le\mathrm{scat}(f)=n$ である．

次に $\mathrm{scat}(g)=m$ としよう．このとき，$V_0, V_1, \ldots, V_m\subseteq L$ であって，$g|_{V_j}\sim *$ であるものが存在する．すべての $0\le j\le m$ について $U_j:=f^{-1}(V_j)$ と定義しよう．このとき，各 U_j は K の部分複体であり，それゆえ K の被覆をなす．図式

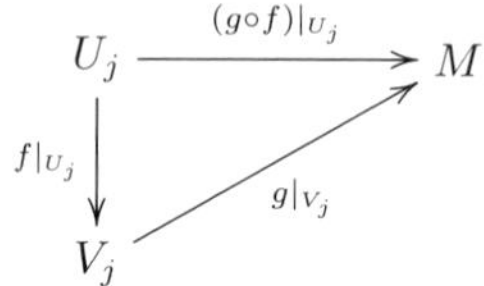

は強ホモトピーを除いて可換である；すなわち $g|_{V_j}\circ f|_{U_j}\sim g\circ f|_{U_j}$ である．$g|_{V_j}\sim *$ であるので，$(g\circ f)|_{U_j}\sim *$ である． ■

単体的カテゴリーが強ホモトピーを除いて，矛盾なく定義されていることを示そう．まず補題を一つ与えよう．

補題 10.59　$f, g: K\longrightarrow L$ とし，$U\subseteq K$ を部分複体とする．もし $g|_U\sim *$ かつ $f\sim g$ であるならば，$f|_U\sim *$ である．

証明　一般の場合は帰納法より従うので，一般性を失うことなく，$f\sim_c g$ であると仮定してよい．$f\sim_c g$ の定義により $f(\sigma)\cup g(\sigma)$ は L における単体であり，したがって，$f|_{U_j}(\sigma)\cup g|_{U_j}(\sigma)$ もまた L における単体である．したがって $f|_{U_j}\sim_c g|_{U_j}\sim *$ であり，結果が従う． ■

命題 10.60　$f, g: K\longrightarrow L$ とせよ．$f\sim g$ ならば $\mathrm{scat}(f)=\mathrm{scat}(g)$ である．

問題 10.61　命題 10.60 を証明せよ．

命題 10.58 および 10.60 の簡単な帰結として，次の補題が得られる．

補題 10.62　図式

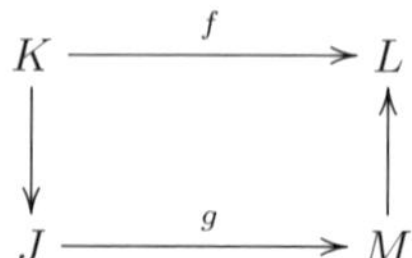

が強ホモトピーを除いて可換であるとしよう．このとき $\mathrm{scat}(f) \leq \mathrm{scat}(g)$ である．

このことから，写像の単体的カテゴリーは，いずれの単体複体の単体的カテゴリーに対しても下からの抑えになっていることが従う．

命題 10.63 $f : K \longrightarrow L$ としよう．このとき，

$$\mathrm{scat}(f) \leq \min\{\mathrm{scat}(K), \mathrm{scat}(L)\}.$$

証明 補題 10.62 を次の図式

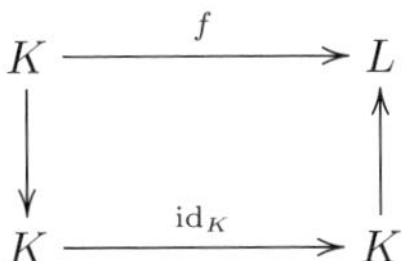

および

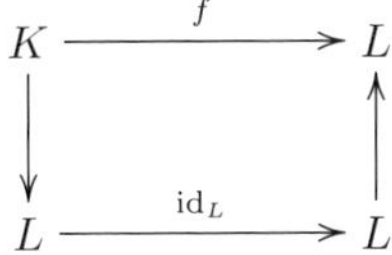

に適用せよ． ∎

練習 10.64 命題 10.63 の不等式において，真に不等号が成り立つ場合があることを例を挙げて示せ．

こうして強ホモトピー型の下で scat が保たれることが従うのである．

系 10.65 $f : K \longrightarrow L$ が強ホモトピー同値であるならば，$\mathrm{scat}(f) = \mathrm{scat}(K) = \mathrm{scat}(L)$ である．

問題 10.66 系 10.65 を証明せよ．

系 10.65 より直ちに次の系が従う：

系 10.67 K を単体複体とする．このとき $\mathrm{scat}(K) = 0$ であるための必要十分条件は K が強縮約可能であることである．

それゆえ，scat は単体複体が強縮約可能であることからどれほど近いか，あるいは遠いかを判定するための，ある種の数量化の働きをするものである．

10.3.1　単体的 LS の定理

この短い，そして最後の節は，単体的ルステルニック–シュニレルマンの定理，すなわち K 上の任意の強離散モース関数の臨界対象の個数と $\mathrm{scat}(K)$ とを結びつける定理の証明に充てられる．

次の補題は，K および L の被覆から $K \cup L$ が被覆されることから従う．

補題 10.68　K および L を 2 つの単体複体とする．このとき $\mathrm{scat}(K \cup L) \leq \mathrm{scat}(K) + \mathrm{scat}(L) + 1$ である．

問題 10.69　補題 10.68 を証明せよ．

定理 10.70　$f : K \longrightarrow \mathbb{R}$ を強離散モース関数とする．このとき，

$$\mathrm{scat}(K) + 1 \leq |\mathrm{scrit}(f)|.$$

証明　任意の自然数 n に対して，

$$c_n := \min\{a \in \mathbb{R} : \mathrm{scat}(K(a)) \geq n-1\}.$$

と定義しよう．c_n が f の臨界値であることを示そう．結論を否定して，c_n が正則値であると仮定しよう．$\mathrm{im}(f)$ は有限個の値からなるので，$b < c_n$ となる最大の値 $b \in \mathrm{im}(f)$ が存在する．$[b, c_n]$ には臨界値が存在しないので，定理 10.47 により，$K(c_n) \searrow\searrow K(b)$ である．系 10.65 より，$\mathrm{scat}(K(c_n)) = \mathrm{scat}(K(b))$ となるが，これは c_n が最小であるという事実と矛盾する．したがって c_n は臨界的でなければならない．後は臨界対象を付け加えることにより，scat は高々 1 だけ増加するということを示すのみである．つまり，σ を臨界単体とするとき，$\mathrm{scat}(K(a) \cup \{\sigma\}) \leq \mathrm{scat}(K(a)) + 1$ であることを示す必要がある．$\overline{\sigma}$ を σ を含む最小の単体複体とするとき，$\mathrm{scat}(\overline{\sigma}) = 0$ であるから，このことは補題 10.68 から従う．臨界対を付け加えた場合も，同様の議論を行うことにより，結果が従う．∎

例 10.71　定理 10.70 において等号が成り立つ場合があることを示そう．A を練習 10.42 のアルゼンチン複体および，その上の離散モース関数としよう．これは $|\mathrm{scrit}(f)| = 2$ を満たしている．A は支配的な頂点をもたないので，$\mathrm{scat}(A) > 0$ である：それゆえ $\mathrm{scat}(A) + 1 = |\mathrm{scat}(f)| = 2$ である．

次に，真に不等号が成り立ことを示そう．図 10.10 のような A の頂点のラベル付けを考えよう．2-単体 abc を A に貼り付け，$A' := A \cup \{abc\}$ としよう．容易に示されるように $b_2(A') = 1$ であり，したがって離散モースの不等式 (定理 4.1) より，A'

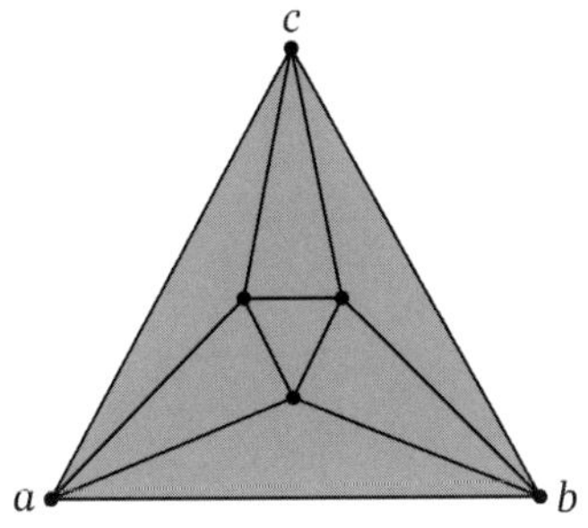

図 10.10

上で定義されたすべての離散モース関数 f（特に，すべての強離散モース関数）は少なくとも 2 個の臨界単体をもつ：臨界頂点および臨界 2-単体．明らかに A' は支配された頂点をもたない．さらにその上，任意の臨界 2-単体を取り除いても，支配的な頂点を生み出すことはなく，したがって，支配された頂点を含む部分複体へ縮約させるためには，少なくとも一つの臨界対がなければならない．それゆえ，任意の強離散モース関数 $f: A' \longrightarrow \mathbb{R}$ は少なくとも 3 個の臨界対象をもたねばならない．さらに，A' を 2 枚のカテゴリー的集合で覆うことができ，したがって $\mathrm{scat}(A') = 1$ である．それゆえ $\mathrm{scat}(A') + 1 = 2 < 3 \leq |\mathrm{scrit}(f)|$ である．

問題 10.72 サイズ 2 の A' のカテゴリー的被覆を求めよ．

問題 10.73 $b_2(A') = 1$ であることを示せ．

参考文献

[1] S. E. Aaronson, M. E. Meyer, N. A. Scoville, M. T. Smith, and L. M. Stibich, *Graph isomorphisms in discrete Morse theory*, AKCE Int. J. Graphs Comb. **11** (2014), no. 2, 163–176. MR3243115

[2] S. Aaronson and N. A. Scoville, *Lusternik-Schnirelmann category for simplicial complexes*, Illinois J. Math. **57** (2013), no. 3, 743–753. MR3275736

[3] K. Adiprasito and B. Benedetti, *Tight complexes in 3–space admit perfect discrete Morse functions*, European J. Combin. **45** (2015), 71–84, DOI 10.1016/j.ejc.2014.10.002. MR3286622

[4] K. A. Adiprasito, B. Benedetti, and F. H. Lutz, *Extremal examples of collapsible complexes and random discrete Morse theory*, Discrete Comput. Geom. **57** (2017), no. 4, 824–853, DOI 10.1007/s00454-017-9860-4. MR3639606

[5] M. Agiorgousis, B. Green, A. Onderdonk, N. A. Scoville, and K. Rich, *Homological sequences in discrete Morse theory*, Topology Proc. **54** (2019), 283–294.

[6] R. Ayala, L. M. Fernández, D. Fernández-Ternero, and J. A. Vilches, *Discrete Morse theory on graphs*, Topology Appl. **156** (2009), no. 18, 3091–3100, DOI 10.1016/j.topol.2009.01.022. MR2556069

[7] R. Ayala, L. M. Fernández, A. Quintero, and J. A. Vilches, *A note on the pure Morse complex of a graph*, Topology Appl. **155** (2008), no. 17–18, 2084–2089, DOI 10.1016/j.topol.2007.04.023. MR2457993

[8] R. Ayala, L. M. Fernández, and J. A. Vilches, *Critical elements of proper discrete Morse functions*, Math. Pannon. **19** (2008), no. 2, 171–185. MR2553730

[9] R. Ayala, L. M. Fernández, and J. A. Vilches, *Characterizing equivalent discrete Morse functions*, Bull. Braz. Math. Soc. (N.S.) **40** (2009), no. 2, 225–235, DOI 10.1007/s00574-009-0010-3. MR2511547

[10] R. Ayala, L. M. Fernández, and J. A. Vilches, *Discrete Morse inequalities on infinite graphs*, Electron. J. Combin. **16** (2009), no. 1, Research Paper 38, 11. MR2491640

[11] R. Ayala, D. Fernández-Ternero, and J. A. Vilches, *Counting excellent discrete Morse functions on compact orientable surfaces*, Image-A: Applicable Mathematics in Image Engineering **1** (2010), no. 1, 49–56.

[12] R. Ayala, D. Fernández-Ternero, and J. A. Vilches, *The number of excellent discrete Morse functions on graphs*, Discrete Appl. Math. **159** (2011), no. 16, 1676–1688, DOI 10.1016/j.dam.2010.12.011. MR2825610

[13] R. Ayala, D. Fernández-Ternero, and J. A. Vilches, *Perfect discrete Morse functions on 2-complexes*, Pattern Recognition Letters **33** (2012), no. 11, pp. 1495–1500.

[14] R. Ayala, D. Fernández-Ternero, and J. A. Vilches, *Perfect discrete Morse functions on triangulated 3-manifolds*, Computational topology in image context, Lecture Notes

in Comput. Sci., vol. 7309, Springer, Heidelberg, 2012, pp. 11–19, DOI 10.1007/978-3-642-30238-1_2. MR2983410

[15] R. Ayala, J. A. Vilches, G. Jerše, and N. M. Kosta, *Discrete gradient fields on infinite complexes*, Discrete Contin. Dyn. Syst. **30** (2011), no. 3, 623–639, DOI 10.3934/dcds.2011.30.623. MR2784612

[16] E. Babson and P. Hersh, *Discrete Morse functions from lexicographic orders*, Trans. Amer. Math. Soc. **357** (2005), no. 2, 509–534, DOI 10.1090/S0002-9947-04-03495-6. MR2095621

[17] T. Banchoff, *Critical points and curvature for embedded polyhedra*, J. Differential Geometry **1** (1967), 245–256. MR0225327

[18] T. F. Banchoff, *Critical points and curvature for embedded polyhedral surfaces*, Amer. Math. Monthly **77** (1970), 475–485, DOI 10.2307/2317380. MR0259812

[19] T. F. Banchoff, *Critical points and curvature for embedded polyhedra. II*, Differential geometry (College Park, Md., 1981/1982), Progr. Math., vol. 32, Birkhäuser Boston, Boston, MA, 1983, pp. 34–55. MR702526

[20] J. Bang-Jensen and G. Gutin, *Digraphs. Theory, algorithms and applications*, 2nd ed., Springer Monographs in Mathematics, Springer-Verlag London, Ltd., London, 2009. MR2472389

[21] J. A. Barmak, *Algebraic topology of finite topological spaces and applications*, Lecture Notes in Mathematics, vol. 2032, Springer, Heidelberg, 2011. MR3024764

[22] J. A. Barmak and E. G. Minian, *Simple homotopy types and finite spaces*, Adv. Math. **218** (2008), no. 1, 87–104, DOI 10.1016/j.aim.2007.11.019. MR2409409

[23] J. A. Barmak and E. G. Minian, *Strong homotopy types, nerves and collapses*, Discrete Comput. Geom. **47** (2012), no. 2, 301–328, DOI 10.1007/s00454-011-9357-5. MR2872540

[24] U. Bauer, *Persistence in discrete Morse theory*, Ph.D. thesis, Georg-August-Universität Göttigen, 2011.

[25] U. Bauer and H. Edelsbrunner, *The Morse theory of Čech and Delaunay filtrations*, Computational geometry (SoCG'14), ACM, New York, 2014, pp. 484–490. MR3382330

[26] U. Bauer and H. Edelsbrunner, *The Morse theory of Čech and Delaunay complexes*, Trans. Amer. Math. Soc. **369** (2017), no. 5, 3741–3762, DOI 10.1090/tran/6991. MR3605986

[27] B. Benedetti, *Discrete Morse Theory is at least as perfect as Morse theory*, arXiv e-prints (2010), arXiv:1010.0548.

[28] B. Benedetti, *Discrete Morse theory for manifolds with boundary*, Trans. Amer. Math. Soc. **364** (2012), no. 12, 6631–6670, DOI 10.1090/S0002-9947-2012-05614-5. MR2958950

[29] B. Benedetti, *Smoothing discrete Morse theory*, Ann. Sc. Norm. Super. Pisa Cl. Sci. (5) **16** (2016), no. 2, 335–368. MR3559605

[30] B. Benedetti and F. Lutz, *Library of triangulations*, Available at `http://page.math.tu-berlin.de/~lutz/stellar/library_of_triangulations/`.

[31] B. Benedetti and F. H. Lutz, *The dunce hat and a minimal non-extendably collapsible 3-ball*, Electronic Geometry Models **16** (2013), Model 2013.10.001.

[32] B. Benedetti and F. H. Lutz, *Knots in collapsible and non-collapsible balls*, Electron. J. Combin. **20** (2013), no. 3, Paper 31, 29. MR3104529

[33] B. Benedetti and F. H. Lutz, *Random discrete Morse theory and a new library of tri-*

angulations, Exp. Math. **23** (2014), no. 1, 66–94, DOI 10.1080/10586458.2013.865281. MR3177457

[34] M. Bestvina, *PL Morse theory*, Math. Commun. **13** (2008), no. 2, 149–162. MR2488666

[35] M. Bestvina and N. Brady, *Morse theory and finiteness properties of groups*, Invent. Math. **129** (1997), no. 3, 445–470, DOI 10.1007/s002220050168. MR1465330

[36] E. D. Bloch, *Polyhedral representation of discrete Morse functions*, Discrete Math. **313** (2013), no. 12, 1342–1348, DOI 10.1016/j.disc.2013.02.020. MR3061119

[37] R. Bott, *Morse theory indomitable*, Inst. Hautes Études Sci. Publ. Math. **68** (1988), 99–114 (1989). MR1001450

[38] B. Brost, *Computing persistent homology via discrete Morse theory*, Master's thesis, University of Copenhagen, December 2013.

[39] N. A. Capitelli and E. G. Minian, *A simplicial complex is uniquely determined by its set of discrete Morse functions*, Discrete Comput. Geom. **58** (2017), no. 1, 144–157, DOI 10.1007/s00454-017-9865-z. MR3658332

[40] E. Chambers, E. Gasparovic, and K. Leonard, *Medial fragments for segmentation of articulating objects in images*, Research in shape analysis, Assoc. Women Math. Ser., vol. 12, Springer, Cham, 2018, pp. 1–15. MR3859054

[41] M. K. Chari, *On discrete Morse functions and combinatorial decompositions* (English, with English and French summaries), Discrete Math. **217** (2000), no. 1–3, 101–113, DOI 10.1016/S0012-365X(99)00258-7. Formal power series and algebraic combinatorics (Vienna, 1997). MR1766262

[42] M. K. Chari and M. Joswig, *Complexes of discrete Morse functions*, Discrete Math. **302** (2005), no. 1–3, 39–51, DOI 10.1016/j.disc.2004.07.027. MR2179635

[43] G. Chartrand, L. Lesniak, and P. Zhang, *Graphs & digraphs*, 6th ed., Textbooks in Mathematics, CRC Press, Boca Raton, FL, 2016. MR3445306

[44] Y.-M. Chung and S. Day, *Topological fidelity and image thresholding: a persistent homology approach*, J. Math. Imaging Vision **60** (2018), no. 7, 1167–1179, DOI 10.1007/s10851-018-0802-4. MR3832139

[45] M. M. Cohen, *A course in simple-homotopy theory*, Graduate Texts in Mathematics, vol. 10, Springer-Verlag, New York-Berlin, 1973. MR0362320

[46] T. H. Cormen, C. E. Leiserson, R. L. Rivest, and C. Stein, *Introduction to algorithms*, 3rd ed., MIT Press, Cambridge, MA, 2009. MR2572804

[47] O. Cornea, G. Lupton, J. Oprea, and D. Tanré, *Lusternik-Schnirelmann category*, Mathematical Surveys and Monographs, vol. 103, American Mathematical Society, Providence, RI, 2003. MR1990857

[48] J. Curry, R. Ghrist, and V. Nanda, *Discrete Morse theory for computing cellular sheaf cohomology*, Found. Comput. Math. **16** (2016), no. 4, 875–897, DOI 10.1007/s10208-015-9266-8. MR3529128

[49] T. K. Dey, J. Wang, and Y. Wang, *Graph reconstruction by discrete Morse theory*, arXiv e-prints (2018), arXiv:1803.05093.

[50] M. de Longueville, *A course in topological combinatorics*, Universitext, Springer, New York, 2013. MR2976494

[51] V. de Silva and G. Ghrist, *Coordinate-free coverage in sensor networks with controlled boundaries*, Intl. J. Robotics Research **25** (2006), no. 12, 1205–1222.

[52] P. Dłotko and H. Wagner, *Computing homology and persistent homology using iterated Morse decomposition*, arXiv e-prints (2012), arXiv:1210.1429.

[53] P. Dłotko and H. Wagner, *Simplification of complexes for persistent homology computations*, Homology Homotopy Appl. **16** (2014), no. 1, 49–63, DOI 10.4310/HHA.2014.v16.n1.a3. MR3171260

[54] H. Edelsbrunner, *A short course in computational geometry and topology*, SpringerBriefs in Applied Sciences and Technology, Springer, Cham, 2014. MR3328629

[55] H. Edelsbrunner and J. L. Harer, *Computational topology. An introduction*, American Mathematical Society, Providence, RI, 2010. MR2572029

[56] H. Edelsbrunner, D. Letscher, and A. Zomorodian, *Topological persistence and simplification*, Discrete Comput. Geom. **28** (2002), no. 4, 511–533, DOI 10.1007/s00454-002-2885-2. Discrete and computational geometry and graph drawing (Columbia, SC, 2001). MR1949898

[57] H. Edelsbrunner, A. Nikitenko, and M. Reitzner, *Expected sizes of Poisson-Delaunay mosaics and their discrete Morse functions*, Adv. in Appl. Probab. **49** (2017), no. 3, 745–767, DOI 10.1017/apr.2017.20. MR3694316

[58] S. P. Ellis and A. Klein, *Describing high-order statistical dependence using "concurrence topology," with application to functional MRI brain data*, Homology Homotopy Appl. **16** (2014), no. 1, 245–264, DOI 10.4310/HHA.2014.v16.n1.a14. MR3211745

[59] A. Engström, *Discrete Morse functions from Fourier transforms*, Experiment. Math. **18** (2009), no. 1, 45–53. MR2548985

[60] D. Farley and L. Sabalka, *Discrete Morse theory and graph braid groups*, Algebr. Geom. Topol. **5** (2005), 1075–1109, DOI 10.2140/agt.2005.5.1075. MR2171804

[61] D. Fernández-Ternero, E. Macías-Virgós, E. Minuz, and J. A. Vilches, *Simplicial Lusternik-Schnirelmann category*, Publ. Mat. **63** (2019), no. 1, 265–293, DOI 10.5565/PUBLMAT6311909. MR3908794

[62] D. Fernández-Ternero, E. Macías-Virgós, N. A. Scoville, and J. A. Vilches, *Strong discrete Morse theory and simplicial L-S category: A discrete version of the Lusternik-Schnirelmann Theorem*, Discrete Comput. Geom. **63** (2020), no. 3, 607–623, DOI 10.1007/s00454-019-00116-8.

[63] D. Fernández-Ternero, E. Macías-Virgós, and J. A. Vilches, *Lusternik-Schnirelmann category of simplicial complexes and finite spaces*, Topology Appl. **194** (2015), 37–50, DOI 10.1016/j.topol.2015.08.001. MR3404603

[64] D. L. Ferrario and R. A. Piccinini, *Simplicial structures in topology*, CMS Books in Mathematics/Ouvrages de Mathématiques de la SMC, Springer, New York, 2011. Translated from the 2009 Italian original by Maria Nair Piccinini. MR2663748

[65] R. Forman, *Morse theory for cell complexes*, Adv. Math. **134** (1998), no. 1, 90–145, DOI 10.1006/aima.1997.1650. MR1612391

[66] R. Forman, *Combinatorial differential topology and geometry*, New perspectives in algebraic combinatorics (Berkeley, CA, 1996), Math. Sci. Res. Inst. Publ., vol. 38, Cambridge Univ. Press, Cambridge, 1999, pp. 177–206. MR1731817

[67] R. Forman, *Morse theory and evasiveness*, Combinatorica **20** (2000), no. 4, 489–504, DOI 10.1007/s004930070003. MR1804822

[68] R. Forman, *Combinatorial Novikov-Morse theory*, Internat. J. Math. **13** (2002), no. 4, 333–368, DOI 10.1142/S0129167X02001265. MR1911862

[69] R. Forman, *Discrete Morse theory and the cohomology ring*, Trans. Amer. Math. Soc. **354** (2002), no. 12, 5063–5085, DOI 10.1090/S0002-9947-02-03041-6. MR1926850

[70] R. Forman, *A user's guide to discrete Morse theory*, Sém. Lothar. Combin. **48**

(2002), Art. B48c. MR1939695

[71] R. Forman, *Some applications of combinatorial differential topology*, Graphs and patterns in mathematics and theoretical physics, Proc. Sympos. Pure Math., vol. 73, Amer. Math. Soc., Providence, RI, 2005, pp. 281–313, DOI 10.1090/pspum/073/2131018. MR2131018

[72] R. Freij, *Equivariant discrete Morse theory*, Discrete Math. **309** (2009), no. 12, 3821–3829, DOI 10.1016/j.disc.2008.10.029. MR2537376

[73] P. Frosini, *A distance for similarity classes of submanifolds of a Euclidean space*, Bull. Austral. Math. Soc. **42** (1990), no. 3, 407–416, DOI 10.1017/S0004972700028574. MR1083277

[74] U. Fugacci, F. Iuricich, and L. De Floriani, *Computing discrete Morse complexes from simplicial complexes*, Graph. Models **103** (2019), 1–14, DOI 10.1016/j.gmod.2019.101023. MR3936806

[75] E. Gawrilow and M. Joswig, *polymake: a framework for analyzing convex polytopes*, Polytopes—combinatorics and computation (Oberwolfach, 1997), DMV Sem., vol. 29, Birkhäuser, Basel, 2000, pp. 43–73. MR1785292

[76] R. W. Ghrist, *Elementary applied topology*, edition 1.0, ISBN 978-1502880857, Createspace, 2014.

[77] L. C. Glaser, *Geometrical combinatorial topology. Vol. I*, Van Nostrand Reinhold Mathematics Studies, vol. 27, Van Nostrand Reinhold Co., New York, 1970. MR3309564

[78] L. C. Glaser, *Geometrical combinatorial topology. Vol. II*, Van Nostrand Reinhold Mathematics Studies, vol. 28, Van Nostrand Reinhold Co., London, 1972. MR3308955

[79] B. Green, N. A. Scoville, and M. Tsuruga, *Estimating the discrete geometric Lusternik-Schnirelmann category*, Topol. Methods Nonlinear Anal. **45** (2015), no. 1, 103–116, DOI 10.12775/TMNA.2015.006. MR3365007

[80] D. Günther, J. Reininghaus, H. Wagner, and I. Hotz, *Efficient computation of 3D Morse-Smale complexes and persistent homology using discrete Morse theory*, The Visual Computer **28** (2012), no. 10, 959–969.

[81] M. Hachimori, *Simplicial complex library*, Available at `http://infoshako.sk.tsukuba.ac.jp/~hachi/math/library/index_eng.html`.

[82] S. Harker, K. Mischaikow, M. Mrozek, and V. Nanda, *Discrete Morse theoretic algorithms for computing homology of complexes and maps*, Found. Comput. Math. **14** (2014), no. 1, 151–184, DOI 10.1007/s10208-013-9145-0. MR3160710

[83] S. Harker, K. Mischaikow, M. Mrozek, V. Nanda, H. Wagner, M. Juda, and P. Dłotko, *The efficiency of a homology algorithm based on discrete Morse theory and coreductions*, Proceedings of the 3rd International Workshop on Computational Topology in Image Context (CTIC 2010), vol. 1, 2010, pp. 41–47.

[84] A. Hatcher, *Algebraic topology*, Cambridge University Press, Cambridge, 2002. MR1867354

[85] M. Henle, *A combinatorial introduction to topology*, Dover Publications, Inc., New York, 1994. Corrected reprint of the 1979 original [Freeman, San Francisco, CA; MR0550879 (81g:55001)]. MR1280460

[86] G. Henselman and R. Ghrist, *Matroid filtrations and computational persistent homology*, arXiv e-prints (2016), arXiv:1606.00199.

[87] M. Jöllenbeck and V. Welker, *Minimal resolutions via algebraic discrete Morse theory*, Mem. Amer. Math. Soc. **197** (2009), no. 923, vi+74. DOI 10.1090/memo/0923.

MR2488864

[88] J. Jonsson, *Simplicial complexes of graphs*, Lecture Notes in Mathematics, vol. 1928, Springer-Verlag, Berlin, 2008. MR2368284

[89] J. Jonsson, *Introduction to simplicial homology*, 2011, Available at `https://people.kth.se/~jakobj/homology.html`.

[90] M. Joswig, F. H. Lutz, and M. Tsuruga, *Heuristic for sphere recognition*, Mathematical software—ICMS 2014, Lecture Notes in Comput. Sci., vol. 8592, Springer, Heidelberg, 2014, pp. 152–159, DOI 10.1007/978-3-662-44199-2_26. MR3334760

[91] M. Joswig and M. E. Pfetsch, *Computing optimal Morse matchings*, SIAM J. Discrete Math. **20** (2006), no. 1, 11–25, DOI 10.1137/S0895480104445885. MR2257241

[92] S. Jukna, *Boolean function complexity*, Algorithms and Combinatorics, vol. 27, Springer, Heidelberg, 2012. Advances and frontiers. MR2895965

[93] T. Kaczynski, K. Mischaikow, and M. Mrozek, *Computational homology*, Applied Mathematical Sciences, vol. 157, Springer-Verlag, New York, 2004. MR2028588

[94] A. B. Kahn, *Topological sorting of large networks*, Communications of the ACM **5** (1962), no. 11, 558–562.

[95] J. Kahn, M. Saks, and D. Sturtevant, *A topological approach to evasiveness*, Combinatorica **4** (1984), no. 4, 297–306, DOI 10.1007/BF02579140. MR779890

[96] V. Kaibel and M. E. Pfetsch, *Computing the face lattice of a polytope from its vertex-facet incidences*, Comput. Geom. **23** (2002), no. 3, 281–290, DOI 10.1016/S0925-7721(02)00103-7. MR1927137

[97] H. King, K. Knudson, and N. Mramor, *Generating discrete Morse functions from point data*, Experiment. Math. **14** (2005), no. 4, 435–444. MR2193806

[98] H. King, K. Knudson, and N. Mramor Kosta, *Birth and death in discrete Morse theory*, J. Symbolic Comput. **78** (2017), 41–60, DOI 10.1016/j.jsc.2016.03.007. MR3535328

[99] K. P. Knudson, *Morse theory: Smooth and discrete*, World Scientific Publishing Co. Pte. Ltd., Hackensack, NJ, 2015. MR3379451

[100] K. Knudson and B. Wang, *Discrete stratified Morse theory: a user's guide*, 34th International Symposium on Computational Geometry, LIPIcs. Leibniz Int. Proc. Inform., vol. 99, Schloss Dagstuhl. Leibniz-Zent. Inform., Wadern, 2018, Art. pp. 54, 14. MR3824298

[101] D. N. Kozlov, *Complexes of directed trees*, J. Combin. Theory Ser. A **88** (1999), no. 1, 112–122, DOI 10.1006/jcta.1999.2984. MR1713484

[102] D. N. Kozlov, *Discrete Morse theory for free chain complexes* (English, with English and French summaries), C. R. Math. Acad. Sci. Paris **340** (2005), no. 12, 867–872, DOI 10.1016/j.crma.2005.04.036. MR2151775

[103] D. Kozlov, *Combinatorial algebraic topology*, Algorithms and Computation in Mathematics, vol. 21, Springer, Berlin, 2008. MR2361455

[104] M. Krčál, J. Matoušek, and F. Sergeraert, *Polynomial-time homology for simplicial Eilenberg-MacLane spaces*, Found. Comput. Math. **13** (2013), no. 6, 935–963, DOI 10.1007/s10208-013-9159-7. MR3124946

[105] M. Kukieła, *The main theorem of discrete Morse theory for Morse matchings with finitely many rays*, Topology Appl. **160** (2013), no. 9, 1074–1082, DOI 10.1016/j.topol.2013.04.025. MR3049255

[106] F. Larrión, M. A. Pizaña, and R. Villarroel-Flores, *Discrete Morse theory and the homotopy type of clique graphs*, Ann. Comb. **17** (2013), no. 4, 743–754, DOI

10.1007/s00026-013-0204-7. MR3129782

[107] D. Lay, *Linear algebra and its applications*, 4th ed., Pearson Prentice Hall, Upper Saddle River, NJ, 2012.

[108] I.-C. Lazăr, *Applications to discrete Morse theory: the collapsibility of CAT(0) cubical complexes of dimension 2 and 3*, Carpathian J. Math. **27** (2011), no. 2, 225–237. MR2906606

[109] T. Lewiner, H. Lopes, and G. Tavares, *Optimal discrete Morse functions for 2-manifolds*, Comput. Geom. **26** (2003), no. 3, 221–233, DOI 10.1016/S0925-7721(03)00014-2. MR2005300

[110] M. Lin and N. A. Scoville, *On the automorphism group of the Morse complex*, arXiv e-prints (2019), arXiv:1904.10907.

[111] N. Lingareddy, *Calculating persistent homology using discrete Morse theory*, 2018, Available at `http://math.uchicago.edu/~may/REU2018/REUPapers/Lingareddy.pdf`.

[112] Y. Liu and N. A. Scoville, *The realization problem for discrete Morse functions on trees*, Algebra Colloquium, to appear.

[113] A. T. Lundell and S. Weingram, *The topology of CW complexes*, The University Series in Higher Mathematics, Van Nostrand Reinhold Co., New York, 1969. MR3822092

[114] L. Lusternik and L. Schnirelmann, *Méthodes topologiques dans les problèmes variationnels*, Hermann, Paris, 1934.

[115] H. Markram et al., *Reconstruction and simulation of neocortical microcircuitry*, Cell **163** (2015), no. 2, 456–492, DOI 10.1016/j.cell.2015.09.029.

[116] J. Milnor, *Morse theory*, Based on lecture notes by M. Spivak and R. Wells. Annals of Mathematics Studies, No. 51, Princeton University Press, Princeton, N.J., 1963. MR0163331

[117] J. Milnor, *Lectures on the h-cobordism theorem*, Notes by L. Siebenmann and J. Sondow, Princeton University Press, Princeton, N.J., 1965. MR0190942

[118] E. G. Minian, *Some remarks on Morse theory for posets, homological Morse theory and finite manifolds*, Topology Appl. **159** (2012), no. 12, 2860–2869, DOI 10.1016/j.topol.2012.05.027. MR2942659

[119] K. Mischaikow and V. Nanda, *Morse theory for filtrations and efficient computation of persistent homology*, Discrete Comput. Geom. **50** (2013), no. 2, 330–353, DOI 10.1007/s00454-013-9529-6. MR3090522

[120] J. W. Moon, *Counting labelled trees*, From lectures delivered to the Twelfth Biennial Seminar of the Canadian Mathematical Congress (Vancouver, 1969), Canadian Mathematical Congress, Montreal, Que., 1970. MR0274333

[121] J. Morgan and G. Tian, *Ricci flow and the Poincaré conjecture*, Clay Mathematics Monographs, vol. 3, American Mathematical Society, Providence, RI; Clay Mathematics Institute, Cambridge, MA, 2007. MR2334563

[122] F. Mori and M. Salvetti, *(Discrete) Morse theory on configuration spaces*, Math. Res. Lett. **18** (2011), no. 1, 39–57, DOI 10.4310/MRL.2011.v18.n1.a4. MR2770581

[123] F. Mori and M. Salvetti, *Discrete topological methods for subspace arrangements*, Arrangements of hyperplanes—Sapporo 2009, Adv. Stud. Pure Math., vol. 62, Math. Soc. Japan, Tokyo, 2012, pp. 293–321.

[124] M. Morse, *Relations between the critical points of a real function of n independent variables*, Trans. Amer. Math. Soc. **27** (1925), no. 3, 345–396, DOI 10.2307/1989110. MR1501318

[125] M. Morse, *Functional topology and abstract variational theory*, Ann. of Math. (2) **38** (1937), no. 2, 386–449, DOI 10.2307/1968559. MR1503341

[126] M. Morse, *The calculus of variations in the large*, American Mathematical Society Colloquium Publications, vol. 18, American Mathematical Society, Providence, RI, 1996. Reprint of the 1932 original. MR1451874

[127] M. Mrozek and B. Batko, *Coreduction homology algorithm*, Discrete Comput. Geom. **41** (2009), no. 1, 96–118, DOI 10.1007/s00454-008-9073-y. MR2470072

[128] V. Nanda, D. Tamaki, and K. Tanaka, *Discrete Morse theory and classifying spaces*, Adv. Math. **340** (2018), 723–790, DOI 10.1016/j.aim.2018.10.016. MR3886179

[129] L. Nicolaescu, *An invitation to Morse theory*, 2nd ed., Universitext, Springer, New York, 2011. MR2883440

[130] A. Nikitenko, *Discrete Morse theory for random complexes*, Ph.D. thesis, Institute of Science and Technology Austria, 2017.

[131] R. O'Donnell, *Analysis of Boolean functions*, Cambridge University Press, New York, 2014. MR3443800

[132] P. Orlik and V. Welker, *Algebraic combinatorics*, Universitext, Springer, Berlin, 2007. Lectures from the Summer School held in Nordfjordeid, June 2003. MR2322081

[133] S. Y. Oudot, *Persistence theory: from quiver representations to data analysis*, Mathematical Surveys and Monographs, vol. 209, American Mathematical Society, Providence, RI, 2015. MR3408277

[134] V. V. Prasolov, *Elements of homology theory*, Graduate Studies in Mathematics, vol. 81, American Mathematical Society, Providence, RI, 2007. Translated from the 2005 Russian original by Olga Sipacheva. MR2313004

[135] M. Reimann et al., *Cliques of neurons bound into cavities provide a missing link between structure and function*, Front. Comput. Neurosci. (2017), 12 June, DOI 10.3389/fncom.2017.00048.

[136] R. Reina-Molina, D. Díaz-Pernil, P. Real, and A. Berciano, *Membrane parallelism for discrete Morse theory applied to digital images*, Appl. Algebra Engrg. Comm. Comput. **26** (2015), no. 1–2, 49–71, DOI 10.1007/s00200-014-0246-z. MR3320905

[137] J. J. Rotman, *An introduction to algebraic topology*, Graduate Texts in Mathematics, vol. 119, Springer-Verlag, New York, 1988. MR957919

[138] C. P. Rourke and B. J. Sanderson, *Introduction to piecewise-linear topology*, Springer Study Edition, Springer-Verlag, Berlin-New York, 1982. Reprint. MR665919

[139] A. Sawicki, *Discrete Morse functions for graph configuration spaces*, J. Phys. A **45** (2012), no. 50, 505202, 25, DOI 10.1088/1751-8113/45/50/505202. MR2999710

[140] N. A. Scoville and W. Swei, *On the Lusternik-Schnirelmann category of a simplicial map*, Topology Appl. **216** (2017), 116–128, DOI 10.1016/j.topol.2016.11.015. MR3584127

[141] N. A. Scoville and K. Yegnesh, *A persistent homological analysis of network data flow malfunctions*, Journal of Complex Networks **5** (2017), no. 6, 884–892.

[142] E. Sköldberg, *Morse theory from an algebraic viewpoint*, Trans. Amer. Math. Soc. **358** (2006), no. 1, 115–129, DOI 10.1090/S0002-9947-05-04079-1. MR2171225

[143] S. Smale, *The generalized Poincaré conjecture in higher dimensions*, Bull. Amer. Math. Soc. **66** (1960), 373–375, DOI 10.1090/S0002-9904-1960-10458-2. MR0124912

[144] S. Smale, *Marston Morse (1892–1977)*, Math. Intelligencer **1** (1978/79), no. 1, 33–34, DOI 10.1007/BF03023042. MR0490936

[145] R. E. Stong, *Finite topological spaces*, Trans. Amer. Math. Soc. **123** (1966), 325–340, DOI 10.2307/1994660. MR0195042

[146] K. Tanaka, *Lusternik-Schnirelmann category for cell complexes and posets*, Illinois J. Math. **59** (2015), no. 3, 623–636. MR3554225

[147] K. Tanaka, *Lusternik-Schnirelmann category for categories and classifying spaces*, Topology Appl. **239** (2018), 65–80, DOI 10.1016/j.topol.2018.02.031. MR3777323

[148] H. Vogt, *Leçons sur la résolution algébrique des équations*, Nony, Paris, 1895.

[149] P. Škraba, *Persistent homology and machine learning* (English, with English and Slovenian summaries), Informatica (Ljubl.) **42** (2018), no. 2, 253–258. MR3835054

[150] D. Weiller, *Smooth and discrete Morse theory*, Bachelor's thesis, Australian National University, 2015.

[151] J. H. C. Whitehead, *Simplicial spaces, nuclei and m-groups*, Proc. London Math. Soc. (2) **45** (1939), no. 4, 243–327, DOI 10.1112/plms/s2-45.1.243. MR1576810

[152] J. H. C. Whitehead, *Simple homotopy types*, Amer. J. Math. **72** (1950), 1–57, DOI 10.2307/2372133. MR0035437

[153] E. Witten, *Supersymmetry and Morse theory*, J. Differential Geom. **17** (1982), no. 4, 661–692 (1983). MR683171

[154] C.-K. Wu and D. Feng, *Boolean functions and their applications in cryptography*, Advances in Computer Science and Technology, Springer, Heidelberg, 2016. MR3559545

[155] M. C. B. Zaremsky, *Bestvina-Brady discrete Morse theory and Vietoris-Rips complexes*, arXiv e-prints (2018), arXiv:1812.10976.

[156] R. E. Zax, *Simplifying complicated simplicial complexes: discrete Morse theory and its applications*, Bachelor's thesis, Harvard University, 2012.

[157] E. C. Zeeman, *On the dunce hat*, Topology **2** (1964), 341–358, DOI 10.1016/0040-9383(63)90014-4. MR0156351

[158] A. Zorn, *Discrete Morse theory on simplicial complexes*, 2009, Available at `http://www.math.uchicago.edu/~may/VIGRE/VIGRE2009/REUPapers/Zorn.pdf`.

訳者あとがき

本書は，Nicholas Scoville, “Discrete Morse Theory” (Student Mathematical Library Vol. 90, American Mathematical Society, 2019) の日本語訳です．「Discrete Morse Theory (離散モース理論)」は，モース (Marston Morse) による多様体上の“滑らかな” モース理論の “離散版” として，1990 年代半ばにフォーマン (Robin Forman) により導入されて以降，トポロジーや組合せ論のみならず，近年，精力的に研究されている計算トポロジーや位相的データ解析，コンピューターサイエンスなど多方面に応用されています．本書は，この離散モース理論を本格的に扱った初めての入門書（の日本語訳）であると同時に，序文に書かれてあるとおり，トポロジーの様々なコンセプトを学ぶための入門書でもあります．本書を読み進めるにあたっては，ごく基本的な集合論の用語や概念を知っていれば十分であり，単体複体やホモロジーといったトポロジーの用語や定義などは，その都度説明されますので（厳密な定義よりも，直感的な理解が優先されていますが），トポロジーを始めて学ぶ読者でもそれほど苦労することなく，本書を読み進めることができるのではないかと思います．また，本文中には数多くの演習問題が用意されており，それらを解きながら，まさに著者が言うところの “数学する (do mathematics)” ことにより，離散モース理論やトポロジーの基礎を学べるよう工夫されています．巻末には豊富な文献表が付けられ，中には著者の最新（刊行当時）の結果を含んだ論文もいくつか挙げられており，本書を読み進めた読者は，知らず知らずのうちに離散モース理論の研究の最前線に導かれることになるでしょう．

日本語訳にあたっては，可能な限り原書に忠実に訳すことを心がけました．先にも述べたとおり，本書は厳密な定義や議論よりも直感的な理解や説明が優先されているため，わかりやすい半面，やや言葉足らずな場面がいくつかあり，原書のもつ味わいを損なわずに言葉を補うところに苦労しました．また，著者のスコーヴィル氏は，YouTube の動画でもその姿を見ることができますが，とてもユーモアのあるジョーク好きのアメリカ人といった雰囲気の数学者であり，本書のあちこちに数学のことなのかジョークなのか意味がわからない脚注がいくつかあります．日本語訳にあたってはスコーヴィル氏に直接問合せたり，自分でも調べたりし，原書のもつ雰囲気を残すため数学に関係ないものでもできるだけそのまま残すことにしました（もっとも，著者からの返事は “This is somewhat of an inside joke. It might be best just to ignore it.” でしたが）．また，証明の細かい部分などについてもスコーヴィル氏に確認し，訳者の判断で言葉を補ったり，修正したりした箇所がいくつかあります．もちろん，最終的な責任は訳者にあり，スコーヴィル氏の言葉を借りるならば，“mea culpa, mea culpa, mea maxima culpa（私の過ち，私の過ち，私の最大の過ち）” です．誤りやおかしな点がございましたら訳者までお知らせください．巻末には数多くの文献が載せられておりますので，日本語で書かれた文献を追加することはしませんでしたが，本書の内容と深く関連する題材を扱った日本語の文献として次のものを挙げておきます（訳語の選定にあっても，これらの文献を大いに参考にさせていただきました）：

- 玉木 大 著,「広がりゆくトポロジーの世界—言語としてのホモトピー論—」, 現代数学社，2012.
- 平岡裕章 著,「タンパク質構造とトポロジー—パーシステントホモロジー群入門」，共立出版，2013.
- 池 祐一，E. G. エスカラ，大林一平，鍛冶静雄 著,「位相的データ解析から構造発見へ パーシステントホモロジーを中心に」，サイエンス社，2023.
- H. Edelsbrunner，J. L. Harer 著，荒井 迅，竹内博志 訳,「計算トポロジー入門」，共立出版，2023.

ここで，スコーヴィル氏の著作を私が翻訳するに至ったいきさつについて一言述べさせてください．話は 2021 年 1 月に三村 護先生（当時 岡山大学名誉教授）から私宛に送られてきた一通の電子メールにまでさかのぼります．そのメールは三村先生らしく「突然ですが，翻訳作業に興味はありますか？」で始まり,「モノは “Discrete Morse Theory”．僕は TeX をうてないので，独力ではできそうにありません．興味があれば返事をください．」という簡素なものでした．その当時，私はたまたまバンチョフ (Thomas F. Banchoff) の “Critical points and curvature for embedded polyhedral surfaces” という American Mathematical Monthly に掲載されている論説を読んでいて，多面体を題材とした高校生向けのモース理論の教材ができないものか，などとぼんやり考えていたところでしたので,「離散モース理論」というものの存在を知って，大いに興味が湧いたことを憶えています．ただ,「離散モース理論」そのものについてはまったくの門外漢ですし，日本国内には,「離散モース理論」を用いた研究を行っておられる方も，数はそう多くはないようですが，幾人かおられますので，一度は翻訳のお誘いをお断りしました．その後，しばらく三村先生や出版社の方とのやり取りの中で，非専門家である私が訳すことにもそれなりに意味があるのではないかと考え直し，少しずつ作業を始めることにしました．思い返せば，学生の頃，私はボット (Raoul Bott) の 1950 年代の論文と格闘していました．特に，有名な「Bott の周期性定理」の原論文 “The stable homotopy of the classical groups” にはモース理論のアイディアが使われ，理解するのに大変苦労した覚えがあります．以後，長らく私の中ではちゃんとモース理論を理解したいという思いがくすぶっていたのですが，なかなか本腰を入れて勉強する暇がなく，今に至っていました．今回，翻訳作業を通して，再びモース理論と向き合う時間をもつことができ（聞けば「離散モース理論」の創始者であるフォーマンはボットの学生だった由），大変ありがたいと思っています（いつの日か，スメール (Stephen Smale) やウィッテン (Edward Witten) がボットに言ったように “Now I finally understand Morse theory!”（R. Bott, “Morse theory indomitable”, p.107 より）と言ってみたいなと思っています）．ただ，日常の業務にかまけて作業はなかなか捗らず，出版社の方には大変ご迷惑をおかけしました．こうして本書が世に出ることになったのも，ひとえに出版社の方々を初め，デザイナーの方や印刷所の方々など多くの関係者の皆様が，それぞれの仕事を正確に，そして着実に進めてくださったおかげだと思っています．ありがとうございました．

最後に，翻訳にあたり，荒井 迅氏，大林一平氏，奥山真吾氏，鍛冶静雄氏には，大変忙しい中，拙い翻訳原稿に目を通していただき，貴重なご意見・コメントをいただきました．この場をお借りしてお礼を申し上げます．また，丸善出版株式会社企画編集部の三崎一朗氏には，長きにわたって辛抱強くご対応いただき，大変お世話になりました．ここに厚くお礼を申し上げます．最後の最後に，翻訳の機会を与えてくださった三村 護先生に感謝の言葉を述べさせていただきます．本当にありがとうございました．本書を三村 護先生に捧げます．

2024 年 11 月 晩秋　山陽にて

中　川　征　樹

索　引

■記法・記号

■れ

訳者紹介
中川　征樹（なかがわ・まさき）
岡山大学学術研究院教育学域　教授

離散モース理論

令和 6 年 12 月 25 日　発　行

訳　者　中　川　征　樹

発行者　池　田　和　博

発行所　丸善出版株式会社
〒101-0051 東京都千代田区神田神保町二丁目 17 番
編集：電話 (03) 3512-3266 ／ FAX (03) 3512-3272
営業：電話 (03) 3512-3256 ／ FAX (03) 3512-3270
https://www.maruzen-publishing.co.jp

組版印刷・製本／大日本法令印刷株式会社

ISBN 978-4-621-31062-5　C 3041　Printed in Japan